教育部高等学校航空航天类专业教学指导委员会推荐教材
航空航天类专业应用型人才培养教材

飞行器结构动力学

郝文乾　谢佳苗　李京阳　李兆凯
张　瑞　王峰会　杨洪伟　编著

北京航空航天大学出版社

内容简介

本书系统讲述了飞行器结构动力学的基本概念、基本理论、分析方法及其工程应用。全书共分为8章：第1章为绪论；第2章为经典动力学基础；第3章为单自由度系统的振动；第4章为多自由度系统的振动；第5章为连续弹性体系统的振动；第6章为薄板的横向振动；第7章为动力学测试原理和方法；第8章为飞行器结构动力学数值仿真。

本书可作为高等院校飞行器及相关专业的本科教材，也可供从事相关专业的研究人员和工程技术人员参考。

图书在版编目(CIP)数据

飞行器结构动力学 / 郝文乾等编著. -- 北京 : 北京航空航天大学出版社, 2025.6. -- ISBN 978-7-5124-4593-2

Ⅰ. V414

中国国家版本馆 CIP 数据核字第 20254Q0E15 号

飞行器结构动力学

郝文乾　谢佳苗　李京阳　李兆凯　张　瑞　王峰会　杨洪伟　编著

策划编辑　周世婷　　责任编辑　周世婷

*

北京航空航天大学出版社出版发行

北京市海淀区学院路37号(邮编 100191)　http://www.buaapress.com.cn

发行部电话：(010)82317024　传真：(010)82328026

读者信箱：goodtextbook@126.com　邮购电话：(010)82316936

涿州市铭瑞印刷有限公司印装　各地书店经销

*

开本：787×1 092　1/16　印张：12.25　字数：314千字

2025年6月第1版　2025年6月第1次印刷　印数：1 000册

ISBN 978-7-5124-4593-2　定价：42.00元

前言

飞行器结构是承受和传递作用在它上面的各种载荷，并能保持足够的强度和刚度的零件和部件的总称，如飞机的机体结构、火箭的箭体结构、卫星的星体结构等。随着现代飞行器的飞行速度、加速度、高度和航程的不断增加，其不仅承受静力载荷和热载荷，而且承受动力载荷。动力载荷作用下飞行器的动力学响应与静态载荷作用下的静变形完全不同，动力学响应除了取决于动力载荷的特性，还取决于飞行器结构的固有特性(如固有频率和振型)。

飞行器结构动力学是航空宇航科学技术学科一项重要的研究内容，也是飞行器设计与工程专业中重要的专业必修知识，保证飞行器具有优良的动态特性成为飞行器设计与工程的关键技术之一。

本教材具有鲜明的航空航天专业特色，内容通俗易懂，注重基本概念、基本原理、理论推导和实际实用；内容编排循序渐进、推理详细、论证清晰，符合学生的认知规律。教材知识体系合理，内容系统全面；既有基础理论，又有翔实的例题计算过程。

全书共 8 章：第 1 章为绪论，主要介绍结构动力分析的目的与任务、分析模型与基本研究方法、振动的分类、简谐振动和周期振动；第 2 章为经典动力学基础，主要介绍虚功原理、达朗贝尔原理的基本原理和应用方法，以及如何用拉格朗日方程建立结构动力学数学模型；第 3 章为单自由度系统的振动，主要介绍固有频率的计算方法、单自由度系统的自由振动和受迫振动；第 4 章为多自由度系统的振动，主要介绍双自由度系统的自由振动和受迫振动、多自由度系统振动的近似解法；第 5 章为连续弹性体系统的振动，主要介绍杆、轴、梁等连续系统振动的基础知识和相应振动微分方程的确定；第 6 章为薄板的横向振动，主要介绍矩形薄板和圆形薄板的自由振动和受迫振动；第 7 章为动力学测试原理和方法，主要介绍动力学测试系统和数据采集技术、机械阻抗测试方法和振动信号的分析；第 8 章为飞行器结构动力学数值仿真，主要介绍部分飞行器的动力学数值仿真方法和结果。

本书编写具体分工如下：第 2 章、第 6 章、第 8.1 节和 8.2 节由郝文乾编写，第 7 章和第 8.3 节由谢佳苗编写，第 8.5 节由李兆凯编写，第 4 章和第 8.4 节由张瑞编写，第 3 章由李京阳编写，第 1 章由王峰会编写，第 5 章由李兆凯、杨洪伟编写，全书由郝文乾统稿。课题组的青年教师刘福、田佳、王哲、李福正、马晓帆、白韶斌在稿件校对、插图绘制方面做了大量工作。此外，研究生崔政、王浩、侯鹏洋、赵晨光等参与了插图绘制以及第 8 章部分内容的工作。

本书的出版获得中北大学教育教学改革研究项目的支持。本书在撰写过程中参考了许多国内外相关文献和资料，在此向参考文献的作者表达最诚挚的感谢。

由于作者水平有限，书中难免存在不足之处，恳请各位专家、学者和读者批评指正。

编　者

2025年1月

目　　录

第1章 绪 论

飞行器结构动力学是一门在飞行器设计中受到普遍重视且仍处于不断发展中的学科。本章主要阐述飞行器结构动力学的研究目的、内容、方法及其特点，并介绍振动的分类、简谐振动和谐波分析。

1.1 飞行器结构动力学分析的目的

飞行器结构是构成飞行器的基础，是能保持足够的强度和刚度的零件和部件的总称。飞行器结构的主要功能之一是承受和传递作用在它上面的各种载荷。随着现代飞行器的飞行速度、加速度、高度和航程的不断增加，其不仅承受静力载荷和热载荷，而且承受动力载荷。静力载荷是不随时间变化的稳定的作用力；热载荷是由于飞行中气动加热、结构内外环境传递的热所产生的结构温度变化、温度交变和温度场环境的总称。作用在飞行器上随时间变化的动载荷非常复杂，包括作用力随时间周期变化的周期载荷、作用力在很短时间内急剧变化的瞬态冲击载荷和载荷值只能用统计的方法进行定义的随机载荷等。

飞行器在动载荷作用下会产生振动现象。振动是指物体经过平衡位置所做的随时间变化的往复运动。能产生振动的研究对象都称为结构动力系统。飞行器结构就是一种典型的动力系统。对于引起系统振动的动载荷，如初始干扰、周期载荷、冲击载荷等统称为激励或输入。系统在激励作用下产生的结果称为系统的动态响应或输出，例如振动中产生的位移、速度、加速度、应力等。飞行器结构所具有的固有动力学特性只与系统的质量和刚度特性有关，而与振动的初始条件无关，称为系统的固有特性。飞行器结构的动态特性中最基本的两个是自由振动特性和强迫振动特性，前者反映了系统的固有特性，后者还与外激励有关。

飞行器结构动力学分析的目的是研究飞行器结构动力系统的固有特性以及其在外激励作用下产生响应的基本理论和分析方法，以保证飞行器结构动力系统的安全可靠、性能适当和具有足够的使用寿命。

1.2 飞行器结构动力学的内容

激励、系统和响应是结构动力学研究的三个要素。一般来说，已知任意两个要素求解第三个要素都属于结构动力学的研究范畴，一般包含三类问题：

① 第一类问题：已知动力系统和激励，求系统的响应，称为振动分析。

② 第二类问题：已知系统的响应和激励，来识别动力系统的参数，称为系统辨识或参数辨识。

③ 第三类问题：已知动力系统和系统的响应，来识别激励，称为载荷识别。

在上述三类问题中，第一类问题属于动力学的正问题，后两类问题属于动力学的反问题。

本书着重介绍动力学的正问题。

结构动力学分析的基本内容主要包括固有特性问题和响应问题。结构固有特性分析的主要内容是:在建立结构动态分析模型的基础上进行结构固有频率及相应振型的计算。此项工作的分析精度在一定程度上影响着许多设计环节的有效性和准确性。结构动态响应分析的主要内容是:揭示响应量(如力、位移、加速度)在飞行器工作过程中随时间变化的规律,这是对结构进行强度、刚度及飞行器结构及舱内设备空间余量设计的必要条件,并在很大程度上影响着飞行器设计以及敏感元件固定方式与合理位置等的确定。

1.3 结构动力问题的基本特性

结构动力问题与结构静力问题相比存在一定的差别。结构动力问题的基本特性主要表现在三个方面。

1. 结构动力问题都包含时间变量

静载荷是不随时间变化的稳态力,静力问题具有唯一解。而动力问题不同于静力问题,对于非线性不确定系统,由于动载荷(输入)的大小、方向甚至作用点随时间变化,因此动力系统的响应(输出)也随时间变化,这使动力问题不像静力问题那样具有唯一解。当然,对于线性确定性系统,动力学响应也存在唯一解。因此,动力问题必须在动载荷作用的时间范围内求解结构响应的时间历程。在结构的响应历程内,结构中的内力和变形除了与载荷大小有关,还与载荷作用方式、载荷随时间的变化规律、结构的边界条件以及结构的固有特性、阻尼特性有关。此外,对于动力学问题,不仅需要考虑结构的边界条件,还要考虑系统的初始条件。因此,时间变量是结构动力问题的基本变量之一,这使得动力问题分析比静力问题分析更加复杂。

2. 惯性力的存在

系统在振动过程中,组成系统的质点具有加速度,从而在结构中产生了惯性力。根据理论力学质点运动学可知,系统在微幅振动条件下,随时间变化的惯性力项的出现,质点振动的运动方程变成二阶常系数线性微分方程,这也就在一定程度上确定了运动方程的形式和求解的特点。因此,在结构动力学中,必须十分重视系统的质量大小与分布情况,注意研究振动中惯性力的情况。

3. 阻尼力的存在

动力学问题与静力学问题相比,不仅要考虑时间变量和惯性力的影响,而且要考虑阻尼力的影响,阻尼力是动力学响应问题的基本特性之一。阻尼是指动力学系统在振动过程中所有耗散振动能量的机制。对于机械能守恒系统,即系统内部的动能和势能彼此可以相互转化的系统,这类系统通常没有阻尼项。但是对于真实动力学系统会存在机械能耗散,这些能量的衰减是由于系统存在着阻尼,包括由于材料分子之间的摩擦引起的内阻尼机制、构件之间支承与连接部位的摩擦机制、振动时与周围介质的相互作用引起的能量耗散机制、振动时基础与地基相互作用引起的能量耗散机制等。

1.4　飞行器结构动力学分析模型与基本研究方法

1. 两类分析模型

由于飞行器结构十分复杂,结构动力学不可能直接对原始结构分析计算,必须根据分析的目的、要求的计算精度、结构的受力传力特点、现有的计算条件来分析结构各部分在振动中的作用,综合简化成正确反映结构动力学特性的力学模型,即分析模型。

一般说来,动力学分析模型可分为连续系统(或称分布参数系统)模型与离散系统(或称集中参数系统)模型,实际模型有时还可能是它们的复合模型。例如,图 1-1(a)表示挂载了 6 枚空对地精确制导炸弹、4 枚主动雷达制导空空导弹以及 3 个超声速副油箱的阵风战斗机。分析导弹的固有频率与主振型时,由于导弹细长,翼面小而轻,初步建模可以简化为图 1-1(b)所示的弹性梁模型。这种模型质量、刚度、阻尼都是连续分布的,属于连续系统模型。它可以看作由无数个质点将弹性与阻尼联系组成的,每个质点都具有独立的自由度,所以连续系统模型有无穷多自由度。

如果把图 1-1(b)的连续系统模型分成若干段,将每段壳体作为梁处理,并且将每段梁的质量和内部设备、有效载荷等效地集中到梁的两端点,形成一系列集中质量点 $m_1, m_2, m_3, \cdots, m_n$,于是就形成了图 1-1(c)所示的离散系统模型。离散系统模型是将质量、刚度离散化,所以它的自由度是有限的。结构的有限元动力模型就属于该模型。基于动力学理论,可以得到有限个等效质量 m_{eq}、等效刚度系数 k_{eq} 与等效阻尼系数 c_{eq},进一步可以将系统简化有限个自由度系统,该部分将在第 3 章重点介绍。

(a) 阵风战斗机(挂载了6枚空对地精确制导炸弹、4枚主动雷达制导空空导弹以及3个超声速油箱)

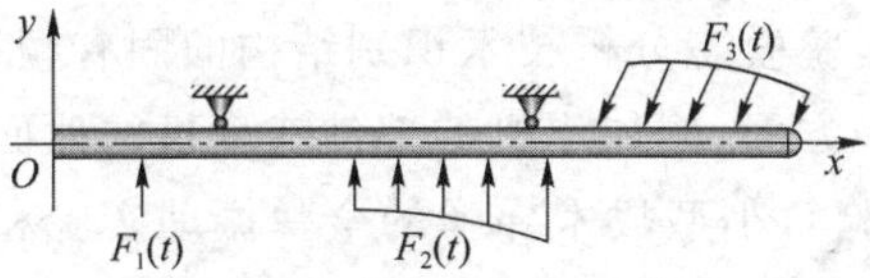

(b) 连续系统模型

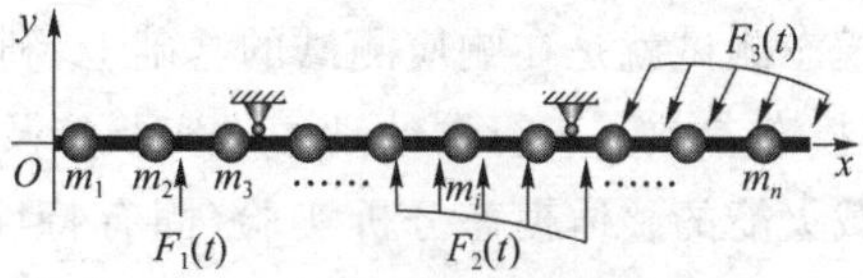

(c) 离散系统模型

图 1-1　动力学分析模型

2. 基本研究方法

结构动力学的研究方法可分为理论分析方法和实验分析方法。对大多数工程问题来说，这两种方法是相辅相成的，缺一不可。

(1) 理论分析方法

飞行器结构的振动是一个复杂的过程，分析时不能完全把实际工程结构所有细节都考虑进来，通常根据实际情况，对系统进行简化以达到既能得到有效结果，又能提升分析效率的目的。其分析流程主要包括：

步骤1，建立力学模型。需要结合力学知识与工程经验，建立能揭示系统全部重要特性的力学模型。力学模型根据分析目的应包含实际系统足够的细节，但不能过于复杂，以便于采用数学方程来描述其行为，经过去粗存精、去伪存真建立合适的振动系统力学模型，此过程需要进行大量的工程判断，通常还需要通过迭代不断完善。

步骤2，建立数学模型。利用诸如牛顿第二运动定律、达朗贝尔原理、能量守恒方程、拉格朗日方程等动力学定律方程，针对建立的力学模型，推导其运动微分方程，通常称为动力学方程。对于离散系统来说，振动方程通常是一个常微分方程；对于连续系统来说，振动方程通常是一个偏微分方程。

步骤3，动力学方程求解。利用常规方法、卷积积分法、傅里叶变换法、拉普拉斯变换法、数值方法等，求解动力学方程，获得系统响应规律。

步骤4，结果分析。需要对计算获得的结果进行分析，通常包含时域分析、频域分析等，并结合实际现象或实验结果或工程经验，判断结果是否合理。如结果不合理，则须继续完善力学模型，直至结果合理。

有限元方法是基于连续体力学理论的一种数值计算方法。有限元方法在模拟和解决飞行器动力学问题方面将得到广泛的应用。有限元方法是将结构按一定网格分割成有限个小单元，该步骤称为离散化，将每个小单元看作一个简单的有限元素，结合建立在元素上的力学方程组，通过计算机程序解出各单元在合理的边界条件和激励载荷下的运动状态，从而推算出整体结构的运动状态。有限元分析可以有效地研究连续结构在外载荷下的动力学响应，为结构的设计提供科学依据。结构动力学的有限元建模必须抓住主要矛盾，分清主要因素和次要因素，确定必须进行详细分析和可以简化分析的部位。如分析整机的机翼振动特性时，机翼结构则应该进行详细模拟，而机身、垂尾和平尾等结构则可以进行简化。

随着计算机的发展，有限元方法的计算效率将进一步提高，可以求解更加复杂和大规模的问题。

(2) 实验分析方法

动力学实验分析方法就是利用实验测试的方法获得结构的动力学特性，包括响应测试和模态测试。响应测试就是利用相关的传感器测量结构在特定激励下的位移、速度、加速度等响应量；模态测试就是在响应测试的基础上，利用实验模态分析技术识别结构的固有频率、固有振型等模态参数。飞行器的动力学实验涉及很多方面，例如飞机的部件或全机的地面共振实验，运载火箭的整体模态分析实验(固有特性实验)，小型战术导弹的全弹振动实验和冲击实验，含磁流变限流器飞机起落架的落震实验等，这些实验既可以直接检验产品的动力学性能，也可为结构动力分析(包括动力模型的建立)提供必要的数据。

1.5 振动的分类

1. 根据振动系统的自由度分类

动力系统的自由度是指在振动过程的任何瞬时，为完全确定系统所处的空间位置和运动状态所必需的最少独立坐标数目。

① 单自由度系统的振动。在系统的振动过程中，任何瞬时用一个独立坐标就能确定系统空间位置和运动状态的振动。

② 多自由度系统的振动。在系统的振动过程中，任何瞬时用多个独立坐标才能确定系统空间位置和运动状态的振动。

③ 连续体系统的振动。在系统的振动过程中，任何瞬时用无穷多个独立坐标才能确定系统空间位置和运动状态的振动。

2. 根据振动系统的输入特性分类

① 自由振动。自由振动是系统受到初始干扰产生的振动，或者外激励消失后存在的振动。自由振动的频率及振动形态只取决于系统的弹性和惯性性能，而与外激励无关，能够最基本地反映系统的动力特性，是研究其他各种振动的基础，因此，研究飞行器结构的自由振动特性具有重要的理论和实际意义。

② 受迫振动。受迫振动是系统在外激励作用下"被迫"产生的振动。受迫振动中的频率和振幅不仅取决于系统本身的弹性、惯性和阻尼特性，而且与外激励的特性有关。

③ 自激振动。自激振动是由于输入、输出间有反馈现象并且有能量补充而产生的振动。这时激励是受系统本身控制的，在适当的反馈作用下，系统会自动地激起定幅振动，但一旦振动被抑止，激励也随之消失。

④ 参数振动。参数振动是系统自身参数变化激发的振动。如果振动的激励方式是通过周期性地或随机地改变系统的质量或弹性等特性参数来实现的，则这时所引起的振动为参数振动。

3. 根据振动系统的输出特性分类

① 确定性振动。一个确定性系统(指系统特性是确定性的，不论它是常参数系统还是变参数系统)，在受到确定性激励时，响应也是确定性的。

② 随机振动。一个系统受到随机激励时，系统的响应将是随机的，这类振动是随机振动。不能用简单函数或简单函数组合来表述这种振动运动规律，而只能用统计的方法来研究其规律。

4. 根据振动系统的运动规律分类

① 周期振动。周期振动的振动量(如位移、速度和加速度)是时间的周期函数，如图1-2所示。如果振动量用$x(t)$表示，周期函数可表示为

$$x(t)=x(t+nT)$$

其中，n为周期个数；T为周期，表示振动往复一次的时间间隔，单位为s。$f=1/T$，为频率，表示单位时间内振动循环次数，单位为Hz。

如果周期振动量$y(t)$是时间的正弦或余弦函数，则该振动叫作简谐振动，其方程可表

示为

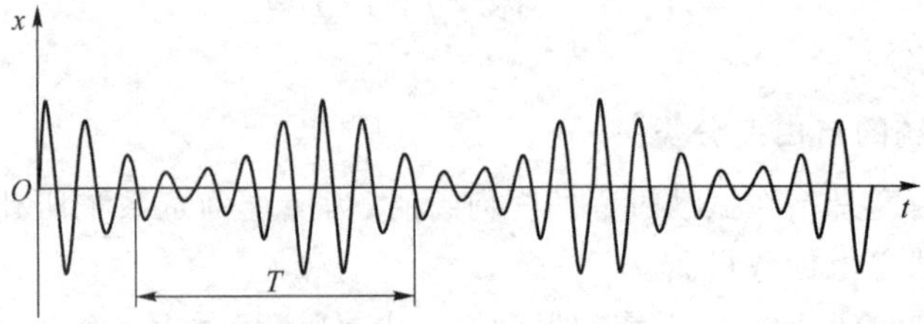

图 1-2　周期性振动

$$y(t)=A\sin(\omega t+\varphi) \tag{1-1}$$

其中，A 为振幅，表示振动中的最大位移量；ω 为圆频率或角频率，表示频率 f 的 2π 倍，单位是 rad/s，即 $\omega=2\pi f$；φ 为初相位。

简谐振动是最简单的周期振动。周期振动可以用谐波分析的方法展开为一系列简谐振动的叠加。

② 非周期振动。非周期振动的振动量是时间的非周期函数。如果振动在很短的时间内存在，则称为瞬态振动，如系统受到冲击和爆炸的作用产生的振动，导弹点火起飞级间分离引起的振动等。

周期振动和非周期振动的共同特点是：系统特性是确定的，激励与响应也是确定的；其振动量都是时间的函数；振动过程中任一瞬时 t 都可以得到确定的振动量。故它们都属于确定性振动。

③ 随机振动。随机振动的振动量不是时间的确定性函数，因而不能预测。

5. 根据振动的微分方程分类

① 线性振动：系统中构件的弹性服从胡克定律，或运动时产生的阻尼力与广义速度的一次式成正比的振动。线性系统通常是实际系统微幅振动的一个抽象模型。线性振动的频率和模态是系统固有的，其特征不随时间改变，满足叠加原理。

② 非线性振动：系统中构件的恢复力与位移不成线性比例，或运动时产生的阻尼力与速度不成线性比例的振动。非线性振动没有相对应的固有特性，运动微分方程是非线性的，不满足叠加原理。

1.6　简谐振动和谐波分析

简谐振动是最简单的周期振动，可以反映振动的基本特性。复杂的周期振动可以通过傅里叶级数表示成有限个简谐振动的叠加，该过程称为谐波分析。

1. 简谐振动的表示方法

(1) 旋转矢量表示

就简谐振动而言，如式(1-1)所示，振幅、频率和初相位三个参数可以确定一个简谐振动。简谐运动可用以匀角速度 ω 转动、幅值为 A 的矢量 $\overrightarrow{OM}$ 来表示，如图 1-3 所示，矢量从 $\overrightarrow{OM}$ 旋转到 $\overrightarrow{OM'}$，其在水平轴及垂直轴上的投影分别为

$$y(t)=A\sin\varphi,\quad y(t)=A\sin(\omega t+\varphi) \tag{1-2}$$

$$x(t)=A\cos\varphi,\quad x(t)=A\cos(\omega t+\varphi) \tag{1-3}$$

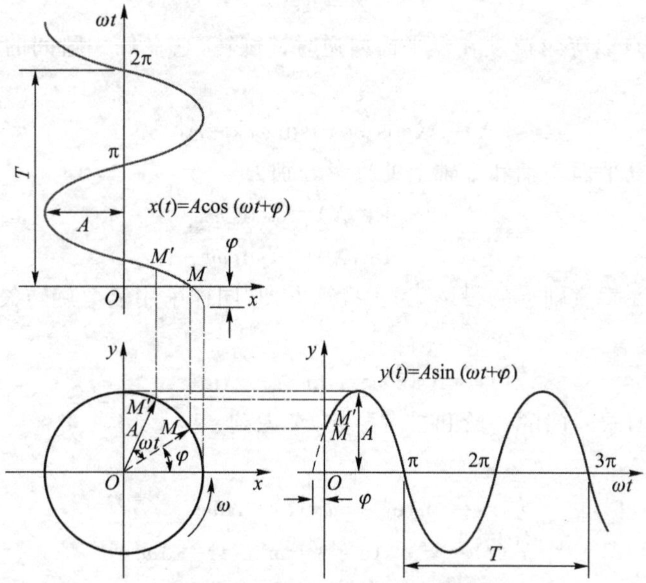

图 1-3 用旋转矢量表示的简谐振动

(2) 复数表示

简谐运动的矢量表示同时需要水平和垂直两个分量，利用复数可以直接表示这两个分量。任一矢量 $\boldsymbol{X}$ 都可以在复平面(Re，Im)内表示为一个复数，即

$$X=a+\mathrm{i}b \tag{1-4}$$

其中，$\mathrm{i}=\sqrt{-1}$表示单位虚数；Re 和 Im 分别表示实轴和虚轴；a 和 b 分别表示 $\boldsymbol{X}$ 在 Re 轴和 Im 轴的分向量。如果 A 表示矢量 $\boldsymbol{X}$ 的幅值，θ 表示矢量 $\boldsymbol{X}$ 的相位角，如图 1-4 所示，则矢量 $\boldsymbol{X}$ 可表示为

$$X=A(\cos\theta+\mathrm{i}\sin\theta) \tag{1-5}$$

其中，$A=\sqrt{a^2+b^2}$，$\theta=\arctan(b/a)$。

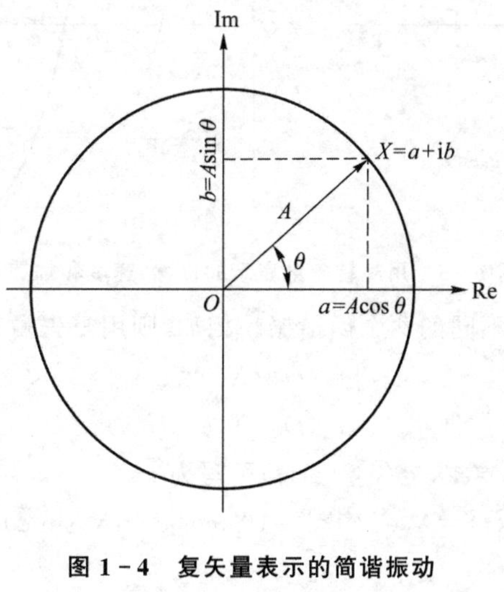

图 1-4 复矢量表示的简谐振动

根据欧拉公式 $\cos\theta+\mathrm{i}\sin\theta=\mathrm{e}^{\mathrm{i}\theta}$,可得到矢量的另一种表达形式

$$X=A\mathrm{e}^{\mathrm{i}\theta} \tag{1-6}$$

如果矢量绕 O 点以等角速度在复平面内逆时针旋转,它在任一瞬间的复角 $\theta=\omega t$,则矢量 $\boldsymbol{X}$ 的表达式为

$$X=A(\cos\omega t+\mathrm{i}\sin\omega t)=A\mathrm{e}^{\mathrm{i}\omega t} \tag{1-7}$$

复旋转矢量在复平面实轴和虚轴上的投影分别为

$$\begin{aligned}\mathrm{Re}(\boldsymbol{X})&=A\cos\omega t\\ \mathrm{Im}(\boldsymbol{X})&=A\sin\omega t\end{aligned} \tag{1-8}$$

本书采用矢量在垂直轴上的投影,为了换算方便,同样采用复数旋转矢量在虚轴上的投影代表该旋转矢量,即

$$x(t)=A\sin\omega t=\mathrm{Im}(\boldsymbol{X})=\mathrm{Im}(A\mathrm{e}^{\mathrm{i}\omega t}) \tag{1-9}$$

分别对式(1-9)求时间的一阶和二阶导数,考虑到 $\mathrm{e}^{\mathrm{i}\left(\frac{\pi}{2}\right)}=\mathrm{i}$, $\mathrm{e}^{\mathrm{i}(\pi)}=-1$,可得旋转矢量的速度和加速度为

$$\begin{aligned}\dot{x}(t)&=\mathrm{i}\omega A\mathrm{e}^{\mathrm{i}\omega t}=\mathrm{i}\omega x(t)=A\omega\mathrm{e}^{\mathrm{i}\left(\omega t+\frac{\pi}{2}\right)}\\ \ddot{x}(t)&=-\omega^2A\mathrm{e}^{\mathrm{i}\omega t}=-\omega^2x(t)=A\omega^2\mathrm{e}^{\mathrm{i}(\omega t+\pi)}\end{aligned} \tag{1-10}$$

显然,$x(t)$、$\dot{x}(t)$、$\ddot{x}(t)$均为同频率的简谐振动,每微分一次,振幅乘以一次因子 ω,相位角增加$\frac{\pi}{2}$,如图 1-5 所示。简谐振动的加速度的大小和位移成正比而方向相反,并始终指向振动的静平衡位置。由复数表示法可知:如果原始简谐振动是用余弦形式 $A\cos\omega t$ 给出,则式(1-10)的实部分别表示简谐运动的位移、速度和加速度;如果原始简谐振动是用正弦形式 $A\sin\omega t$ 给出,则式(1-10)的虚部分别表示简谐运动的位移、速度和加速度。图 1-5 中右边的位移、速度和加速度就对应于正弦形式 $A\sin\omega t$ 的简谐振动,即取左边旋转矢量的虚部。

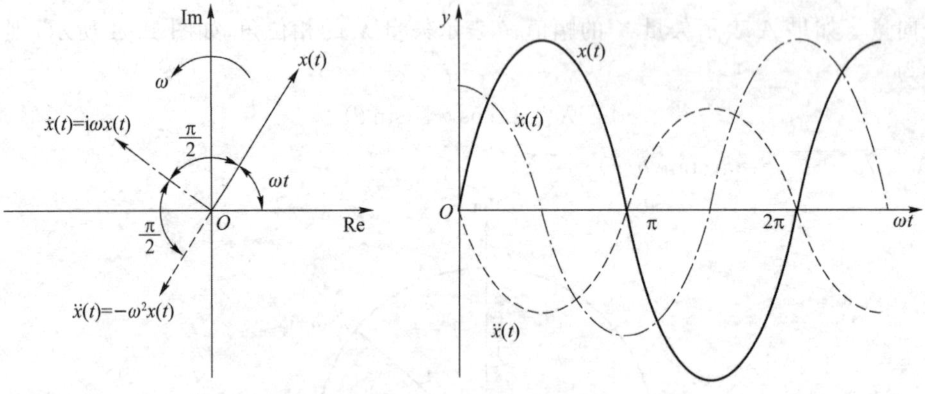

图 1-5　用旋转矢量表示的位移、速度和加速度

假设有同频率、初相位不同的两个简谐振动相加,则用复矢量表示为

$$\begin{cases}x_1(t)=X_1\mathrm{e}^{\mathrm{i}\omega t}\\ x_2(t)=X_2\mathrm{e}^{\mathrm{i}(\omega t+\varphi)}\end{cases} \tag{1-11}$$

根据欧拉公式 $\cos\varphi+\mathrm{i}\sin\varphi=\mathrm{e}^{\mathrm{i}\varphi}$,复矢量 $x_2(t)$可写为

$$x_2(t)=X_2\mathrm{e}^{\mathrm{i}(\omega t+\varphi)}=(X_2\cos\varphi+\mathrm{i}X_2\sin\varphi)\mathrm{e}^{\mathrm{i}\omega t} \tag{1-12}$$

则两个复矢量 $x_1(t)$、$x_2(t)$ 可采用几何法进行简谐运动进行合成为 $x(t)$。根据矢量相加原理，得

$$
\begin{aligned}
x(t) &= x_1(t) + x_2(t) = X_1 e^{i\omega t} + X_2 e^{i(\omega t+\varphi)} \\
&= (X_1 + X_2\cos\varphi + iX_2\sin\varphi)e^{i\omega t} = Xe^{i\beta}e^{i\omega t} = Xe^{i(\omega t+\beta)}
\end{aligned}
\tag{1-13}
$$

其中，$X=\sqrt{(X_1+X_2\cos\varphi)^2+(X_2\sin\varphi)^2}$，$\beta=\arctan\dfrac{X_2\sin\varphi}{X_1+X_2\cos\varphi}$。其复旋转矢量的合成如图 1-6 所示，合运动仍为同频率的简谐振动。

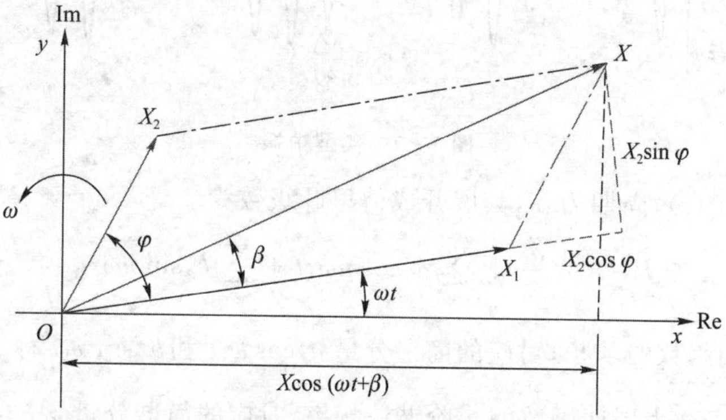

图 1-6　用旋转矢量表示的简谐振动的合成

2. 拍振现象

两个不同频率的简谐振动相加后不再是简谐振动，则一般情况下为非周期振动。当两频率之比是正整数时，合成后为周期振动。当两频率接近时，合成的振动为拍振。假设两个频率接近的简谐振动分别为

$$
\begin{cases}
x_1(t)=A\sin\omega t \\
x_2(t)=A\sin(\omega+\delta)t
\end{cases}
\tag{1-14}
$$

其中，δ 为一小量。根据矢量相加原理，其合成运动为

$$
x(t)=x_1(t)+x_2(t)=A[\sin\omega t+\sin(\omega+\delta)t]=2A\cos\left(\frac{\delta t}{2}\right)\sin\left(\omega+\frac{\delta}{2}\right)t \tag{1-15}
$$

典型的拍振如图 1-7 所示。可以看出，合成运动为一个频率为 $\omega+\dfrac{\delta}{2}$ 的正弦波（近似等于 ω），但其振幅随时间按照 $2A\cos\left(\dfrac{\delta t}{2}\right)$ 变化，它的包络线为 $\pm 2A\cos\left(\dfrac{\delta t}{2}\right)$。当振幅达到最大值时称为拍，振幅在 $0\sim 2A$ 之间变化的频率 δ 称为拍频，即幅值变化函数 $2A\cos\left(\dfrac{\delta t}{2}\right)$ 的频率 $\dfrac{\delta}{2}$ 的两倍，相应的 $T_b=\dfrac{2\pi}{\delta}$ 称为拍周期。

3. 周期函数的谐波分析

简谐振动是一种最简单的周期振动，但是实际问题中存在非简谐的周期振动。一般的周期振动可以通过谐波分析分解成简谐振动的叠加。根据级数理论，若周期函数满足狄利克雷条件（即函数在其定义域上有界且在一个周期内只具有有限个不连续点或极值点），就可以展

开成傅里叶级数。把一个周期函数展开成一个傅里叶级数,即展开成一系列简谐函数之和,称为谐波分析。

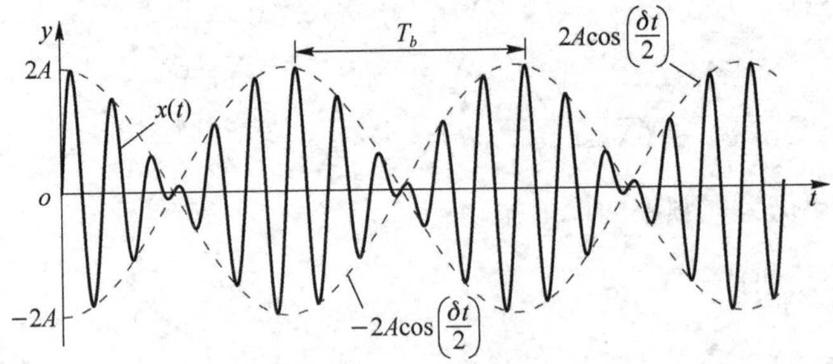

图 1-7 典型拍振

对于周期函数 $P(t)$,周期为 T,其展开成傅里叶级数为

$$P(t) = \frac{a_0}{2} + \sum_{n=1}^{\infty} a_n \cos n\omega_1 t + \sum_{n=1}^{\infty} b_n \sin n\omega_1 t \tag{1-16}$$

其中,$\omega_1 = \frac{2\pi}{T}$为周期函数的基频,对应的简谐分量 $a_1 \cos \omega_1 t$ 和 $b_1 \sin \omega_1 t$ 称为周期函数的基波;将 n 倍于基频的频率称为周期函数的 n 阶谐波频率,对应的简谐分量 $a_n \cos n\omega_1 t$ 和 $b_n \sin n\omega_1 t$ 称为周期函数的 n 阶谐波;a_0,a_n 和 b_n 均为待定常数,其表达式分别为

$$\begin{aligned} a_0 &= \frac{2}{T}\int_0^T P(t)\mathrm{d}t \\ a_n &= \frac{2}{T}\int_0^T P(t)\cos n\omega_1 t\mathrm{d}t \\ b_n &= \frac{2}{T}\int_0^T P(t)\sin n\omega_1 t\mathrm{d}t \end{aligned} \tag{1-17}$$

由简谐振动的特性,两频率相同的简谐振动可以合成一个简谐振动,即

$$P(t) = \frac{a_0}{2} + \sum_{n=1}^{\infty} c_n (\cos n\omega_1 t + \varphi_n) \tag{1-18}$$

其中,$c_n = \sqrt{a_n^2 + b_n^2}$;$\tan \varphi_n = \frac{a_n}{b_n}$。

式(1-16)的物理意义表示:所有的周期信号都可以用一个常数和无穷项简谐信号的和来表示。考虑到 $P(t)$和 $\cos n\omega_1 t$、$\sin n\omega_1 t$ 的周期性,将式(1-17)的三个积分上下限改为 $t+T$ 和 t 会得到相同的结果。

为了清晰地表达一个周期函数中所含的各个简谐函数的频率、振幅和相位信息,在谐波分析结果中,以频率 ω 为横坐标,以傅里叶系数 a_n,b_n,c_n,φ_n 为纵坐标,绘制相应的频谱图,简称频谱。通常把 $c_n-\omega$ 图称为幅值谱,把 $\varphi_n-\omega$ 图称为相位谱,将幅值谱和相位谱等频谱称为信号的频域描述。图 1-8 为谐波的频谱示意图。

例 1.6.1 如图 1-9(a)所示,一周期为 T,振幅为 F_0的周期矩形波,在一个周期内的矩形波函数表达式为 $F(t)=\begin{cases} F_0, & 0<t<\frac{T}{2} \\ -F_0, & \frac{T}{2}<t<T \end{cases}$,试对周期矩形波进行谐波分析。

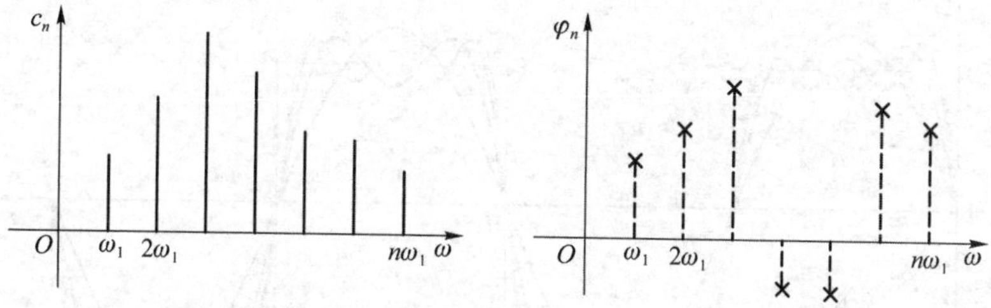

(a) 幅值谱　　(b) 相位谱

图 1-8　谐波的频谱示意图

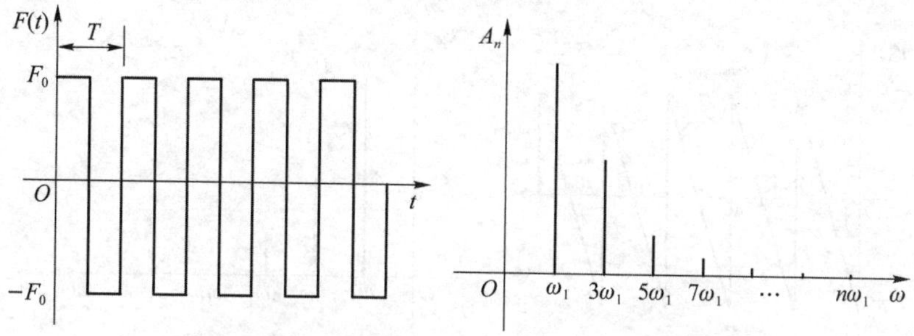

(a) 周期矩形波　　(b) 频谱图

图 1-9　周期矩形波的谐波分析

解　将 $F(t)$ 展开成傅里叶级数，并用式(1-17)求解各项常数。根据式(1-17)，得

$$a_0=\frac{2}{T}\int_0^T F(t)\mathrm{d}t=\frac{2}{T}\left(\int_0^{\frac{T}{2}}F_0\mathrm{d}t-\int_{\frac{T}{2}}^{T}F_0\mathrm{d}t\right)=0$$

由于函数 $F(t)$ 对 $t=\dfrac{T}{2}$ 是反对称的，而 $\cos n\omega_1 t$ 对 $t=\dfrac{T}{2}$ 是对称的，所以两者乘积的积分为零，即 $a_n=0$。根据式(1-17)，得

$$b_n=\frac{2}{T}\left(\int_0^{\frac{T}{2}}F_0\sin n\omega_1 t\mathrm{d}t-\int_{\frac{T}{2}}^{T}F_0\sin n\omega_1 t\mathrm{d}t\right)=\frac{4F_0}{n\pi}\quad(n=1,3,5,\cdots)$$

将 a_0，a_n 和 b_n 代入式(1-16)，得

$$F(t)=\sum_{n=1,3,5,\cdots}^{\infty}\frac{4F_0}{n\pi}\sin n\omega_1 t=\frac{4F_0}{\pi}\left(\sin\omega_1 t+\frac{1}{3}\sin 3\omega_1 t+\frac{1}{5}\sin 5\omega_1 t+\frac{1}{7}\sin 7\omega_1 t+\cdots\right)$$

本例题各次谐波的幅值分别为

$$A_1=\frac{4F_0}{\pi},\quad A_3=\frac{4F_0}{3\pi},\quad A_5=\frac{4F_0}{5\pi},\cdots$$

周期矩形波频谱(幅值谱)如图 1-9(b)所示。周期矩形波 $F(t)$ 的傅里叶级数展开的不同数量的谐波分量之和如图 1-10 所示，采用若干个谐波项之和可以趋近相应的周期矩形函数。

例 1.6.2　如图 1-11(a)所示，一周期为 T，振幅为 F_0 的周期锯齿波，在一个周期内的函数表达式为 $F(t)=\dfrac{2F_0}{T}t-(2k+1)F_0\,(kT<t<(k+1)T,k=0,1,2,\cdots)$，试对周期锯齿波进行谐波分析。

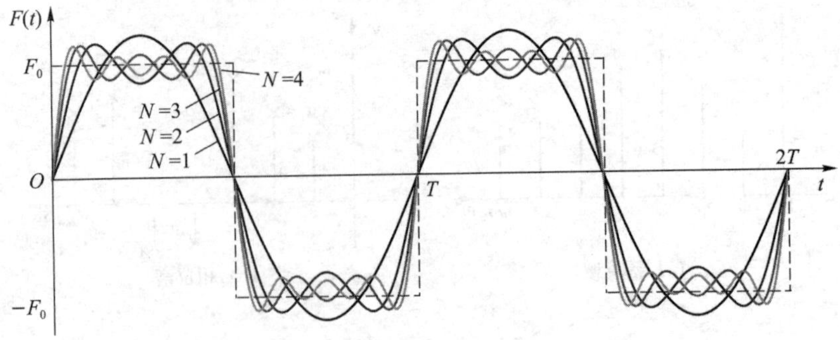

图 1-10 周期矩形波的谐波分量之和

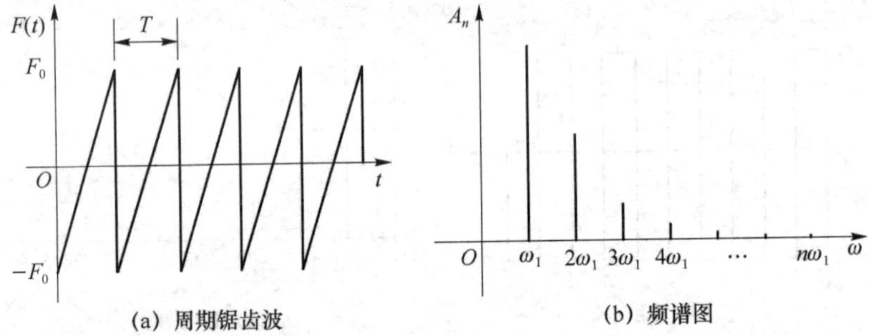

图 1-11 周期锯齿波的谐波分析

解 整个周期锯齿波的函数表达式为 $F(t)=\dfrac{2F_0}{T}t-(2k+1)F_0(kT<t<(k+1)T,k=0,$ $1,2,\cdots)$，针对一个周期内的锯齿波函数可以写成 $F(t)=\dfrac{2F_0}{T}t-F_0(0<t<T,k=0)$。

将 $F(t)$ 展开成傅里叶级数，并用式(1-17)求解各项常数。根据式(1-17)，得

$$a_0=\frac{2}{T}\int_0^T F(t)\mathrm{d}t=\frac{2}{T}\int_0^T\left(\frac{2F_0}{T}t-F_0\right)\mathrm{d}t=0$$

$$a_n=\frac{2}{T}\int_0^T\left(\frac{2F_0}{T}t-F_0\right)\cos n\omega_1 t\mathrm{d}t=\frac{2}{n\omega_1 T}\int_0^T\left(\frac{2F_0}{T}t-F_0\right)\mathrm{d}\sin n\omega_1 t=0$$

$$b_n=\frac{2}{T}\int_0^T\left(\frac{2F_0}{T}t-F_0\right)\sin n\omega_1 t\mathrm{d}t=-\frac{2}{n\omega_1 T}\int_0^T\left(\frac{2F_0}{T}t-F_0\right)\mathrm{d}\cos n\omega_1 t$$

$$=-\frac{2F_0}{n\pi}\quad(n=1,2,\cdots)$$

将 a_0，a_n 和 b_n 代入式(1-16)，得

$$F(t)=\sum_{n=1}^{\infty}-\frac{2F_0}{n\pi}\sin n\omega_1 t=-\frac{2F_0}{\pi}\left(\sin\omega_1 t+\frac{1}{2}\sin 2\omega_1 t+\frac{1}{3}\sin 3\omega_1 t+\cdots\right)$$

本例题各次谐波的幅值分别为

$$A_1=\frac{2F_0}{\pi},\quad A_3=\frac{2F_0}{2\pi},\quad A_5=\frac{2F_0}{3\pi},\quad\cdots$$

周期锯齿波频谱(幅值谱)如图 1-11(b)所示。周期锯齿波函数 $F(t)$ 的傅里叶级数展开的不同数量的谐波分量之和如图 1-12 所示，采用若干个谐波项之和可以趋近相应的周期锯齿波函数。

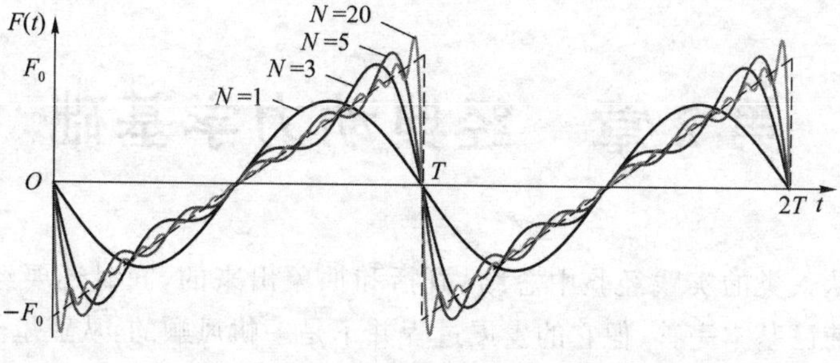

图 1-12　周期锯齿波的谐波分量之和

本章习题

1.1　列出飞行器结构中的动力学现象，并简述其产生过程，并分别按照振动的几种分类方式进行分类。

1.2　简述结构动力问题的基本特性和研究方法。

1.3　已知以复数表示的两个简谐振动分别为 $3e^{i5\pi t}$ 和 $5e^{i(5\pi t+\pi/2)}$，试求它们合成的复数形式，并写出其实部和虚部。

1.4　一个物体放在水平台面上，当台面沿铅锤方向做频率为 5 Hz 的简谐振动时，要使物体不跳离平台，对台面的振幅应如何限制？

1.5　一个做简谐振动的物体，通过距离平衡位置为 $x_1=5$ cm 和 $x_2=10$ cm 时的速度为 $v_1=20$ cm/s 和 $v_2=8$ cm/s，求振动周期、振幅和最大速度。

1.6　如图 1-13 所示的周期矩形波。

(1) 试对周期矩形波进行谐波分析，并画出频谱图。

(2) 比较(1) 的级数与例 1.6.1 中的级数，观察方波相位前移 1/4 周期时有什么效应？

1.7　如图 1-14 所示的周期三角波，对周期三角波进行谐波分析，并画出频谱图。

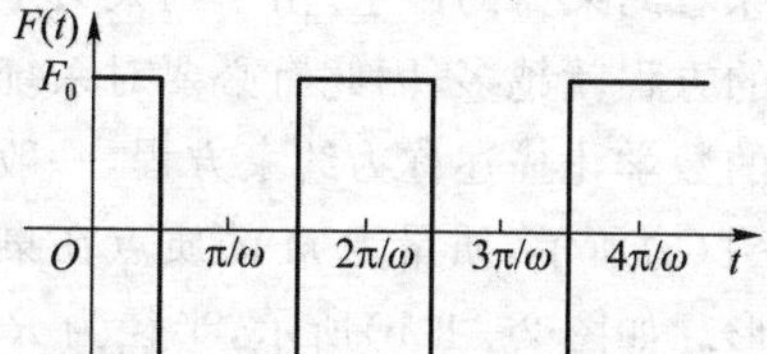

图 1-13

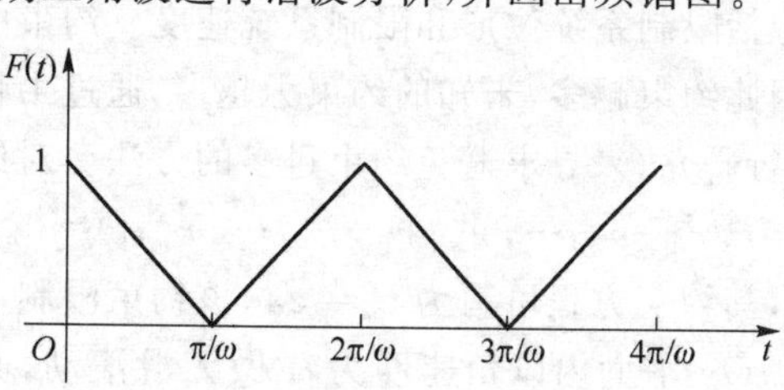

图 1-14

1.8　如图 1-15 所示的周期锯齿波，对周期锯齿波进行谐波分析，并画出频谱图。

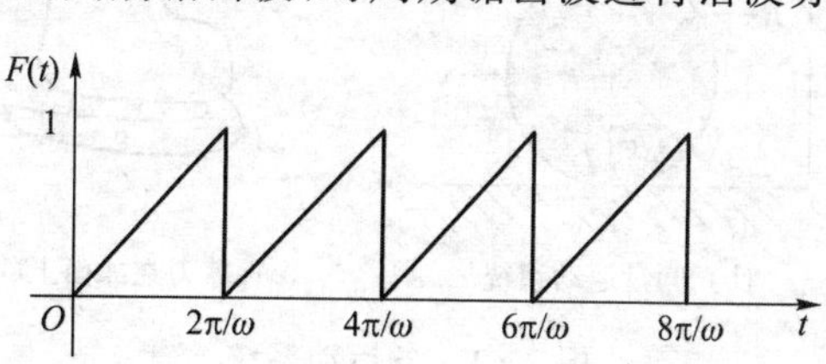

图 1-15

第 2 章　经典动力学基础

力学原理是从人类的实践经验中总结、概括和抽象出来的，同时还要经受未来实践的检验。质点力学目前已基本完善，但它的发展过程并不是一帆风顺的：从亚里士多德到开普勒期间，力学上就很少有重大发现；伽利略对于加速度重要性的认识具有划时代的意义，牛顿于1687 年发表的《自然哲学的数学原理》则标志着这一时期的终结。从某种意义上来说，牛顿总结的质点力学理论，就是今天的牛顿质点力学。质点力学的基本问题是用牛顿第二定律来建立公式的。

此后，另一个重要的发展时期是与约翰·伯努利、欧拉、拉格朗日和达朗贝尔等的名字分不开的。牛顿的《自然哲学的数学原理》发表一百年后，拉格朗日在总结了这一时期的成果，发表了《分析力学》，该著作主要内容就是拉格朗日力学。牛顿力学与拉格朗日力学有着根本性差异。牛顿力学的公式在一开始就确定好坐标系，首先需要取分离体，分别列出各分离体的运动方程，因此，需要考虑各个分离体之间的相互作用。在受约束的系统中，还需要考虑约束的作用，因而在考察复杂的动力学系统时，采用牛顿力学会很复杂。而拉格朗日力学的公式是用广义坐标表示的，用能量或功等标量来描述系统的运动量和相互作用，并用拉格朗日力学或与之等价的变分原理来描述系统的运动规律，对于复杂系统来说，这一方法具有很大的优越性。

2.1　系统的约束

所有质点的集合称为系统。所有质点位置的集合称为系统位形，所有质点的速度的集合称为系统速度。系统状态由系统位形和系统速度共同决定。对系统状态进行强制限制称为约束，包括限制系统位形和限制系统速度。约束的产生意味着约束力的产生，由于约束力是未知的，因此约束越多，未知的约束力越多，通过牛顿力学列的方程就越多，因此有必要对系统的约束进行研究，来寻求避免约束过多的方法。对约束条件的数学化描述称为约束方程，一般表达式为：$f(\vec{r}_1, \vec{r}_2, \cdots, \vec{r}_n; \dot{\vec{r}}_1, \dot{\vec{r}}_2, \cdots, \dot{\vec{r}}_n; t)=0$。如图 2-1(a)所示，质量为 m 的质点在桌面上运动，其约束方程可写为 $z_m=z_{桌}$，该约束限制了系统位形。如图 2-1(b)所示，半径为 R 的圆盘在 xOy 平面内以角速度为 ω 做无滑滚动，其约束方程可写为 $v=\omega R$，该约束限制了系统速度。

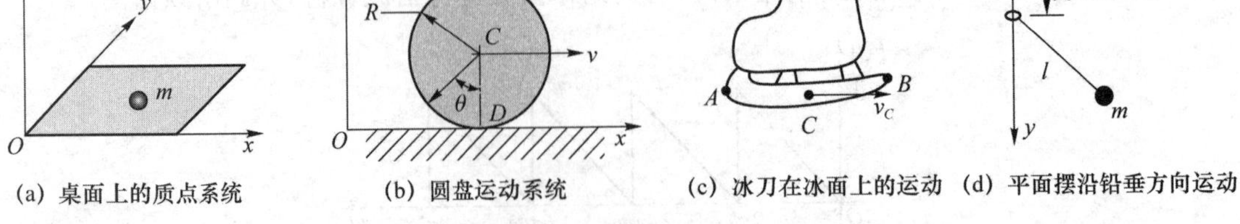

图 2-1　各运动系统

系统的约束可按照数学表达、物理实质、是否显含时间、可解与否进行分类。

① 按照数学表达分类，系统的约束可分为几何约束和运动约束。

几何约束为仅限制系统质点的位置，约束方程只出现位置矢量，即 $f(\vec{r}_1,\vec{r}_2,\cdots,\vec{r}_n;t)=0$。例如，假设 AB 杆长为 l，A 点的坐标为 (x_1,y_1,z_1)，B 点的坐标为 (x_2,y_2,z_2)，则约束方程可表示为 $(x_2-x_1)^2+(y_2-y_1)^2+(z_2-z_1)^2=l^2$。

运动约束为限制速度的约束，运动约束包括可积分的运动约束和不可积分的运动约束。

可积分的运动约束积分后变成纯粹的几何约束，即只有位置矢量，没有速度矢量。例如图 2－1(b)所示的圆盘无滑滚动，对约束方程进行积分可得到 $x_C-\theta R=C$（x_C 为质心 C 的位移，θ 为圆盘转过的角度，C 为积分常数），其积分后只有位置矢量。

不可积分的运动约束不可通过积分变成几何约束。例如图 2－1(c)所示的长为 l 的冰刀 AB 在冰面上的运动，质心 C 的运动沿冰刀的方向，A 点的坐标为 (x_1,y_1)，B 点的坐标为 (x_2,y_2)，其几何约束方程可表示为 $(x_2-x_1)^2+(y_2-y_1)^2=l^2$，运动约束方程为 $\frac{x_2-x_1}{y_2-y_1}=\frac{(\dot{x}_2+\dot{x}_1)/2}{(\dot{y}_2+\dot{y}_1)/2}$，运动约束方程通过积分不可以变成几何约束，因此该运动属于不可积分的运动约束。

② 按照物理实质分类，系统的约束可分为完整约束和不完整约束。几何约束和可积分的运动约束称为完整约束，其约束方程不包含坐标对时间的导数（速度分量），其表达式为 $f(\vec{r}_1,\vec{r}_2,\cdots,\vec{r}_n;t)=0$，对应的系统就称为完整系统，例如图 2－1(b)所示的圆盘无滑滚动的约束属于完整约束。不可积分的运动约束称为不完整约束，其约束方程包含坐标对时间的导数（速度分量），其表达式为 $f(\vec{r}_1,\vec{r}_2,\cdots,\vec{r}_n;\dot{\vec{r}}_1,\dot{\vec{r}}_2,\cdots,\dot{\vec{r}}_n;t)=0$，对应的系统称为不完整系统，图 2－1(c)所示的冰刀在冰面上的运动的约束属于不完整约束。

③ 按照是否显含时间分类，系统的约束可分为定常约束和非定常约束。约束方程不显含时间变量的约束称为定常约束，即 $f(\vec{r}_1,\vec{r}_2,\cdots,\vec{r}_n;\dot{\vec{r}}_1,\dot{\vec{r}}_2,\cdots,\dot{\vec{r}}_n)=0$；约束方程显含时间变量的约束称为非定常约束，即 $f(\vec{r}_1,\vec{r}_2,\cdots,\vec{r}_n;\dot{\vec{r}}_1,\dot{\vec{r}}_2,\cdots,\dot{\vec{r}}_n;t)=0$。例如图 2－1(d)所示的平面摆的悬支点 A 按正弦模式 $y_0=a\sin\omega t$ 沿铅垂方向上下运动，则质点 m 的约束方程为 $x^2+(y-a\sin\omega t)^2=l^2$，该运动的约束属于非定常约束。

④ 按照可解与否分类，系统的约束可分为可解脱约束（单侧约束）和不可解脱约束（双侧约束）。可解脱约束（单侧约束）为不等式约束，例如长为 l 的没有绷直的绳子，其约束方程为 $(x_2-x_1)^2+(y_2-y_1)^2+(z_2-z_1)^2\leqslant l^2$；不可解脱约束（双侧约束）为等式约束，例如长为 l 的杆，其约束方程为 $(x_2-x_1)^2+(y_2-y_1)^2+(z_2-z_1)^2=l^2$。

2.2 广义坐标和自由度

假设用坐标向量 $\vec{r}_i$ 来确定空间任意一个质量点 i 的位置，其对应三个方向的直角坐标 x_i，y_i 和 z_i，如图 2－2 所示。因此，对于一个具有 n 个质点的定常约束的完整系统，则有 $3n$ 个

直角坐标 $\vec{r}_i(i=1,2,\cdots,3n)$，且相互不独立。设系统中有 l 个完整约束，则独立坐标有 $s=3n-l$ 个。因此，可以选择 $s=3n-l$ 个独立变量，把 $3n$ 个直角坐标都表示成这些独立变量和时间的函数来完全描述系统振动位形。取 s 个独立变量 $q_1,q_2,\cdots,q_s$，则 $3n$ 个直角坐标写成这些独立变量和时间的函数 $\vec{r}_i=\vec{r}_i(q_1,q_2,\cdots,q_s,t)$，而这些足以确定系统运动状态的独立变量称为广义坐标。独立坐标的个数 $s=3n-l$ 称为自由度。广义坐标既能规定系统的位形而又不破坏约束，且广义坐标的数目等于系统的自由度数目。因此，可根据系统自由度数目来确定广义坐标的数目。

由于广义坐标的选择可以是长度也可以是角度，因此其量纲是不确定的。考虑图 2-3 所示的双摆做平面运动，系统的几何约束方程为 $x_1^2+y_1^2=l_1^2$，$(x_2-x_1)^2+(y_2-y_1)^2=l_2^2$。系统的质点数为 $n=2$，故自由度为 $s=2n-2=2$。因此，取 θ_1,θ_2 为广义坐标，则双摆的位形就固定了；也可以取 x_1,x_2 为广义坐标，所以广义坐标的量纲是不确定的。

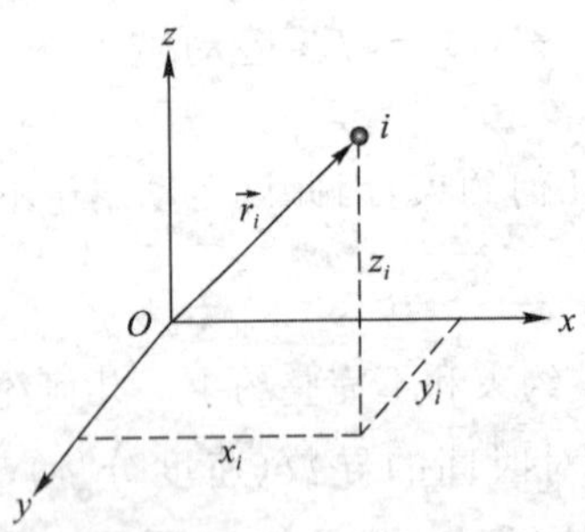

图 2-2　质点坐标

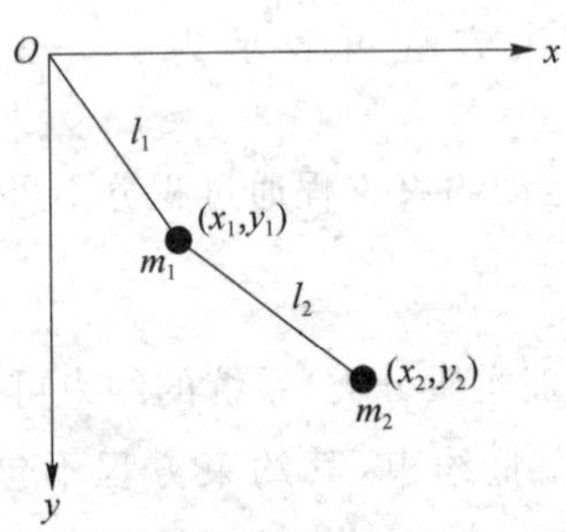

图 2-3　双摆作平面运动

例 2.2.1　如图 2-4 所示的两种系统，图 2-4(a)为质量分别为 m_1 和 m_2 的小球与一直角尺相连，图 2-4(b)为质量分别为 m_1 和 m_2 的小球与两个相互铰接的杆相连。分别求两种情况的自由度个数。

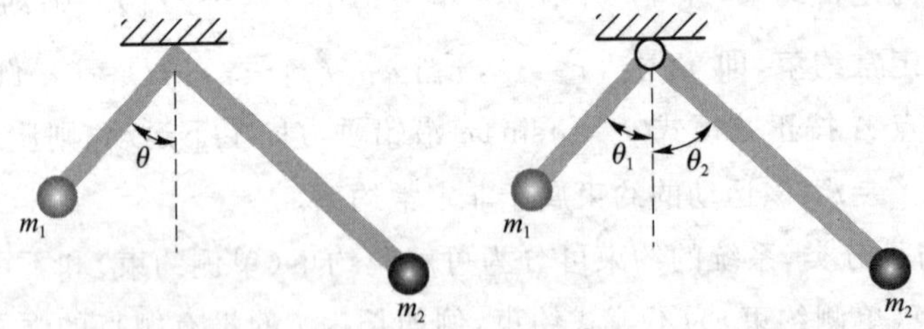

(a) 两小球与一直角尺相连　(b) 两小球与两个相互铰接的杆相连

图 2-4　两种系统

解　(1) 图 2-4(a)中，直角尺不变形，m_1 和 m_2 小球的相对位置不变，因此系统质点数为 $n=1$，系统的约束有 $l=1$ 个，故自由度为 $s=2n-1=1$。因此，取 θ 为广义坐标，则系统的位形就固定了。

(2) 图 2-4(b)中，两个相互铰接的杆会产生相对位置变化，相应的 m_1 和 m_2 小球的相对位置也会变化，因此系统质点数为 $n=2$，系统的约束有 $l=2$ 个，故自由度为 $s=2n-2=2$。因此，取 θ_1、θ_2 为广义坐标，则系统的位形就固定了。

由该例题可以得出，广义坐标的个数能确定系统的唯一位形，则表明系统的自由度个数为广义坐标的个数。

2.3　虚位移

当一个包含 n 个质点的非自由系统在某一初始条件下运动，其内各质点的位置矢量 $\vec{r}_i(i=1,2,\cdots,n)$ 既满足动力学微分方程和初始条件，又满足所有约束方程，称这种运动为真实运动，意为实际上发生的运动。在真实运动中，各质点所产生的位移称为实位移。对于一个定常约束的完整系统，如果系统在考虑约束条件后有 s 个自由度，用 s 个广义坐标 $q_1,q_2,\cdots,q_s$ 和时间 t 可完全描述其运动，假设质点在 t 时刻发生的位移为 $\vec{r}_i=\vec{r}_i(q_1,q_2,\cdots,q_s,t)$，质点在 $\mathrm{d}t$ 时间内产生的微小实位移为 $\mathrm{d}\vec{r}_i$，因此质点在 $t+\mathrm{d}t$ 时刻发生的位移为 $\vec{r}_i+\mathrm{d}\vec{r}_i$。因此实位移 $\mathrm{d}\vec{r}_i$ 可表示为

$$\mathrm{d}\vec{r}_i=\frac{\partial \vec{r}_i}{\partial q_1}\mathrm{d}q_1+\frac{\partial \vec{r}_i}{\partial q_2}\mathrm{d}q_2+\cdots+\frac{\partial \vec{r}_i}{\partial q_s}\mathrm{d}q_s+\frac{\partial \vec{r}_i}{\partial t}\mathrm{d}t=\sum_{\alpha=1}^{s}\frac{\partial \vec{r}_i}{\partial q_\alpha}\cdot\mathrm{d}q_\alpha+\frac{\partial \vec{r}_i}{\partial t}\mathrm{d}t \tag{2-1}$$

对于定常约束，即约束方程不显含时间 t，则有

$$\mathrm{d}\vec{r}_i=\sum_{\alpha=1}^{s}\frac{\partial \vec{r}_i}{\partial q_\alpha}\cdot\mathrm{d}q_\alpha \tag{2-2}$$

虚位移是指约束所许可的坐标的微小改变量，不一定是实际运动的真实位移。通常假设虚位移是无限小的，而且与时间的变化无关。虚位移是假想坐标的瞬时改变量，它只要求满足约束条件，用 $\delta\vec{r}_i$ 来表示。系统内任意一点的虚位移 $\delta\vec{r}_i$ 可以表示为广义坐标的虚位移 δq_α 的线性组合，即

$$\delta\vec{r}_i=\sum_{\alpha=1}^{s}\frac{\partial \vec{r}_i}{\partial q_\alpha}\cdot\delta q_\alpha \tag{2-3}$$

其中，δ 是变分符号；$\delta\vec{r}_i$ 表示函数 $\vec{r}_i(t)$ 的变分，变分表示函数自变量（时间 t）不变时，由函数本身形状在约束所许可的条件下微小改变而产生的无限小增量。除了等时变分（$\delta t=0$）之外，变分运算与微分运算相类似。

对于定常约束，即约束方程不显含时间 t，实位移是虚位移中的一个；对于非定常约束，即约束方程显含时间 t，也就是约束随时间变化，实位移不是虚位移中的一个。例如，质点 m 在水平面上做曲线运动，水平面若是固定的，即为定常约束，如图 2-5(a)所示，质点 m 的实位移是在水平面上，且在曲线的切线方向，用实线表示 $\mathrm{d}\vec{r}_i$，而质点 m 满足约束条件下的可能位移有无数个，用虚线表示 $\delta\vec{r}_i$，此时实位移是虚位移中的一个。

水平面若以均匀速率 v 向上运动，即为非定常约束，如图 2-5(b)所示，此时质点 m 的实位移是从 t 时刻平面上 A 点到 $t+\mathrm{d}t$ 时刻平面上 A' 点，用实线表示的 $\mathrm{d}\vec{r}_i$，虚位移是 $t+\mathrm{d}t$ 时刻平面上的任意位移，用虚线表示 $\delta\vec{r}_i$，此时实位移不是虚位移中的一个。

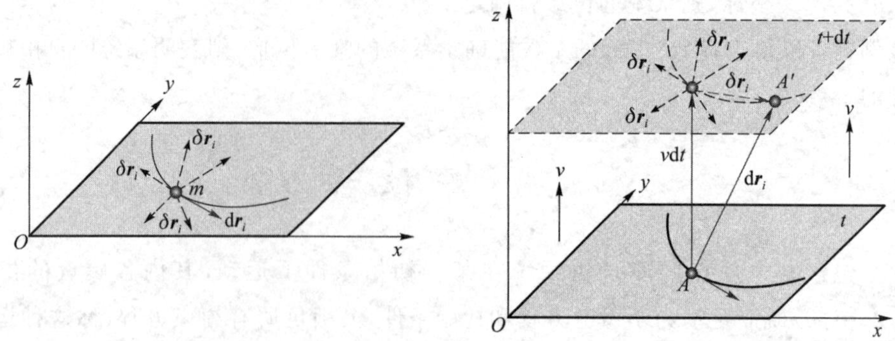

(a) 定常约束　　　(b) 非定常约束

图 2-5　实位移和虚位移示意图

2.4　虚功原理

对于一个含有 n 个质点的定常约束的完整系统，系统受到 $\vec{F}$ 的作用力，作用力 $\vec{F}$ 包含主动力 $\vec{F}_i$ 和约束力 $\vec{R}_i$，如果系统处于静平衡状态，则对于每个质点有 $\vec{F}=\vec{F}_i+\vec{R}_i=0(i=1,2,\cdots,n)$。作用于质点上的力在其虚位移上所做的功称虚功。质点的虚位移为 $\delta\vec{r}_i$，则力 $\vec{F}$ 在虚位移 $\delta\vec{r}_i$ 上的虚功 δW 可表示为

$$\delta W=\vec{F}\cdot\delta\vec{r}_i=\sum_{i=1}^{n}(\vec{F}_i+\vec{R}_i)\cdot\delta\vec{r}_i=\sum_{i=1}^{n}\vec{F}_i\cdot\delta\vec{r}_i+\sum_{i=1}^{n}\vec{R}_i\cdot\delta\vec{r}_i \tag{2-4}$$

由于虚位移是微小位移，因此虚功只有微小位移做功的形式，其计算同力在真实小位移上所做的微元功。虚功强调了力与位移的彼此独立性。

若约束反力在质点系的任一组虚位移上所做虚功之和等于零，则称此约束为理想约束。设第 i 个质点的约束力为 $\vec{R}_i$，虚位移为 $\delta\vec{r}_i$，则理想约束可表示为

$$\sum_{i=1}^{n}\vec{R}_i\cdot\delta\vec{r}_i=0 \tag{2-5}$$

式(2-5)表示约束力与虚位移始终垂直。一般常见的理想约束包括：光滑支承面，各种光滑铰链、轴承、铰链支座，无重刚杆及不可伸长的柔索，刚体纯滚动时的支承面等。理想约束反映了约束的基本力学特性，静力学问题和动力学问题同样适用。理想约束是对实际约束在一定条件下的近似。将式(2-5)代入式(2-4)中，得

$$\delta W=\sum_{i=1}^{n}\vec{F}_i\cdot\delta\vec{r}_i=0 \tag{2-6}$$

式(2-6)表示如果受到理想约束的质点系处于静平衡状态，则对于与约束相一致的任意虚位移，其充要条件为主动力所做的总虚功等于零。式(2-6)称为基本形式的虚功原理或称为虚位移原理。

对于无任何约束且处于平衡状态的自由粒子，根据基本形式的虚功原理，可得到

$$F_x\cdot\delta x+F_y\cdot\delta y+F_z\cdot\delta z=0 \tag{2-7}$$

其中，F_x,F_y,F_z 为自由粒子在空间坐标系 x,y,z 方向的受力；$\delta x,\delta y,\delta z$ 为自由粒子在空间坐

标系 x,y,z 方向的虚位移。由于 $\delta x,\delta y,\delta z$ 相互独立，因此 $F_x=F_y=F_z=0$。

但是对于有约束方程 $f(\vec{r}_1,\vec{r}_2,\cdots,\vec{r}_n;\dot{\vec{r}}_1,\dot{\vec{r}}_2,\cdots,\dot{\vec{r}}_n;t)=0$ 的系统，因为 $\vec{r}_1,\vec{r}_2,\cdots,\vec{r}_n$ 相互不独立，所以虚位移 $\delta\vec{r}_i$ 也相互不独立。因此，需要将广义坐标作为独立的坐标体系引入到虚功原理中，将式(2-3)代入式(2-6)，得

$$\delta W=\sum_{i=1}^{n}\vec{F}_i\cdot\left[\sum_{\alpha=1}^{s}\left(\frac{\partial\vec{r}_i}{\partial q_\alpha}\cdot\delta q_\alpha\right)\right]=0 \tag{2-8}$$

交换式(2-8)的求和次序，可以得到主动力虚功之和的广义坐标表达式：

$$\delta W=\sum_{\alpha=1}^{s}\left[\sum_{i=1}^{n}\vec{F}_i\cdot\frac{\partial\vec{r}_i}{\partial q_\alpha}\right]\cdot\delta q_\alpha=0 \tag{2-9}$$

对应于广义坐标 q_α 的广义力 Q_α 定义为

$$Q_\alpha=\sum_{i=1}^{n}\vec{F}_i\cdot\frac{\partial\vec{r}_i}{\partial q_\alpha} \tag{2-10}$$

将式(2-10)代入式(2-9)，得

$$\delta W=\sum_{\alpha=1}^{s}Q_\alpha\cdot\delta q_\alpha=Q_1\cdot\delta q_1+Q_2\cdot\delta q_2+\cdots+Q_s\cdot\delta q_s=0 \tag{2-11}$$

由于广义坐标 q_α 相互独立，则 δq_α 也相互独立，故式(2-11)成立，满足

$$Q_\alpha=\sum_{i=1}^{n}\vec{F}_i\cdot\frac{\partial\vec{r}_i}{\partial q_\alpha}=0\quad(\alpha=1,2,\cdots,s) \tag{2-12}$$

这表明在理想约束条件下，s 个自由度系统平衡的充要条件是 s 个广义力 Q_α 均等于零，称为广义坐标下的虚功原理。该结果通过引入广义力和广义坐标，将相互不独立的虚位移舍弃掉。

广义力 Q_α 的量纲取决于广义坐标 q_α 的量纲。根据 $\delta W=\sum Q_\alpha\cdot\delta q_\alpha$，相乘后必须是功或者能量的量纲。因此，$Q_\alpha$ 和 δq_α 在能量的意义上是共轭的。如果广义坐标 q_α 的量纲是[长度]，则广义力 Q_α 的量纲是[力]。如果广义坐标 q_α 的量纲是[角度]，则广义力 Q_α 的量纲是[力矩]。

保守系统为机械能始终守恒的力学系统。保守系统的主动力是保守力(有势力)，即主动力是势能的负梯度，表示为

$$\vec{F}_i=-\nabla_iV=-\left(\frac{\partial V}{\partial x_i}\vec{i}+\frac{\partial V}{\partial y_i}\vec{j}+\frac{\partial V}{\partial z_i}\vec{k}\right)\text{且 }\vec{r}_i=x_i\vec{i}+y_i\vec{j}+z_i\vec{k} \tag{2-13}$$

其中，V 是势能函数。重力、弹性力都是保守力，摩擦力、黏滞力是非保守力。将式(2-12)代入式(2-13)中，得

$$Q_\alpha=-\sum_{i=1}^{n}\left(\frac{\partial V}{\partial x_i}\cdot\frac{\partial x_i}{\partial q_\alpha}+\frac{\partial V}{\partial y_i}\cdot\frac{\partial y_i}{\partial q_\alpha}+\frac{\partial V}{\partial z_i}\cdot\frac{\partial z_i}{\partial q_\alpha}\right)=-\frac{\partial V}{\partial q_\alpha}=0\quad(\alpha=1,2,\cdots,s) \tag{2-14}$$

式(2-14)为保守系统的平衡条件，平衡条件为势能取极值，称为保守系统的虚功原理。

例 2.4.1　如图 2-6 所示，长 $2l$ 的杆 A 端必须紧贴在光滑墙壁上，墙间距为 d，分别用虚功原理和保守系统的平衡条件两种方法求系统的平衡位形。

解　(1) 虚功原理。对于理想完整系统，主动力为 mg，系统的自由度为 1，取广义坐标为 $q=\theta$。根据虚功原理 $\delta W=\sum\limits_{i=1}^{n}\vec{F}_i\cdot\delta\vec{r}_i=0$，得

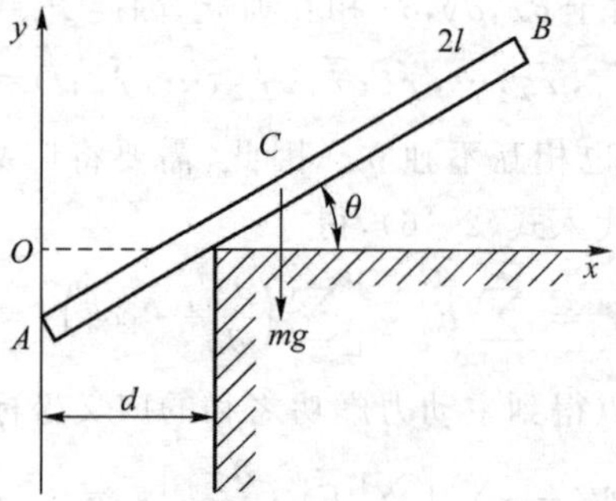

图 2-6　系统的平衡位形

$$-mg \cdot \delta y=0$$

通过几何关系建立 y 与 θ 之间的关系为

$$y=l\sin\theta-d\tan\theta,\quad \delta y=l\cos\theta\cdot\delta\theta-\frac{d}{\cos^2\theta}\cdot\delta\theta$$

联立两方程得

$$\theta=\arccos\sqrt[3]{\frac{d}{l}}$$

(2) 保守系统的平衡条件。系统势能可表示为

$$V=mgy=mg(l\sin\theta-d\tan\theta)$$

代入保守系统极值条件

$$\frac{\mathrm{d}V}{\mathrm{d}\theta}=mg\left(l\cos\theta-\frac{d}{\cos^2\theta}\right)=0$$

得

$$\theta=\arccos\sqrt[3]{\frac{d}{l}}$$

例 2.4.2　如图 2-7 所示，均质杆 OA，重 m_1g，长 l_1，能在竖直平面绕铰链 O 转动。在 A 端连接重 m_2g、长 l_2 的均质杆 AB。在 AB 杆的 B 端施加水平力 F，分别用虚功原理和保守系统的平衡条件两种方法求平衡时此两杆与竖线的夹角 θ_1 和 θ_2。

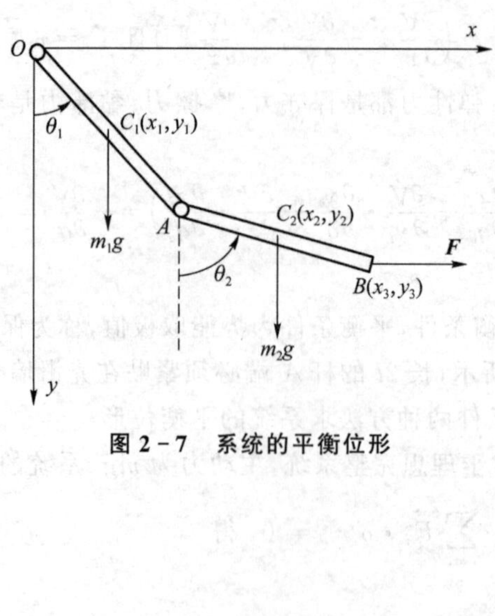

图 2-7　系统的平衡位形

解　(1) 虚功原理。对于理想完整系统，自由度为 2，取广义坐标为 $q_1=\theta_1$，　$q_2=\theta_2$。根据虚功原理 $\delta W=\sum_{i=1}^{n}\vec{F}_i\cdot\delta\vec{r}_i=0$，得

$$m_1 g\cdot\delta y_1+m_2 g\cdot\delta y_2+F\cdot\delta x_3=0 \tag{a}$$

通过几何关系得到 $\delta y_1,\delta y_2,\delta x_3$ 分别为

$$\begin{cases}y_1=\frac{1}{2}l_1\cos\theta_1\\ y_2=l_1\cos\theta_1+\frac{1}{2}l_2\cos\theta_2\\ x_3=l_1\sin\theta_1+l_2\sin\theta_2\end{cases},\quad \begin{cases}\delta y_1=-\frac{1}{2}l_1\sin\theta_1\cdot\delta\theta_1\\ \delta y_2=-l_1\sin\theta_1\cdot\delta\theta_1-\frac{1}{2}l_2\sin\theta_2\cdot\delta\theta_2\\ \delta x_3=l_1\cos\theta_1\cdot\delta\theta_1+l_2\cos\theta_2\cdot\delta\theta_2\end{cases} \tag{b}$$

联立式(a)和(b)，得到

$$\left(-\frac{1}{2}m_1 g l_1\sin\theta_1-m_2 g l_1\sin\theta_1+Fl_1\cos\theta_1\right)\cdot\delta\theta_1+\left(-\frac{1}{2}m_2 g l_2\sin\theta_2+Fl_2\cos\theta_2\right)\cdot\delta\theta_2=0$$

由于 $\delta\theta_1$ 和 $\delta\theta_2$ 相互独立，因此

$$\begin{cases}-\frac{1}{2}m_1 g l_1\sin\theta_1-m_2 g l_1\sin\theta_1+Fl_1\cos\theta_1=0\\ -\frac{1}{2}m_2 g l_2\sin\theta_2+Fl_2\cos\theta_2=0\end{cases}$$

经计算得

$$\tan\theta_1=\frac{2F}{(m_1+2m_2)g},\quad \tan\theta_2=\frac{2F}{m_2 g}$$

(2) 保守系统的平衡条件。系统势能可表示为

$$\begin{aligned}V&=m_1 g y_1+m_2 g y_2+Fx_3\\&=\frac{1}{2}m_1 g l_1\cos\theta_1+m_2 g l_1\cos\theta_1+\frac{1}{2}m_2 g l_2\cos\theta_2+Fl_1\sin\theta_1+Fl_2\sin\theta_2\end{aligned}$$

将上式代入保守系统极值条件

$$\begin{cases}\frac{\mathrm{d}V}{\mathrm{d}\theta_1}=-\frac{1}{2}m_1 g l_1\sin\theta_1-m_2 g l_1\sin\theta_1+Fl_1\cos\theta_1=0\\ \frac{\mathrm{d}V}{\mathrm{d}\theta_2}=-\frac{1}{2}m_2 g l_2\sin\theta_2+Fl_2\cos\theta_2=0\end{cases}$$

经计算得

$$\tan\theta_1=\frac{2F}{(m_1+2m_2)g},\quad \tan\theta_2=\frac{2F}{m_2 g}$$

2.5　达朗贝尔原理

虚功原理解决的是系统的静力学平衡问题。对于系统的动力学问题可以采用牛顿第二定律和达朗贝尔原理来解决。考察含有 n 个质点的系统受到外力 F 的作用产生动力学响应，对于每个质点可以写成牛顿第二定律的表达形式：

$$\vec{F}_i+\vec{R}_i=m\ddot{\vec{r}}_i \tag{2-15}$$

或

$$\vec{F}_i+\vec{R}_i-m\ddot{\vec{r}}_i=0 \tag{2-16}$$

其中，$\vec{F}_i$ 和 $\vec{R}_i$ 分别为作用在第 i 个质点上的主动力和约束力；$-m\ddot{\vec{r}}_i$ 具有力的量纲，称为作用在第 i 个质点上的惯性力。

式(2-16)表示作用于系统的每个质点上的主动力和约束力与惯性力之和等于零。这样就把动力学问题转化为静力学问题，该方法称为达朗贝尔原理。对于理想系统来说，式(2-16)可化简为

$$\vec{F}_i-m\ddot{\vec{r}}_i=0 \tag{2-17}$$

将式(2-17)和式(2-3)代入式(2-6)中，得

$$\sum_{i=1}^{n}(\vec{F}_i-m\ddot{\vec{r}}_i)\cdot\sum_{\alpha=1}^{s}\left(\frac{\partial\vec{r}_i}{\partial q_\alpha}\cdot\delta q_\alpha\right)=0 \tag{2-18}$$

交换上式的求和次序，可以得到主动力虚功之和的广义坐标表达式：

$$\sum_{\alpha=1}^{s}\left(\sum_{i=1}^{n}\vec{F}_i\cdot\frac{\partial\vec{r}_i}{\partial q_\alpha}-\sum_{i=1}^{n}m\ddot{\vec{r}}_i\cdot\frac{\partial\vec{r}_i}{\partial q_\alpha}\right)\cdot\delta q_\alpha=0 \tag{2-19}$$

将式(2-10)代入式(2-19)中，得

$$\sum_{\alpha=1}^{s}\left(Q_\alpha-\sum_{i=1}^{n}m\ddot{\vec{r}}_i\cdot\frac{\partial\vec{r}_i}{\partial q_\alpha}\right)\cdot\delta q_\alpha=0 \tag{2-20}$$

其中，$-\sum\limits_{i=1}^{n}m\ddot{\vec{r}}_i\cdot\dfrac{\partial\vec{r}_i}{\partial q_\alpha}$ 称为广义惯性力。

由式(2-20)可得，在广义坐标 $q_\alpha(\alpha=1,2,\cdots,s)$ 下，对于具有 n 个质点的运动系统，其所有的广义力和广义惯性力，经过一定约束条件的虚位移，其所做的虚功的总和等于零。

例 2.5.1 如图 2-8 所示的离心调速器，$AB=2a$，固定于转轴，其余各斜臂的长度都是 l，质量甚轻。两小球质量各为 m，套管 CD 重 P，套在转轴上，可上下滑动。刚度系数为 k 的一根弹簧两端分别系于两臂中点。不转时，弹簧不伸长也不缩短，各铰链部是光滑的。试采用达朗贝尔原理和保守系统的平衡条件求匀速转动时，角速度 ω 与张角 φ 的关系。

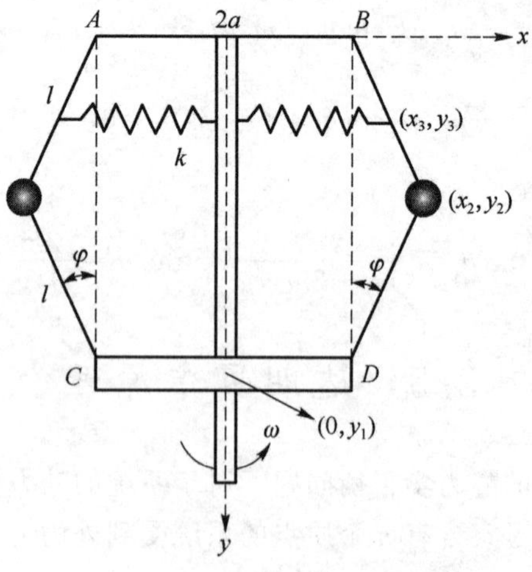

图 2-8 离心调速器

解 (1) 达朗贝尔原理。对于理想完整系统，自由度为 1，取广义坐标为 $q=\varphi$。主动力为套

管重 P，小球重 mg，弹簧张力 $T=kl\sin\varphi$。达朗贝尔力为小球的惯性离心力 $F=m\omega^2(l\sin\varphi+a)$。根据达朗贝尔方程 $\sum_{i=1}^{n}(\vec{F}_i-m\ddot{\vec{r}}_i)\cdot\delta\vec{r}_i=0$，得

$$P\cdot\delta y_1+2mg\cdot\delta y_2-2T\cdot\delta x_3+2m\omega^2(l\sin\varphi+a)\cdot\delta x_2=0 \tag{a}$$

通过几何关系得到 $\delta y_1,\delta y_2,\delta x_3$ 分别为

$$\begin{cases}y_1=2l\cos\varphi\\ y_2=l\cos\varphi\\ x_2=l\sin\varphi+a\\ x_3=\dfrac{l}{2}\sin\varphi+a\end{cases},\quad\begin{cases}\delta y_1=-2l\sin\varphi\cdot\delta\varphi\\ \delta y_2=-l\sin\varphi\cdot\delta\varphi\\ \delta x_2=l\cos\varphi\cdot\delta\varphi\\ \delta x_3=\dfrac{l}{2}\cos\varphi\cdot\delta\varphi\end{cases} \tag{b}$$

联立式(a)和(b)，得

$$-2Pl\sin\varphi\cdot\delta\varphi-2mgl\sin\varphi\cdot\delta\varphi-kl^2\sin\varphi\cos\varphi\cdot\delta\varphi+2m\omega^2(l\sin\varphi+a)\cdot l\cos\varphi\cdot\delta\varphi=0$$

经计算，角速度 ω 与张角 φ 的关系为

$$\omega^2=\frac{(2P+2mg+kl\cos\varphi)\sin\varphi}{2m(l\sin\varphi+a)\cos\varphi}$$

(2) 保守系统的平衡条件。主动力和惯性离心力都是有势力，可以用势能取极值作为平衡条件。套管势能为 $-P\cdot y_1$，每个小球势能为 $-mg\cdot y_2$，弹簧弹性势能为 $\frac{1}{2}k(2x_3-2a)^2$，每个小球的惯性离心势能为 $-\frac{1}{2}m\omega^2x_2^2$。因此，系统的总势能为

$$V=-2Pl\cos\varphi-2mgl\cos\varphi+\frac{1}{2}kl^2\sin^2\varphi-m\omega^2(l\sin\varphi+a)^2$$

将上式代入保守系统极值条件

$$2Pl\sin\varphi+2mgl\sin\varphi+kl^2\sin\varphi\cos\varphi-2m\omega^2(l\sin\varphi+a)\cdot l\cos\varphi=0$$

经计算，角速度 ω 与张角 φ 的关系为

$$\omega^2=\frac{(2P+2mg+kl\cos\varphi)\sin\varphi}{2m(l\sin\varphi+a)\cos\varphi}$$

2.6 广义坐标下的系统能量

2.6.1 广义坐标下的系统动能

考察一个具有 n 个质点系统，各质点的位置矢量可表示为 $\vec{r}_1,\vec{r}_2,\cdots\vec{r}_n$，则系统的动能为

$$T=\sum_{i=1}^{n}T_i=\frac{1}{2}\sum_{i=1}^{n}m_i\dot{\vec{r}}_i^{\,2} \tag{2-21}$$

将系统的位置矢量表示为广义坐标的形式为 $\vec{r}_i=\vec{r}_i(q_1,q_2,\cdots,q_s,t)$，则

$$\dot{\vec{r}}_i=\frac{\partial\vec{r}_i}{\partial t}+\sum_{\alpha=1}^{s}\left(\frac{\partial\vec{r}_i}{\partial q_\alpha}\cdot\dot{q}_\alpha\right) \tag{2-22}$$

将式(2-22)代入式(2-21)中，得

$$T=\frac{1}{2}\sum_{i=1}^{n}m_i\left[\frac{\partial\vec{r}_i}{\partial t}+\sum_{\alpha=1}^{s}\left(\frac{\partial\vec{r}_i}{\partial q_\alpha}\cdot\dot{q}_\alpha\right)\right]^2$$

$$=\frac{1}{2}\sum_{i=1}^{n}m_i\left[\left(\frac{\partial\vec{r}_i}{\partial t}\right)^2+2\cdot\sum_{\alpha=1}^{s}\left(\frac{\partial\vec{r}_i}{\partial q_\alpha}\cdot\dot{q}_\alpha\right)\cdot\left(\frac{\partial\vec{r}_i}{\partial t}\right)+\sum_{\alpha=1}^{s}\sum_{\beta=1}^{s}\left(\frac{\partial\vec{r}_i}{\partial q_\alpha}\cdot\frac{\partial\vec{r}_i}{\partial q_\beta}\cdot\dot{q}_\alpha\cdot\dot{q}_\beta\right)\right]$$

$$=\frac{1}{2}\sum_{\alpha=1}^{s}\sum_{\beta=1}^{s}\left(\sum_{i=1}^{n}m_i\frac{\partial\vec{r}_i}{\partial q_\alpha}\cdot\frac{\partial\vec{r}_i}{\partial q_\beta}\right)\cdot\dot{q}_\alpha\cdot\dot{q}_\beta+\sum_{\alpha=1}^{s}\left(\sum_{i=1}^{n}m_i\frac{\partial\vec{r}_i}{\partial q_\alpha}\cdot\frac{\partial\vec{r}_i}{\partial t}\right)\cdot\dot{q}_\alpha+\frac{1}{2}\sum_{i=1}^{n}m_i\left(\frac{\partial\vec{r}_i}{\partial t}\right)^2 \tag{2-23}$$

令广义质量系数为

$$m_{\alpha\beta}=m_{\beta\alpha}=\sum_{i=1}^{n}m_i\frac{\partial\vec{r}_i}{\partial q_\alpha}\cdot\frac{\partial\vec{r}_i}{\partial q_\beta},\quad a_\alpha=\sum_{i=1}^{n}m_i\frac{\partial\vec{r}_i}{\partial q_\alpha}\cdot\frac{\partial\vec{r}_i}{\partial t} \tag{2-24}$$

显然,由于 $\vec{r}_i(i=1,2,\cdots,n)$是 $q_1,q_2,\cdots,q_s$ 和 t 的函数,因此 $m_{\alpha\beta},a_\alpha$ 也是 $q_1,q_2,\cdots,q_s$ 和 t 的函数,则式(2-23)可表示为

$$T=\frac{1}{2}\sum_{\alpha=1}^{s}\sum_{\beta=1}^{s}m_{\alpha\beta}\cdot\dot{q}_\alpha\cdot\dot{q}_\beta+\sum_{\alpha=1}^{s}a_\alpha\cdot\dot{q}_\alpha+\frac{1}{2}\sum_{i=1}^{n}m_i\left(\frac{\partial\vec{r}_i}{\partial t}\right)^2=T_2+T_1+T_0 \tag{2-25}$$

式中,$T_2=\frac{1}{2}\sum_{\alpha=1}^{s}\sum_{\beta=1}^{s}m_{\alpha\beta}\cdot\dot{q}_\alpha\cdot\dot{q}_\beta$,$T_1=\sum_{\alpha=1}^{s}a_\alpha\cdot\dot{q}_\alpha$,$T_0=\frac{1}{2}\sum_{i=1}^{n}m_i\left(\frac{\partial\vec{r}_i}{\partial t}\right)^2$ 分别是广义速度的二次齐次函数、一次齐次函数和零次齐次函数。

当系统约束是定常的,即 $\vec{r}_i$ 不显含时间 t,且$\frac{\partial\vec{r}_i}{\partial t}=0$ 时,系统的总动能只有 T_2,则

$$T=T_2=\frac{1}{2}\sum_{\alpha=1}^{s}\sum_{\beta=1}^{s}m_{\alpha\beta}\cdot\dot{q}_\alpha\cdot\dot{q}_\beta=\frac{1}{2}[\dot{q}]^{\mathrm{T}}[m][\dot{q}] \tag{2-26}$$

其中,$[\dot{q}]=[\dot{q}_1\quad\dot{q}_2\quad\cdots\quad\dot{q}_s]^{\mathrm{T}}$ 为广义速度列矩阵,$[m]=\begin{bmatrix}m_{11}&m_{12}&\cdots&m_{1s}\\m_{21}&m_{22}&\cdots&m_{2s}\\\vdots&\vdots&\ddots&\vdots\\m_{s1}&m_{s2}&\cdots&m_{ss}\end{bmatrix}$ 为广义质量矩阵。式(2-26)表示所有动约束和动参数系统都保持固定时的动能。T_2 必定是广义速度 $\dot{q}_\alpha$ 的正定二次函数。因此,T 是正定二次函数的充要条件是 $s\times s$ 阶的广义惯性矩阵$[m]$为正定矩阵,其元素满足

$$m_{11}>0,\quad\begin{vmatrix}m_{11}&m_{12}\\m_{21}&m_{22}\end{vmatrix}>0,\cdots,\begin{vmatrix}m_{11}&m_{12}&\cdots&m_{1s}\\m_{21}&m_{22}&\cdots&m_{2s}\\\vdots&\vdots&\ddots&\vdots\\m_{s1}&m_{s2}&\cdots&m_{ss}\end{vmatrix}>0 \tag{2-27}$$

2.6.2 广义坐标下的系统势能

在稳定约束的系统中,势能 V 只是广义坐标的函数,即 $V=V(q_1,q_2,\cdots,q_s)$,将势能 V 在平衡位置展成泰勒级数:

$$V=V_0+\sum_{\alpha=1}^{s}\left(\frac{\partial V}{\partial q_\alpha}\right)_0\cdot q_\alpha+\frac{1}{2}\sum_{\alpha=1}^{s}\sum_{\beta=1}^{s}\left(\frac{\partial^2 V}{\partial q_\alpha\partial q_\beta}\right)_0\cdot q_\alpha\cdot q_\beta+\cdots \tag{2-28}$$

若选择平衡点为零势能点，则式(2-28)第一项为零；若将广义坐标的零点也选在平衡位置，即 $(q_\alpha)_0=0$，则 $\left(\frac{\partial V}{\partial q_\alpha}\right)_0=0$，因此，式(2-28)第二项为零；对于微振动，忽略第四项及以后项，得

$$V=\frac{1}{2}\sum_{\alpha=1}^{s}\sum_{\beta=1}^{s}\left(\frac{\partial^2 V}{\partial q_\alpha \partial q_\beta}\right)_0\cdot q_\alpha\cdot q_\beta \tag{2-29}$$

其中，$k_{\alpha\beta}=k_{\beta\alpha}=\left(\frac{\partial^2 V}{\partial q_\alpha \partial q_\beta}\right)_0$，称为广义刚度系数。因此，式(2-29)变为

$$V=\frac{1}{2}\sum_{\alpha=1}^{s}\sum_{\beta=1}^{s}k_{\alpha\beta}\cdot q_\alpha\cdot q_\beta=\frac{1}{2}[q]^{\mathrm{T}}[k][q] \tag{2-30}$$

其中，$[q]=[q_1\quad q_2\quad\cdots\quad q_s]^{\mathrm{T}}$ 为广义坐标列矩阵，$[k]=\begin{bmatrix}k_{11} & k_{12} & \cdots & k_{1s}\\ k_{21} & k_{22} & \cdots & k_{2s}\\ \vdots & \vdots & \ddots & \vdots\\ k_{s1} & k_{s2} & \cdots & k_{ss}\end{bmatrix}$ 为广义刚度矩阵。

2.7　拉格朗日方程

2.7.1　基本形式的拉格朗日方程

牛顿力学着重于系统各部件相关的力和运动以及各部件之间的相互作用，而拉格朗日力学则把系统作为一个整体来考虑，并利用动能和势能等标量函数来描述系统，不需要求解作用于系统各部分的约束力。

根据达朗贝尔原理，由式(2-20)可得

$$Q_\alpha-\sum_{i=1}^{n}m\ddot{\vec{r}}_i\cdot\frac{\partial\vec{r}_i}{\partial q_\alpha}=0 \tag{2-31}$$

根据求导规则，由式(2-31)可得

$$Q_\alpha-\left[\frac{\mathrm{d}}{\mathrm{d}t}\left(\sum_{i=1}^{n}m\,\dot{\vec{r}}_i\cdot\frac{\partial\vec{r}_i}{\partial q_\alpha}\right)-\sum_{i=1}^{n}m\,\dot{\vec{r}}_i\cdot\frac{\mathrm{d}}{\mathrm{d}t}\left(\frac{\partial\vec{r}_i}{\partial q_\alpha}\right)\right]=0 \tag{2-32}$$

引入拉格朗日关系为

$$\frac{\partial\dot{\vec{r}}_i}{\partial\dot{q}_\alpha}=\frac{\partial\vec{r}_i}{\partial q_\alpha},\quad \frac{\mathrm{d}}{\mathrm{d}t}\left(\frac{\partial\vec{r}_i}{\partial q_\alpha}\right)=\frac{\partial\dot{\vec{r}}_i}{\partial q_\alpha} \tag{2-33}$$

将式(2-33)代入式(2-32)中，得

$$Q_\alpha-\frac{\mathrm{d}}{\mathrm{d}t}\left(\sum_{i=1}^{n}m\dot{\vec{r}}_i\cdot\frac{\partial\dot{\vec{r}}_i}{\partial\dot{q}_\alpha}\right)+\sum_{i=1}^{n}m\dot{\vec{r}}_i\cdot\frac{\partial\dot{\vec{r}}_i}{\partial q_\alpha}=0 \tag{2-34}$$

可化简为

$$Q_\alpha-\frac{\mathrm{d}}{\mathrm{d}t}\left[\frac{\partial\left(\sum_{i=1}^{n}\frac{1}{2}m\dot{\vec{r}}_i\cdot\dot{\vec{r}}_i\right)}{\partial\dot{q}_\alpha}\right]+\frac{\partial\left(\sum_{i=1}^{n}\frac{1}{2}m\,\dot{\vec{r}}_i\cdot\dot{\vec{r}}_i\right)}{\partial q_\alpha}=0 \tag{2-35}$$

将广义坐标下的系统动能 $T=\sum_{i=1}^{n}\frac{1}{2}m\,\dot{\vec{r}}_i\cdot\dot{\vec{r}}_i$ 代入式(2-35)，得

$$Q_\alpha=\frac{\mathrm{d}}{\mathrm{d}t}\left(\frac{\partial T}{\partial \dot{q}_\alpha}\right)-\frac{\partial T}{\partial q_\alpha} \tag{2-36}$$

该式为基本形式的拉格朗日方程。式(2-36)表明：广义力是关于动能(没有势能)、广义坐标、广义速度的标量关系。方程中只有主动力，没有约束力，约束越多，自由度 s 越少，方程个数越少，且抛弃了虚位移。

例 2.7.1 如图 2-9 所示，质点 m 受到外力 F 的作用，利用基本形式的拉格朗日方程求球坐标系下质点的速度和加速度。

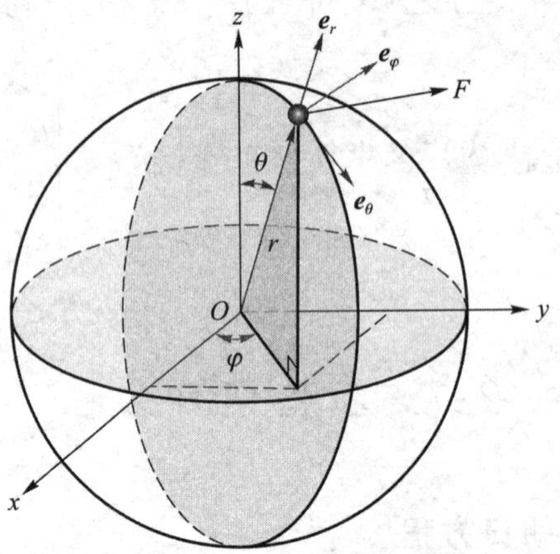

图 2-9 球坐标系下质点受到外力作用

解 系统的自由度为 3，取广义坐标为 $q_1=r, q_2=\theta, q_3=\varphi$。质点发生微小位移矢量为

$$\mathrm{d}\vec{r}=\mathrm{d}r\cdot\vec{e}_r+r\mathrm{d}\theta\cdot\vec{e}_\theta+r\sin\theta\mathrm{d}\varphi\cdot\vec{e}_\varphi$$

(1) 根据位移计算出速度矢量：

$$\vec{v}=\frac{\mathrm{d}\vec{r}}{\mathrm{d}t}=\dot{r}\cdot\vec{e}_r+r\dot{\theta}\cdot\vec{e}_\theta+r\sin\theta\dot{\varphi}\cdot\vec{e}_\varphi$$

即

$$\vec{v}_r=\dot{r},\quad \vec{v}_\theta=r\dot{\theta},\quad \vec{v}_\varphi=r\sin\theta\dot{\varphi}$$

(2) 根据虚功原理 $\delta W=\vec{F}\cdot\delta\vec{r}$，得

$$\begin{aligned}\delta W &= \vec{F}\cdot\delta\vec{r}\\ &=(F_r\cdot\vec{e}_r+F_\theta\cdot\vec{e}_\theta+F_\varphi\cdot\vec{e}_\varphi)(\delta r\cdot\vec{e}_r+r\delta\theta\cdot\vec{e}_\theta+r\sin\theta\delta\varphi\cdot\vec{e}_\varphi)\\ &=F_r\cdot\delta r+F_\theta\cdot r\delta\theta+F_\varphi\cdot r\sin\theta\delta\varphi\\ &=\sum_{\alpha=1}^{3}Q_\alpha\delta q_\alpha\end{aligned}$$

则广义力为

$$Q_r=F_r,\quad Q_\theta=F_\theta\cdot r,\quad Q_\varphi=F_\varphi\cdot r\sin\theta$$

质点动能为

$$T=\frac{1}{2}mv^2=\frac{1}{2}m(\dot{r}^2+r^2\dot{\theta}^2+r^2\sin^2\theta\dot{\varphi}^2)$$

将上式代入基本形式的拉格朗日方程，在广义坐标 r 方向为

$$Q_r = F_r = \frac{\mathrm{d}}{\mathrm{d}t}\left(\frac{\partial T}{\partial \dot{r}}\right) - \frac{\partial T}{\partial r} = \frac{\mathrm{d}}{\mathrm{d}t}(m\dot{r}) - (mr\dot{\theta}^2 + mr\sin^2\theta\,\dot{\varphi}^2)$$

$$= m\ddot{r} - mr\,\dot{\theta}^2 - mr\sin^2\theta\,\dot{\varphi}^2$$

由于 $F_r = ma_r$，则在 r 方向的加速度为

$$a_r = \ddot{r} - r\,\dot{\theta}^2 - r\sin^2\theta\,\dot{\varphi}^2$$

同理，在广义坐标 θ 方向为

$$Q_\theta = F_\theta \cdot r = \frac{\mathrm{d}}{\mathrm{d}t}\left(\frac{\partial T}{\partial \dot{\theta}}\right) - \frac{\partial T}{\partial \theta} = \frac{\mathrm{d}}{\mathrm{d}t}(mr^2\dot{\theta}) - mr^2\sin\theta\cos\theta\,\dot{\varphi}^2$$

$$= 2mr \cdot \dot{r} \cdot \dot{\theta} + mr^2\,\ddot{\theta} - mr^2\sin\theta\cos\theta \cdot \dot{\varphi}^2$$

由于 $F_\theta = ma_\theta$，则在 θ 方向的加速度为

$$a_\theta = 2\dot{r} \cdot \dot{\theta} + r\ddot{\theta} - r\sin\theta\cos\theta \cdot \dot{\varphi}^2$$

在广义坐标 φ 方向为

$$Q_\varphi = F_\varphi \cdot r\sin\theta = \frac{\mathrm{d}}{\mathrm{d}t}\left(\frac{\partial T}{\partial \dot{\varphi}}\right) - \frac{\partial T}{\partial \varphi} = \frac{\mathrm{d}}{\mathrm{d}t}(mr^2\sin^2\theta\,\dot{\varphi})$$

$$= 2mr \cdot \dot{r}\sin^2\theta \cdot \dot{\varphi} + 2mr^2\sin\theta\cos\theta \cdot \dot{\theta} \cdot \dot{\varphi} + mr^2\sin^2\theta \cdot \ddot{\varphi}$$

由于 $F_\varphi = ma_\varphi$，则在 φ 方向的加速度为

$$a_\varphi = 2\dot{r}\sin\theta \cdot \dot{\varphi} + 2r\cos\theta \cdot \dot{\theta} \cdot \dot{\varphi} + r\sin\theta \cdot \ddot{\varphi}$$

2.7.2　保守系统的拉格朗日方程

当系统为保守系统时，将式(2-14)代入式(2-36)，得

$$\frac{\mathrm{d}}{\mathrm{d}t}\left(\frac{\partial T}{\partial \dot{q}_\alpha}\right) - \frac{\partial (T-V)}{\partial q_\alpha} = 0 \qquad (2-37)$$

由于势能函数 $V(\vec{r}_1, \vec{r}_2, \cdots, \vec{r}_n; t)$ 只与位置有关，也就是与广义坐标 $(q_1, q_2, \cdots, q_s)$ 相关，而与广义速度 $\dot{q}_\alpha$ 无关，即 $\frac{\partial V}{\partial \dot{q}_\alpha} = 0$，则式(2-37)变为

$$\frac{\mathrm{d}}{\mathrm{d}t}\left(\frac{\partial (T-V)}{\partial \dot{q}_\alpha}\right) - \frac{\partial (T-V)}{\partial q_\alpha} = 0 \qquad (2-38)$$

定义拉格朗日函数（拉氏函数）为 $L(q, \dot{q}, t) = T(q, \dot{q}, t) - V(q, t)$，则式(2-38)化简为

$$\frac{\mathrm{d}}{\mathrm{d}t}\left(\frac{\partial L}{\partial \dot{q}_\alpha}\right) - \frac{\partial L}{\partial q_\alpha} = 0 \qquad (2-39)$$

该式称为保守系统的拉格朗日方程。

例 2.7.2　如图 2-10 所示，以匀角速度 ω 绕轴转动的抛物线形金属丝，方程为 $x^2 = 4ay$，一质量为 m 的小环套在此金属丝上，并可沿金属丝无摩擦滑动。试用拉格朗日方程求小环在 x 方向的运动微分方程。

解　理想完整系统的自由度为 1，取广义坐标为 $q = x(t)$。假设小环任意位置的坐标为 (x, y, z)，则 $\dot{y} = \frac{x}{2a}\dot{x}$，　$\dot{z} = \omega x$。

系统动能为

$$T=\frac{1}{2}m(\dot{x}^2+\dot{y}^2+\dot{z}^2)=\frac{1}{2}m\left(\dot{x}^2+\frac{x^2}{4a^2}\dot{x}^2+\omega^2x^2\right)$$

系统势能为

$$V=mgy=mg\,\frac{x^2}{4a}$$

系统的拉格朗日函数为

$$L=\frac{1}{2}m(\dot{x}^2+\frac{x^2}{4a^2}\dot{x}^2+\omega^2x^2)-mg\,\frac{x^2}{4a}$$

将上式代入保守系统的拉格朗日方程，得

$$\frac{\mathrm{d}}{\mathrm{d}t}\left(\frac{\partial L}{\partial \dot{x}}\right)-\frac{\partial L}{\partial x}=0,\quad \left(1+\frac{x^2}{4a^2}\right)\ddot{x}+\frac{x}{4a^2}\dot{x}^2-\omega^2x+g\,\frac{x}{2a}=0$$

例 2.7.3 如图 2-11 所示，质点 m 在圆锥面上运动，已知圆锥角为 α，质点所在位置的半径为 ρ，相对于 x 轴转过的角度为 θ。试用拉格朗日方程求质点的运动微分方程。

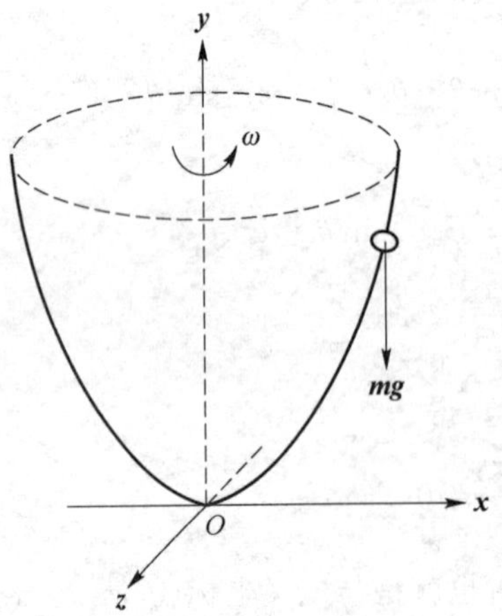

图 2-10 匀角速度转动的抛物线形金属丝

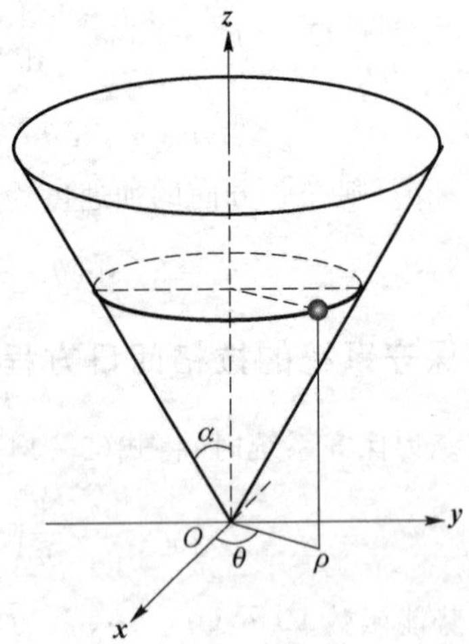

图 2-11 质点在圆锥面上运动

解 理想完整系统的自由度为 2，取广义坐标为 $q_1=\rho$，$q_2=\theta$。由 $z=\rho\cot\alpha$ 几何关系，得

$$\dot{z}=\dot{\rho}\cot\alpha$$

系统动能为

$$T=\frac{1}{2}m(\dot{\rho}^2+(\rho\,\dot{\theta}^2)+\dot{z}^2)=\frac{1}{2}m(\dot{\rho}^2+\rho^2\,\dot{\theta}^2+\dot{\rho}^2\cot^2\alpha)$$

系统势能为

$$V=mgz=mg\rho\cot\alpha$$

系统的拉格朗日函数为

$$L=\frac{1}{2}m(\dot{\rho}^2+\rho^2\,\dot{\theta}^2+\dot{\rho}^2\cot^2\alpha)-mg\rho\cot\alpha$$

将上式代入保守系统的拉格朗日方程，得

$$\frac{\mathrm{d}}{\mathrm{d}t}\left(\frac{\partial L}{\partial \dot{\rho}}\right)-\frac{\partial L}{\partial \rho}=0,\quad (1+\cot^2\alpha)\ddot{\rho}-\rho\dot{\theta}^2+g\cot\alpha=0$$

$$\frac{\mathrm{d}}{\mathrm{d}t}\left(\frac{\partial L}{\partial \dot{\theta}}\right)-\frac{\partial L}{\partial \theta}=0,\quad \rho^2\ddot{\theta}+2\rho\dot{\rho}\dot{\theta}=0$$

例 2.7.4　如图 2-12 所示的系统，物块 C 的质量为 m_1，均质轮 A、B 的质量均为 m_2，半径均为 R，A 做纯滚动。用拉格朗日方程求系统的运动微分方程。

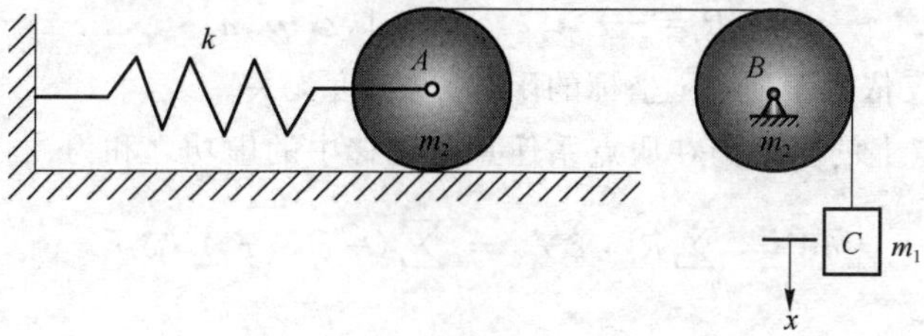

图 2-12　质点在圆锥面上运动

解　理想完整系统的自由度为 1，以物块 C 的平衡位置为原点，取广义坐标为 $q=x$。

系统动能为

$$\begin{aligned}T&=\frac{1}{2}m_1\dot{x}^2+\frac{1}{2}J_A\omega_A^2+\frac{1}{2}m_2v_A^2+\frac{1}{2}J_B\omega_B^2\\&=\frac{1}{2}m_1\dot{x}^2+\frac{1}{4}m_2R^2\left(\frac{\dot{x}}{2R}\right)^2+\frac{1}{2}m_2\left(\frac{\dot{x}}{2}\right)^2+\frac{1}{4}m_2R^2\left(\frac{\dot{x}}{R}\right)^2\\&=\frac{1}{16}(8m_1+7m_2)\dot{x}^2\end{aligned}$$

以平衡位置为重力势能零点，弹簧原长处为弹性势能零点，则系统势能为

$$V=\frac{1}{2}k\left(\delta_{st}+\frac{x}{2}\right)^2-m_1gx$$

其中，δ_{st} 表示平衡时弹簧伸长，静止平衡时，$k\delta_{st}=2m_1g$。

系统的拉格朗日函数为

$$L=T-V=\frac{1}{16}(8m_1+7m_2)\dot{x}^2-\frac{1}{2}k\left(\frac{2m_1}{k}+\frac{x}{2}\right)^2+m_1gx$$

将上式代入保守系统的拉格朗日方程，得

$$\frac{\mathrm{d}}{\mathrm{d}t}\left(\frac{\partial L}{\partial \dot{x}}\right)-\frac{\partial L}{\partial x}=0,\quad \frac{1}{8}(8m_1+7m_2)\ddot{x}+\left(m_1+\frac{k}{4}\right)x+m_1g=0$$

2.7.3　非保守系统的拉格朗日方程

当系统为非保守系统时，系统除了有势力的作用外还有非有势力（如阻尼力、摩擦力、流体黏滞力等非保守力、外激励力）的作用，用 Q_α^* 表示非保守力。广义力有一部分可由势能函数导出，而另一部分不能由势能函数导出，因此广义力可表示为

$$Q_\alpha=-\frac{\partial V}{\partial q_\alpha}+Q_\alpha^* \tag{2-40}$$

将上式代入基本形式的拉格朗日方程，得

$$\frac{\mathrm{d}}{\mathrm{d}t}\left(\frac{\partial T}{\partial \dot{q}_\alpha}\right)-\frac{\partial T}{\partial q_\alpha}=-\frac{\partial V}{\partial q_\alpha}+Q_\alpha^* \tag{2-41}$$

式(2-41)可化简为

$$\frac{\mathrm{d}}{\mathrm{d}t}\left(\frac{\partial L}{\partial \dot{q}_\alpha}\right)-\frac{\partial L}{\partial q_\alpha}=Q_\alpha^* \tag{2-42}$$

该式称为非保守系统的拉格朗日方程。

这里仅考虑黏性阻尼的情况，阻力是线性非保守力，大小与速度的一次方成正比，方向相反。考察一个具有 n 个质点的系统，设第 i 个质点上受到的阻尼力为

$$R_i=-c_i\cdot\dot{\vec{r}}_i\quad(i=1,2,\cdots,n) \tag{2-43}$$

其中，c_i 为常数或者仅依赖于质点 i 坐标的函数，与速度无关。

作用在所有质点上的阻尼力在质点系任意虚位移中的虚功之和为

$$\delta W=\sum_{i=1}^{n}R_i\cdot\delta\vec{r}_i=\sum_{i=1}^{n}(-c_i\cdot\dot{\vec{r}}_i)\cdot\delta\vec{r}_i \tag{2-44}$$

由于

$$\delta\vec{r}_i=\sum_{\alpha=1}^{s}\left(\frac{\partial\vec{r}_i}{\partial q_\alpha}\cdot\delta q_\alpha\right)=\sum_{\alpha=1}^{s}\left(\frac{\partial\dot{\vec{r}}_i}{\partial\dot{q}_\alpha}\cdot\delta q_\alpha\right) \tag{2-45}$$

将上式代入式(2-44)，得

$$\delta W=\sum_{i=1}^{n}(-c_i\cdot\dot{\vec{r}}_i)\cdot\left[\sum_{\alpha=1}^{s}\left(\frac{\partial\dot{\vec{r}}_i}{\partial\dot{q}_\alpha}\cdot\delta q_\alpha\right)\right]=-\frac{1}{2}\sum_{\alpha=1}^{s}\frac{\partial}{\partial\dot{q}_\alpha}\left[\sum_{i=1}^{n}(c_i\cdot\dot{\vec{r}}_i\cdot\dot{\vec{r}}_i)\right]\delta q_\alpha \tag{2-46}$$

其中，$\Phi=\frac{1}{2}\sum_{i=1}^{n}c_i\cdot\dot{\vec{r}}_i\cdot\dot{\vec{r}}_i$ 为瑞利耗散函数。因此，式(2-46)可化简为

$$\delta W=-\sum_{\alpha=1}^{s}\frac{\partial\Phi}{\partial\dot{q}_\alpha}\delta q_\alpha \tag{2-47}$$

令 $Q_{R\alpha}$ 为对应于广义坐标 q_α 的广义耗散力，则

$$Q_{R\alpha}=-\frac{\partial\Phi}{\partial\dot{q}_\alpha} \tag{2-48}$$

瑞利耗散函数可表示为

$$\begin{aligned}\Phi&=\frac{1}{2}\sum_{i=1}^{n}c_i\cdot\dot{\vec{r}}_i\cdot\dot{\vec{r}}_i=\frac{1}{2}\sum_{i=1}^{n}c_i\left(\sum_{\alpha=1}^{s}\frac{\partial\vec{r}_i}{\partial q_\alpha}\cdot\sum_{\beta=1}^{s}\frac{\partial\vec{r}_i}{\partial q_\beta}\right)\cdot\dot{q}_\alpha\cdot\dot{q}_\beta\\&=\frac{1}{2}\sum_{\alpha=1}^{s}\sum_{\beta=1}^{s}\left(\sum_{i=1}^{n}c_i\cdot\frac{\partial\vec{r}_i}{\partial q_\alpha}\cdot\frac{\partial\vec{r}_i}{\partial q_\beta}\right)\cdot\dot{q}_\alpha\cdot\dot{q}_\beta\\&=\frac{1}{2}\sum_{\alpha=1}^{s}\sum_{\beta=1}^{s}c_{\alpha\beta}\cdot\dot{q}_\alpha\cdot\dot{q}_\beta\\&=\frac{1}{2}[q]^{\mathrm{T}}[c][q]\end{aligned} \tag{2-49}$$

其中，$[q]=[q_1\quad q_2\quad\cdots\quad q_s]^{\mathrm{T}}$ 为广义坐标列阵；$[c]=\begin{bmatrix}c_{11}&c_{12}&\cdots&c_{1s}\\c_{21}&c_{22}&\cdots&c_{2s}\\\vdots&\vdots&\ddots&\vdots\\c_{s1}&c_{s2}&\cdots&c_{ss}\end{bmatrix}$ 为广义阻尼矩阵。

应用拉格朗日方程解决具体问题的一般步骤如下：

① 判断系统的自由度数,选取相应的广义坐标来描述系统运动状态,广义坐标系数和自由度数相同。

② 写出用广义坐标表示的动能和势能表达式,并写出拉格朗日函数。

③ 对于保守系统,将拉格朗日函数代入式(2-39)得到保守系统的微分方程;对于非保守系统,计算对应于各广义坐标的广义力,即求出与外作用力、阻尼力相应的广义力的表达式,将动能、势能及广义力代入式(2-42)得到非保守系统的微分方程。

例 2.7.5　如图 2-13 所示的用于风洞实验的翼型剖面,其由拉伸弹簧和扭转弹簧支撑着,剖面重心 G 到支撑点的距离为 e,剖面绕重心的转动惯量为 J_0,机翼受到的气动升力为 L(方向向上),气动力矩为 M。试用拉格朗日方程建立系统的运动微分方程。

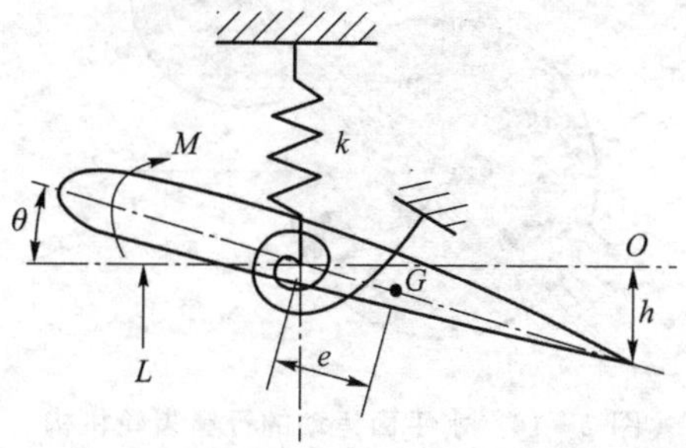

图 2-13　风洞实验的翼型剖面

解　系统具有两个自由度,采用机翼支撑点偏离平衡位置的距离 h(向下为正)和机翼绕支撑点的转角 θ(由静平衡位置算起,机翼抬头为正)作为广义坐标,并认为机翼的旋转中心在支撑点上。于是机翼的动能由随重心的平动动能和绕重心的转动动能两部分组成,即

$$T=\frac{1}{2}m(\dot{h}+e\dot{\theta}^2)+\frac{1}{2}J_0\dot{\theta}^2$$

机翼的势能为

$$V=\frac{1}{2}k_1h^2+\frac{1}{2}k_2\theta^2$$

拉格朗日函数可表示为

$$L=T-V=\frac{1}{2}m(\dot{h}+e\dot{\theta})^2+\frac{1}{2}J_0\dot{\theta}^2-\frac{1}{2}k_1h^2-\frac{1}{2}k_2\theta^2$$

机翼受到的气动升力为 L(方向向上),气动力矩为 M,则气动力和气动力矩对 $\delta h,\delta\theta$ 所做的虚功为

$$\delta W=-L\delta h+M\delta\theta$$

可知广义力为

$$Q_h^*=-L,\quad Q_\theta^*=M$$

将拉格朗日函数和广义力代入式(2-42),得

$$\frac{\mathrm{d}}{\mathrm{d}t}\left(\frac{\partial L}{\partial\dot{h}}\right)-\frac{\partial L}{\partial h}=Q_h^*,\quad m(\ddot{h}+e\ddot{\theta})+k_1h=-L$$

$$\frac{\mathrm{d}}{\mathrm{d}t}\left(\frac{\partial L}{\partial\dot{\theta}}\right)-\frac{\partial L}{\partial\theta}=Q_\theta^*,\quad me(\ddot{h}+e\ddot{\theta})+J_0\ddot{\theta}+k_2\theta=M$$

以上两式写成矩阵表达式为

$$\begin{bmatrix} m & me \\ me & J_0+me^2 \end{bmatrix}\begin{bmatrix} \ddot{h} \\ \ddot{\theta} \end{bmatrix}+\begin{bmatrix} k_1 & 0 \\ 0 & k_2 \end{bmatrix}\begin{bmatrix} h \\ \theta \end{bmatrix}=\begin{bmatrix} -L \\ M \end{bmatrix}$$

例 2.7.6 在水平面运动的行星齿轮机构如图 2-14 所示，匀质杆 OA 质量是 m_1，可绕铅直轴 O 转动，杆端 A 铰链装有一质量是 m_2，半径为 r 的匀质小齿轮，此小齿轮沿半径为 R 的固定大齿轮滚动。当杆 OA 上作用着转矩 M_O 时，用拉格朗日方程求此杆的角加速度。

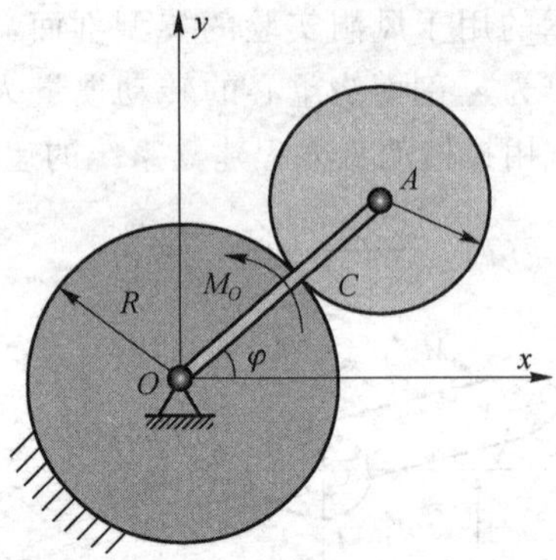

图 2-14 水平面运动的行星齿轮机构

解 系统具有 1 个自由度，取杆 OA 的转角 φ 为广义坐标，点 A 的速度为 $v_A=(R+r)\cdot\dot{\varphi}$。小齿轮在固定的大齿轮上的啮合点 C 是其速度瞬心，故小轮的角速度为

$$\dot{\varphi}_A=\omega_A=\frac{v_A}{r}=\frac{R+r}{r}\dot{\varphi}$$

系统的动能为

$$\begin{aligned} T&=\frac{1}{2}J_O\dot{\varphi}^2+\frac{1}{2}m_2v_A^2+\frac{1}{2}J_A\dot{\varphi}_A^2 \\ &=\frac{1}{2}\frac{m_1(R+r)^2}{3}\dot{\varphi}^2+\frac{1}{2}m_2(R+r)^2\dot{\varphi}^2+\frac{1}{2}\left(\frac{m_2r^2}{2}\right)\left(\frac{R+r}{r}\right)^2\dot{\varphi}^2 \\ &=\frac{1}{12}(2m_1+9m_2)(R+r)2\dot{\varphi}^2 \end{aligned}$$

广义力为

$$Q_\varphi=\frac{M_O\delta\varphi}{\delta\varphi}=M_O$$

将上两式代入拉格朗日方程 $\frac{\mathrm{d}}{\mathrm{d}t}\left(\frac{\partial T}{\partial\dot{\varphi}}\right)-\frac{\partial T}{\partial\varphi}=Q_\varphi$，得

$$\frac{1}{6}(2m_1+9m_2)(R+r)^2\ddot{\varphi}=M_O$$

从而解得杆 OA 的角加速度为

$$\ddot{\varphi}=\frac{6M_O}{(2m_1+9m_2)(R+r)^2}$$

对角速度积分，可得到转角

$$\varphi=\frac{6M_O}{(2m_1+9m_2)(R+r)^2}t^2+\dot{\varphi}_0t+\varphi_0$$

本章习题

2.1　如图 2-15 所示，AB 绳子长 $2l$，A，B 环局限在半径为 r 的半圆环上，A，B 环分别重 m_1 和 m_2。分别用虚功原理和保守系统的平衡条件两种方法求系统的平衡位形。

2.2　如图 2-16 所示，长为 l 的四根轻杆，用光滑铰链连成菱形 $ABCD$，AB 和 CD 支在相距 $2a$ 且在水平线的两根钉子上，C 点受竖直恒力 F。试用虚功原理求平衡时 A 处半顶角 β。

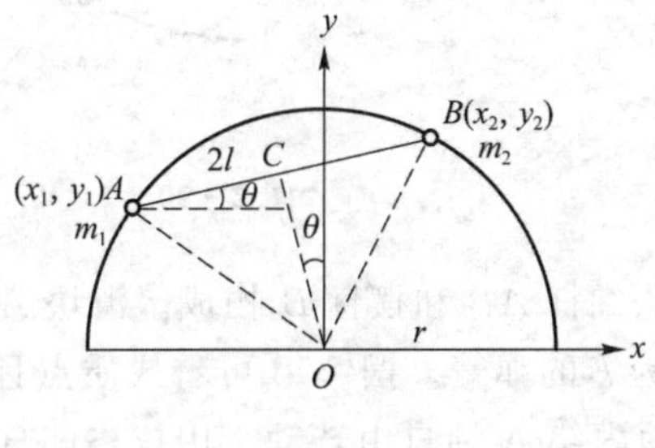

图 2-15

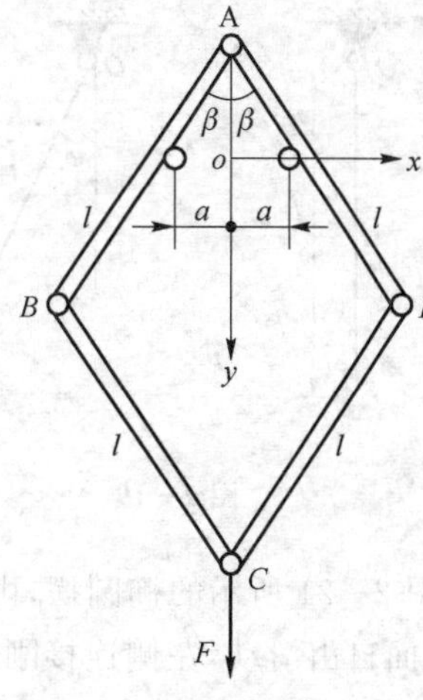

图 2-16

2.3　图 2-17 所示，长为 l 的四根轻杆，用光滑铰链连成菱形 $ABCD$，AB 和 CD 支在相距 $2a$ 且在水平线的两根钉子上，C 点受竖直恒力 F，在 B 和 D 之间用不可伸长的轻绳连接，A 处的半顶角为 α。试用虚功原理求绳的张力 T。

2.4　如图 2-18 所示的单摆，小球的质量为 m_1；均质摆杆长 l，其质量为 m_2；另一质量为 m_3 的小球置于半径为 R 的固定光滑圆柱面底座上，且小球又可沿摆杆自由滑动。用拉格朗日方程求该系统的运动微分方程。

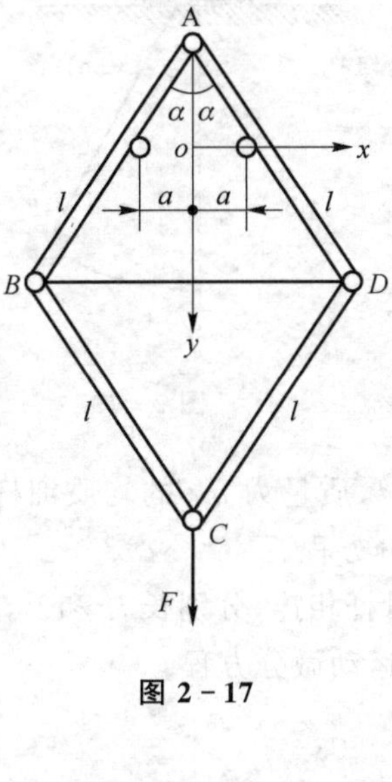

图 2-17

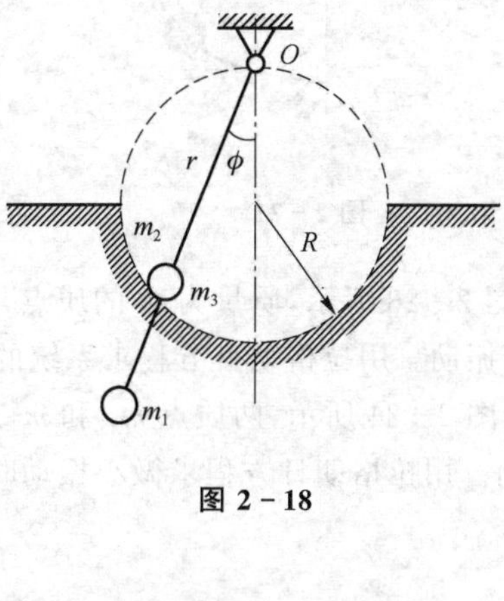

图 2-18

2.5　如图 2-19 所示的单摆，已知摆锤的质量为 m，弹性绳的刚度系数为 k，且在重力作用下静止时绳长为 l，假设摆锤运动时绳子始终受力。用拉格朗日方程求铅直平面内弹性绳悬挂的摆锤 A 的运动微分方程。

2.6　如图 2-20 所示的椭圆摆，由滑块 A，细杆 AB 和摆锤 B 构成。滑块 A 质量为 m_1，可沿光滑水平面自由滑动。摆锤 B 可看成质点且质量为 m_2，由长 l 的无重细杆铰接在滑块上，杆可在铅直面内绕 A 轴自由转动。用拉格朗日方程求系统的运动微分方程。

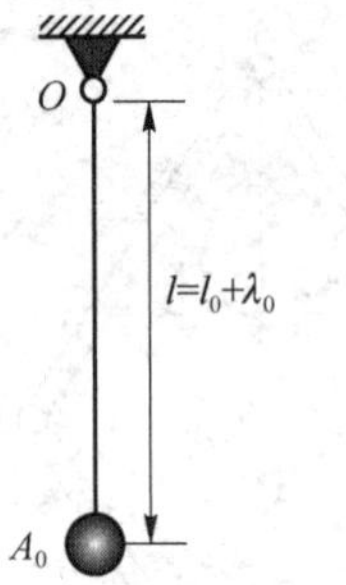

图 2-19

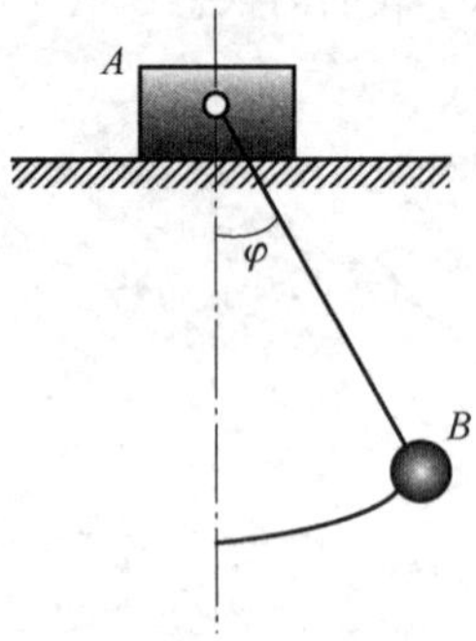

图 2-20

2.7　如图 2-21 所示的椭圆摆，由滑块 A、细杆 AB 和摆锤 B 构成。滑块 A 质量为 m_1，可沿光滑水平面自由滑动，左侧连接刚度系数为 k 的弹簧。摆锤 B 可看成质点且质量为 m_2，由长 l 的无重细杆铰接在滑块上，杆可在铅直面内绕 A 轴自由转动。用拉格朗日方程求系统的运动微分方程。

2.8　如图 2-22 所示的椭圆摆，由滑块 A，细杆 AB 和摆锤 B 构成。滑块 A 质量为 m_1，可沿光滑水平面自由滑动，滑块受到任意力作用，使其强制作 $x=x_0\sin\omega t$ 的运动。摆锤 B 可看成质点且质量为 m_2，由长 l 的无重细杆铰接在滑块上，杆可在铅直面内绕 A 轴自由转动。用拉格朗日方程求系统的运动微分方程。

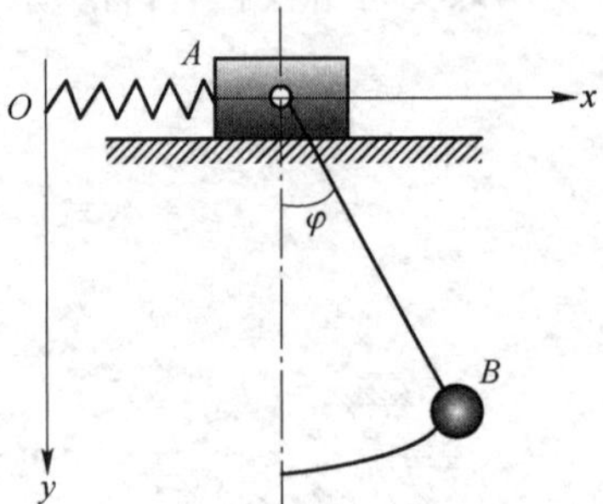

图 2-21

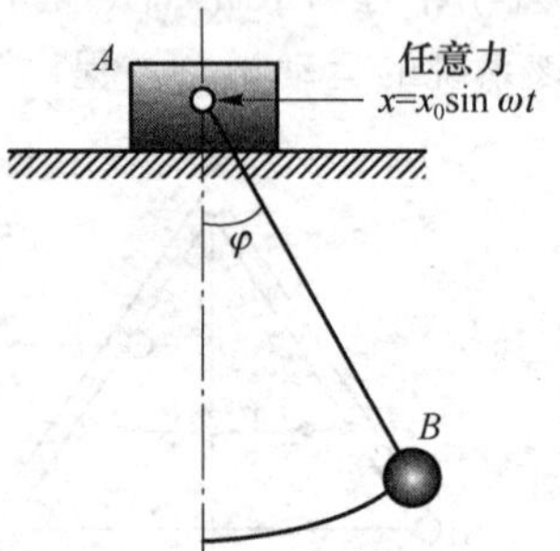

图 2-22

2.9　如图 2-23 所示，质量为 m 的质点与长度为 l、质量为 m_1 的均质细杆相连，在铅锤平面内作微幅振动。用拉格朗日方程求系统的运动微分方程。

2.10　如图 2-24 所示，两质点 m_1 和 m_2 由无质量杆相连，分别长 l_1 和 l_2，能在竖直平面绕铰链 O 转动。用拉格朗日方程求微小振动时系统的运动微分方程。

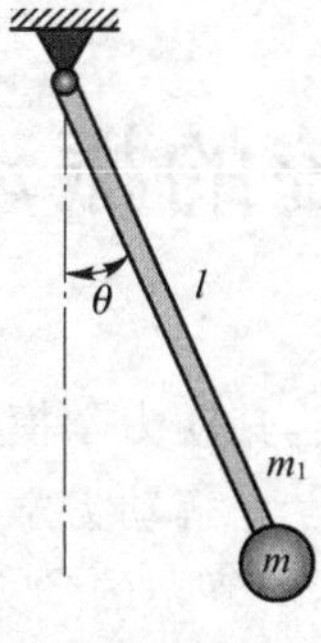

图 2-23

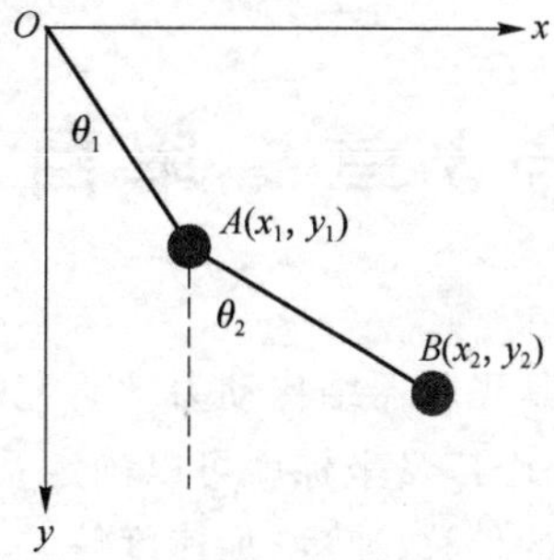

图 2-24

2.11　如图 2-25 所示,一不可伸长的绳子跨过小滑轮 D,绳的一端系于匀质圆轮 A 的轮心 C 处,另一端绕在匀质圆柱体 B 上。轮 A 重 W_1,半径是 R。圆柱 B 重 W_2,半径是 r。轮 A 沿倾角为 α 的斜面做纯滚动,绳子倾斜段与斜面平行。滑轮 D 和绳子的质量不计。用拉格朗日方程求轮心 C 和圆柱 B 的中心 E 的加速度。

2.12　如图 2-26 所示的机构在铅锤面运动,均质杆 AB 用光滑铰链和滑块连接。已知弹簧的刚度系数为 k,原长为 l_0,滑块的质量为 m_1,在其质心 A 点作用有主动力 $F(t)$,均质杆 AB 的质量为 m_2,长度为 $AB=2L$。用拉格朗日方程求系统的运动微分方程。

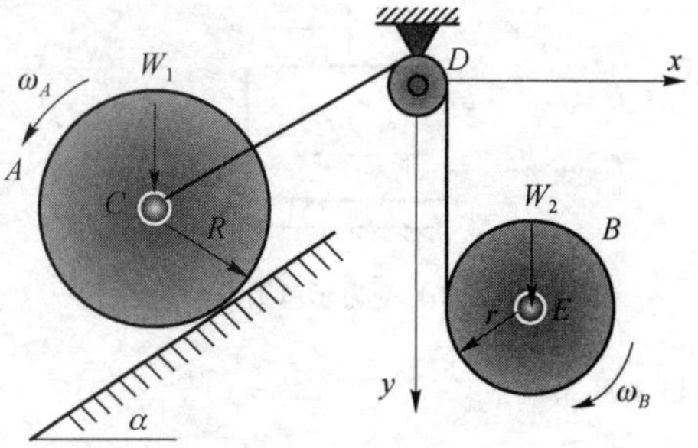

图 2-25

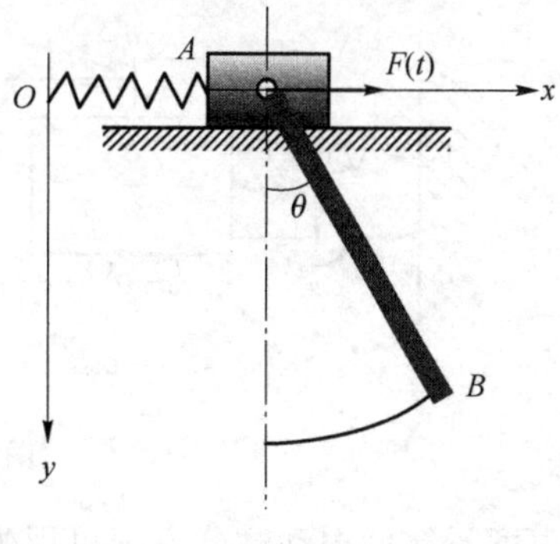

图 2-26

2.13　如图 2-27 所示,一块质量为 m_1 的木板置于非光滑的固定平面上,在木板上放置一个质量为 m_2,半径为 R,且不计厚度的圆盘。某瞬时在木板上沿水平方向作用一个大小不变的力 F,假设圆盘在木板上做纯滚动,木板与固定水平面之间的摩擦系数为 μ。用拉格朗日方程求木板的加速度。

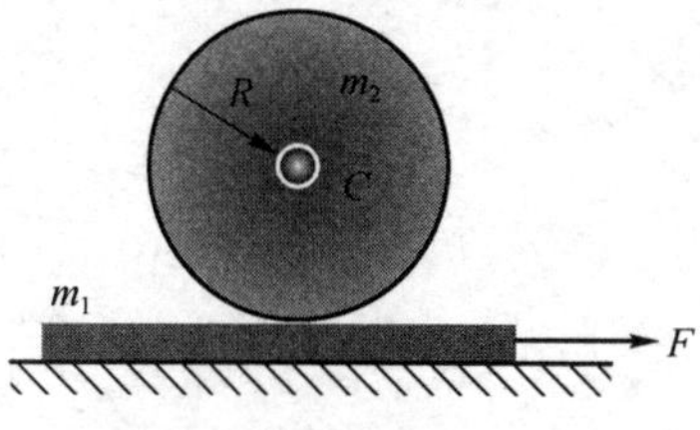

图 2-27

第 3 章　单自由度系统的振动

单自由度系统是飞行器结构动力学研究中最简单的一类，其动力学模型属于最简单的离散系统模型，仅用一个广义坐标就可以确定系统的唯一位形。求解动力学问题的主要目的是确定任意时刻系统的位移、速度、加速度等。为解决工程实际中复杂的动力学问题，首先从最简单的单自由度系统的振动问题进行研究。

3.1　单自由度系统的振动微分方程

3.1.1　振动微分方程的建立

单自由度系统通常包括定向振动的质量体 m、连接于振动质量与基础之间的弹性元件（刚度系数为 k）和线性黏性阻尼元件（阻尼系数为 c），且在振动系统中还作用有随时间变化的激振力 $P(t)$，如图 3-1(a)所示。

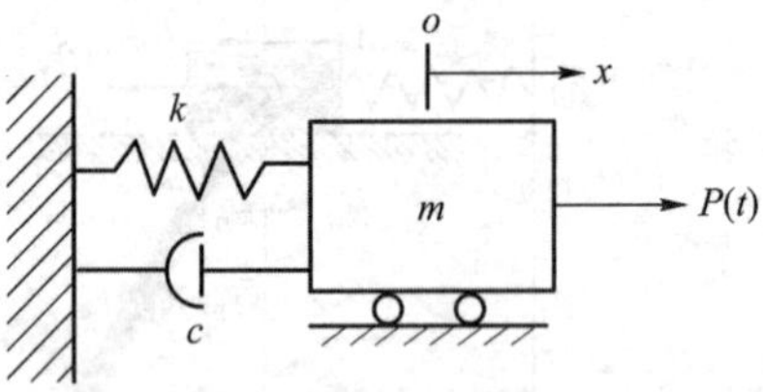

(a) 动力学模型

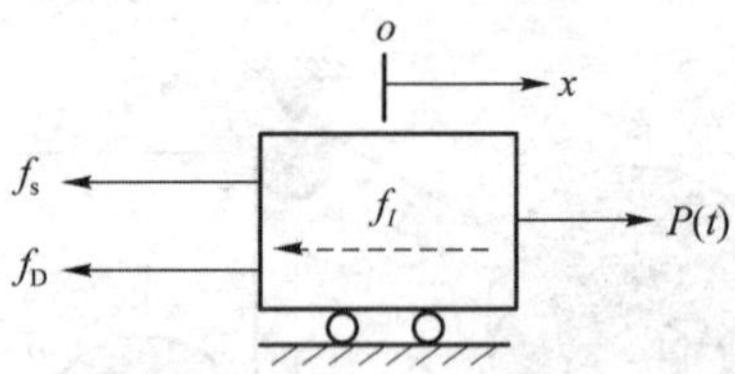

(b) 受力示意图

图 3-1　单自由度系统

自由度系统的振动微分方程可用牛顿第二定律以及第 2 章中介绍的虚功原理、达朗贝尔原理、拉格朗日方程来求解。首先，分析系统振动时质量体的受力情况。假设质量体 m 发生的位移为 $x(t)$，其受到外界动载荷 $P(t)$、弹簧的弹性恢复力 $f_s=kx$、阻尼力 $f_D=c\dot{x}$ 和惯性力 $f_I=m\ddot{x}$ 的作用，它们分别与质量体的位移、速度和加速度成正比，但方向与位移方向相反，如图 3-1(b)所示。

应用非保守系统拉格朗日方程建立运动微分方程。取 x 为单自由度系统的广义坐标，O 点为势能零点。

系统动能为

$$T=\frac{1}{2}m\dot{x}^2 \tag{3-1}$$

系统势能为

$$V=\frac{1}{2}kx^2 \tag{3-2}$$

因此，拉格朗日函数为

$$L=T-V=\frac{1}{2}m\dot{x}^2-\frac{1}{2}kx^2 \tag{3-3}$$

系统在阻尼力和外载荷下的非保守力可表示为

$$Q_x^*=-c\dot{x}+P(t) \tag{3-4}$$

将式(3-3)和式(3-4)代入非保守系统拉格朗日方程式(2-42)中，得

$$m\ddot{x}+c\dot{x}+kx=P(t) \tag{3-5}$$

其中，$\ddot{x}$、$\dot{x}$、x 分别为质量体的加速度、速度和位移，这三个参数都与时间相关。

式(3-5)为单自由度系统振动的运动微分方程或振动控制方程，是一个二阶常系数线性非齐次微分方程。其对惯性参数 m、阻尼参数 c、弹性参数 k 三个物理量进行描述。

3.1.2　重力的影响

实际飞行器结构的重力总是存在。作为已知的外力，重力对结构的内力和变形影响很大。因此，有必要考察质量体的重力是否对运动微分方程式(3-5)产生影响。将图 3-1(a)所示系统旋转 90°之后得到图 3-2(a)，此时，质量体的重力 mg 与位移 x 的方向一致。对于悬吊质量-阻尼-弹簧体系，在自重 mg 和外界动载荷 $P(t)$ 作用下的变形如图 3-2(c)和(d)所示。在自重作用下，质量块产生一竖向位移 δ_{st}，即重力作用下弹簧伸长了 δ_{st}，自重作用下的位移是静力分析问题，因此满足 $k\delta_{st}=mg$。在静载荷(重力)作用下结构所处的位置叫作静平衡位置。对于实际结构，这个位置就是受到动力作用以前结构所处的实际位置。

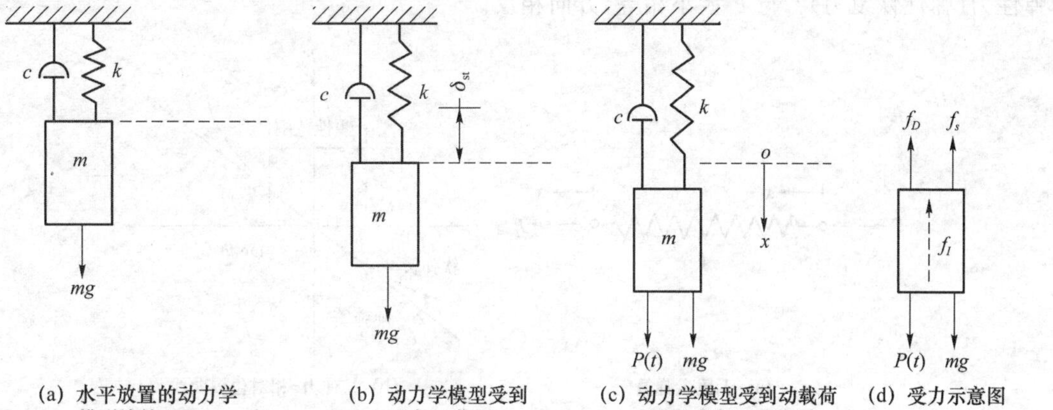

(a) 水平放置的动力学模型旋转90°　(b) 动力学模型受到重力mg作用　(c) 动力学模型受到动载荷P(t)和重力mg的作用　(d) 受力示意图

图 3-2　考虑重力影响时单自由度系统的受力分析

假设以系统静平衡位置为坐标原点，向下为正，此时在结构上施加外界动载荷 $P(t)$作用，位移为 x，质量体受到的惯性力、阻尼力和弹性力分别为

$$f_I=m\ddot{x},\quad f_D=c\dot{x},\quad f_s=k(\delta_{st}+x) \tag{3-6}$$

根据达朗贝尔原理建立平衡方程，有

$$-f_D-f_s-f_I+mg+P(t)=0 \tag{3-7}$$

将式(3-6)代入式(3-7)中，得

$$m\ddot{x}+c\dot{x}+kx=P(t) \tag{3-8}$$

因此，考虑重力影响的结构体系的运动方程与无重力影响时的运动方程完全一样，因此，体系的静力平衡位置所列的平衡方程不受重力的影响。同时，振动是以平衡位置为中心的往

复运动。在研究结构的动力反应时，可以完全不考虑重力的影响，建立系统的运动方程，直接求解动力载荷作用下的运动方程，即可得到结构系统的动力解。当需要考虑重力影响时，结构的总位移等于静力解与动力解的和，即叠加原理成立。

但是要注意，并不是对于任何结构的动、静力反应问题都可以这样处理，只有对线弹性结构才可以使用叠加原理，如果是二维或三维问题，还要加上小变形的限制。

3.1.3 模型参数

由式(3-5)知，单自由度系统振动的运动微分方程有三个物理特征参数，即惯性参数 m、阻尼参数 c、弹性参数 k。

1. 惯性参数

体系的惯性参数用来度量体系惯性的大小。体系的惯性参数可以是质量，也可以是质量惯性矩，其根据广义坐标的选择来决定。一般来说，惯性参数与广义加速度的乘积并加一负号，就表示广义惯性力。广义惯性力与广义位移的乘积的量纲和功的量纲相同。

2. 弹性(刚度)参数

弹性参数通常叫弹性系数或刚度系数(柔度系数的导数)，用来度量抵抗弹性元件相对位移的弹性抵抗力的大小，一般用无质量的弹性元件(弹簧)来模拟。对弹簧两端施加拉伸力 F，拉伸力 F 与相对位移 $x=x_2-x_1$ 之间的关系如图 3-3 所示。根据牛顿第三定律，弹簧内部的弹性力(弹性恢复力) f_s 与 F 大小相等，方向相反。

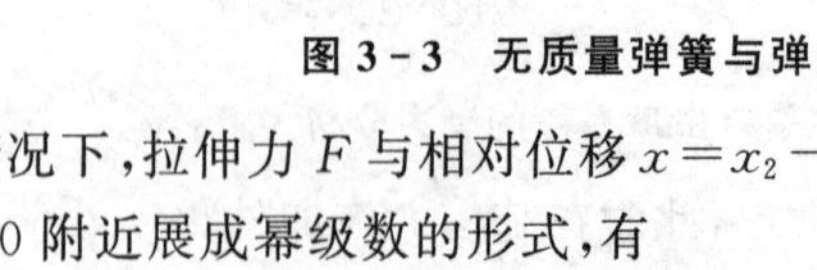

(a) 无质量弹簧

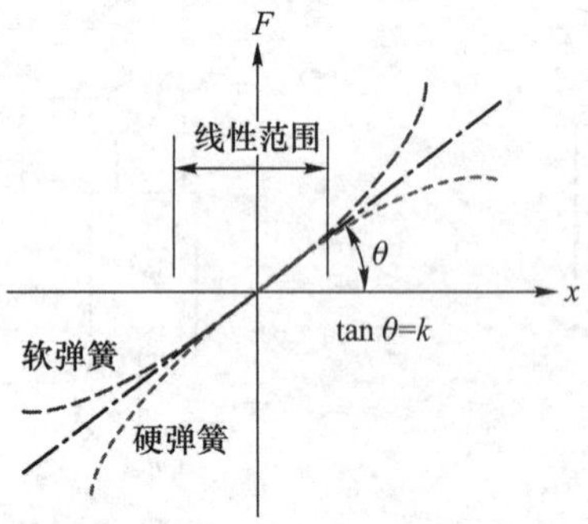

(b) 拉伸力-相对位置曲线

图 3-3 无质量弹簧与弹簧拉伸力一相对位移曲线

一般情况下，拉伸力 F 与相对位移 $x=x_2-x_1$ 之间的关系可表示成函数形式 $F(x)$，将此函数在 $x=0$ 附近展成幂级数的形式，有

$$F(x)=F(0)+\frac{F'(0)}{1!}x+\frac{F''(0)}{2!}x^2+\frac{F'''(0)}{3!}x^3+\cdots \tag{3-9}$$

由于 $F(0)=0$(弹簧没有拉伸，拉伸力为零)，因此，当 x 相对较小时，x^2 以及 x 的高阶次与 x 相比可以忽略不计。对于处在线性范围内的弹簧，$F''(0)$ 以及高阶导数均为零。根据式(3-9)得

$$F(x)=F'(0)x=kx \tag{3-10}$$

因此，弹簧的弹性力可表示为

$$f_s(x)=-F(x)=-kx \tag{3-11}$$

由式(3-10)和式(3-11)可知，当弹簧拉伸较小时，拉伸力或弹性力与弹簧位移成线性关系，比例系数 k 就叫作弹性系数或刚度系数，它的几何意义是弹簧拉伸力-相对位移曲线在原点的切线斜率，即 $k=F'(0)=\tan\theta$。图 3-3(b)所示的两条典型曲线，一条代表软弹簧，一条代表硬弹簧。

当拉伸力把弹簧拉伸时，弹性力要做功，拉伸力所做的功被储存于弹簧内部而变成弹簧的弹性势能，其表达式为

$$V=\int_0^x f_s(\zeta)\mathrm{d}\zeta \tag{3-12}$$

当弹簧变形在线性范围内时，弹性势能为

$$V=\int_0^x k\zeta\mathrm{d}\zeta=\frac{1}{2}kx^2 \tag{3-13}$$

本书所研究的弹簧都是指线性弹簧。

在实际振动系统中，经常会有由若干个弹性元件组成的系统。因此，需要把这些组合弹性元件折算成一个与它们变形等效的弹性元件，这个等效弹性元件的刚度称为等效刚度 k_{eq}。

(1) 并联弹簧——各个弹簧的拉伸量均相等

图 3-4 所示的 n 个弹簧组合叫作并联弹簧，各弹簧的弹性系数分别为 $k_1, k_2, \cdots, k_n$。外加的总拉伸力为 F，分配到各弹簧上面的拉伸力分别为 $F_1, F_2, \cdots, F_n$。n 个弹簧并联，各个弹簧的伸长量相等，有

$$x_1=x_2=\cdots=x_n=x \tag{3-14}$$

于是，合力有以下关系

$$F=F_1+F_2+\cdots+F_n=\sum_{i=1}^{n}F_i=\sum_{i=1}^{n}k_i x \tag{3-15}$$

则并联弹簧的等效刚度为

$$k_{eq}=\frac{F}{x}=\frac{\sum_{i=1}^{n}k_i x}{x}=\sum_{i=1}^{n}k_i \tag{3-16}$$

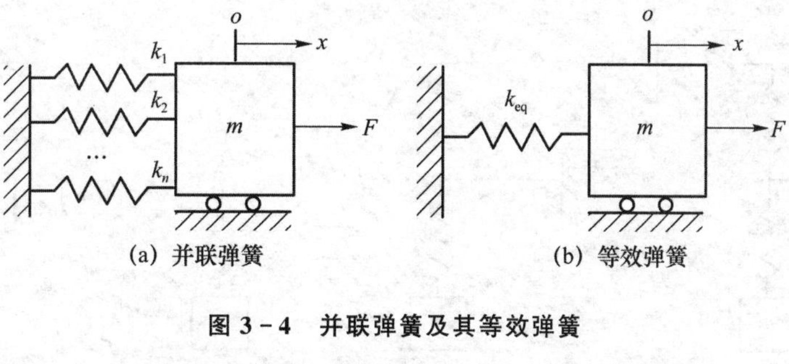

图 3-4　并联弹簧及其等效弹簧

(2) 串联弹簧——各个弹簧内的弹性力都相等

图 3-5 所示的 n 个弹簧组合叫作串联弹簧，各弹簧的弹性系数分别为 $k_1, k_2, \cdots, k_n$。外加的总拉伸力为 F，一端的弹性力通过各个弹簧传递到另一端，由于弹簧无质量，因此各个弹簧所传递的弹性力都是相等的，有

$$F_1=F_2=\cdots=F_n=F \tag{3-17}$$

于是，质量体的位移为各个弹簧的位移之和，有以下关系

$$x=x_1+x_2+\cdots+x_n=\sum_{i=1}^{n}x_i=\sum_{i=1}^{n}\frac{F}{k_i} \tag{3-18}$$

则串联弹簧的等效刚度为

$$k_{\mathrm{eq}}=\frac{F}{x}=\frac{F}{\sum\limits_{i=1}^{n}\frac{F}{k_i}}=\frac{1}{\sum\limits_{i=1}^{n}\frac{1}{k_i}} \tag{3-19}$$

例 3.1.1 如图 3-6 所示，长度为 l、截面弯曲刚度为 EI 的悬臂梁与刚度系数为 k 的弹簧共同连接一质量块 m，忽略悬臂梁的质量，求悬臂梁和弹簧系统的等效刚度。

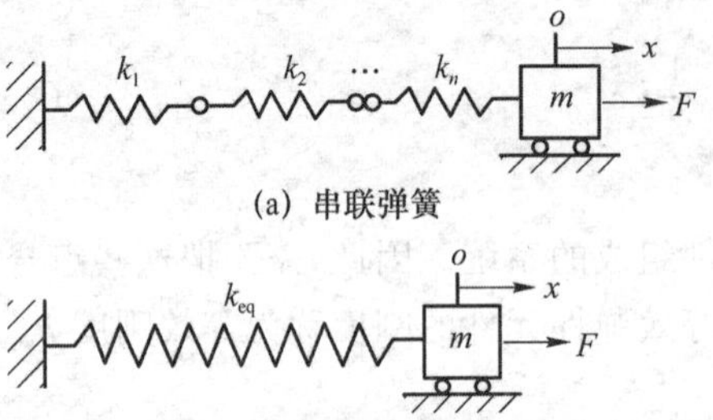

(a) 串联弹簧

(b) 等效弹簧

图 3-5 串联弹簧及其等效弹簧

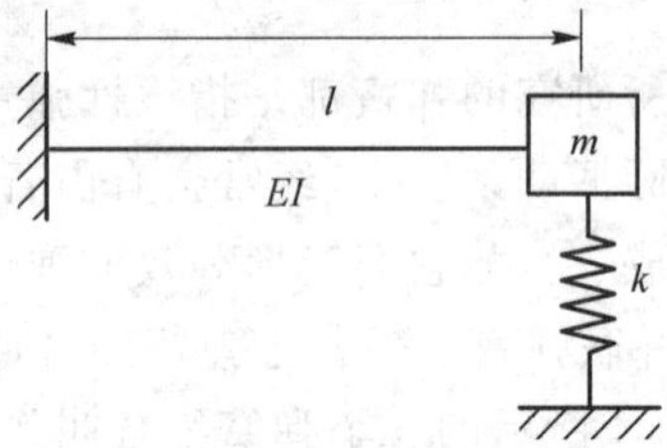

图 3-6 悬臂梁-弹簧系统的等效刚度计算

解 悬臂梁和弹簧共同与质量块相连，有相同的变形，所以悬臂梁和弹簧的连接方式可以看成并联方式。根据材料力学知识，悬臂梁的刚度 k_1 可表示为

$$k_1=\frac{F}{y(l)}=\frac{3EI}{l^3}$$

因此，悬臂梁-弹簧系统的等效刚度为

$$k_{\mathrm{eq}}=k_1+k=\frac{3EI}{l^3}+k$$

例 3.1.2 如图 3-7(a)所示的串并联组合弹性元件系统，悬臂梁的刚度系数为 k_1，长度为 l，截面弯曲刚度为 EI，弹簧的刚度系数为 k，求系统的等效刚度。

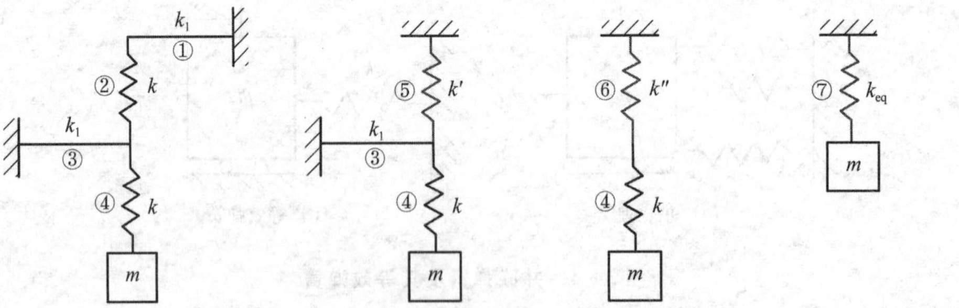

(a) 串并联组合弹性元件系统　(b) 弹簧①和②等效为弹簧⑤　(c) 弹簧③和弹簧⑤等效为弹簧⑥　(d) 弹簧④和弹簧⑥等效为弹簧⑦

图 3-7 串并联组合弹性元件系统的等效刚度计算

解 对于复杂的串并联组合弹性元件系统，其连接关系的等效方法可以分为两个步骤：步骤一，确定系统的固定端和连接端；步骤二，从最远的固定端开始分析合并弹性元件，一直到连

接端。

针对本例中的串并联组合弹性元件系统，采用上述等效方法，分为三个步骤：

步骤一，将①和②弹性元件进行合并，形成⑤（如图 3－7(b)所示），①和②只有一个固定端，有相同的受力，连接方式属于串联，合并形成⑤等效弹簧的等效刚度 k' 为

$$k'=\frac{k\cdot k_1}{k_1+k}=\frac{3kEI}{3EI+kl^3}$$

步骤二，将③和⑤弹性元件进行合并，形成⑥（如图 3－7(c)所示），③和⑤有相同的固定端和连接端，有相同的位移，连接方式属于并联，合并形成等效弹簧⑥的等效刚度 k'' 为

$$k''=k'+k_1=\frac{k\cdot k_1}{k_1+k}+k_1=\frac{3kEI}{3EI+kl^3}+\frac{3EI}{l^3}$$

步骤三，将④和⑥弹性元件进行合并，形成⑦（如图 3－7(d)所示），④和⑥的连接方式属于串联，合并形成等效弹簧⑦的等效刚度 k_{eq} 为

$$k_{eq}=\frac{k''\cdot k}{k''+k}=\frac{\dfrac{3k^2EI}{3EI+kl^3}+\dfrac{3kEI}{l^3}}{\dfrac{3kEI}{3EI+kl^3}+\dfrac{3EI}{l^3}+k}=\frac{6k^2l^3EI+9kEI}{9kl^3EI+9E^2I^2+k^2l^9}$$

例 3.1.3　如图 3－8 所示的弹性元件组合系统，简支梁长 $l=4$ m，抗弯刚度 $EI=1.96\times10^6\ \mathrm{N\cdot m^2}$，且 $k=4.9\times10^5$ N/m，$m=400$ kg，分别求图示两种系统的等效刚度。

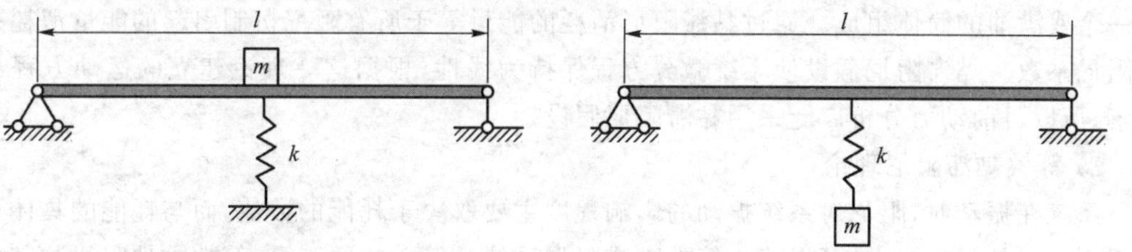

(a) 系统1　　(b) 系统2

图 3－8　弹性元件组合系统的等效刚度计算

解　由材料力学可知，简支梁的刚度系数为

$$k_{beam}=\frac{48EI}{l^3}$$

(1) 如图 3－8(a)所示，分析系统的固定端和连接端，简支梁和弹簧有相同的固定端和连接端，有相同的位移，连接方式属于并联，合并形成等效弹簧的等效刚度 k_{eq} 为

$$k_{eq}=k+k_{beam}=k+\frac{48EI}{l^3}=1.96\times10^6\ \mathrm{N/m}$$

(2) 如图 3－8(b)所示，简支梁和弹簧只有一个固定端，有相同的受力，连接方式属于串联，合并形成等效弹簧的等效刚度 k_{eq} 为

$$k_{eq}=\frac{k\cdot k_{beam}}{k+k_{beam}}=\frac{48kEI}{48EI+kl^3}=3.675\times10^5\ \mathrm{N/m}$$

3. 阻尼参数

在实际振动过程中，体系的自由振动会逐渐衰减，最终停止，这说明振动过程中体系的能量不断耗散。使体系能量耗散的因素叫作体系的阻尼因素。结构的阻尼因素一般有以下几

种：①体系变形过程中材料的内摩擦。从微观上看，结构振动时，材料分子间相对运动产生的热效应是不可逆的。同时，由于材料的不均性也将产生局部非弹性变形。②在各构件连接处以及体系与支撑之间，往往由于相对运动产生摩擦而消耗能量。③体系的能量传递到基础，基础的内摩擦也会耗散能量。④体系周围的介质对体系振动的阻力，如飞机受到的大气阻力，这种阻力与介质性质、结构形状、接触面积、振动的快慢等因素相关。引起体系能量耗散的作用称为阻尼，它将以阻尼力的形式作用在体系上。

目前，各种阻尼理论大多只研究单一的阻尼因素，而实际中的体系却很复杂，振动时有多种阻尼因素同时起作用，将多种阻尼因素分开考虑几乎不可能，在结构振动响应分析中一般采用高度理想化的阻尼力模型。根据不同的耗散机理提出的阻尼理论有不同的阻尼力模型。下面简要介绍三种常见的阻尼理论和阻尼力模型。

(1) 黏滞阻尼理论

1) 黏滞阻尼力模型

黏滞阻尼也称为黏性阻尼。当系统在黏滞性液体中以不大的速度运动时，它所受的黏滞阻尼力大小与速度大小成正比，其方向与速度方向相反，即

$$f_D = -c\dot{x}$$

其中，f_D 为黏滞阻尼力；c 为阻尼系数；$\dot{x}$ 为速度。

与理想弹簧相似，黏滞阻尼在力学模型中用一个无质量的阻尼器表示，阻尼器由一个活塞和一个盛满油的筒体组成。通过黏滞阻尼消耗的能量等于所有阻尼机制引起的能量消耗来确定阻尼系数。黏滞阻尼假设使系统微分方程保持为线性，根据这一理论建立的运动方程易于求解，所以目前动力分析广泛采用黏滞阻尼假设。

2) 等效黏滞阻尼理论

系统在振动时，阻尼对系统振动的影响程度主要取决于耗能的数值，而与耗能的具体过程关系不大。基于这一点，可以建立等效黏滞阻尼系统。等效的原则是：等效黏性阻尼与其他类型的阻尼在一个简谐振动周期内消耗的能量相等，并且两者具有相等的位移幅值。假设系统做简谐振动，满足

$$x = A\sin(\omega t + \varphi) \tag{3-20}$$

其中，A 为振幅；ω 为振动频率；φ 为相位角。

等效黏性阻尼力在一个振动周期内所消耗的能量为

$$W_{eq} = \int_0^T F_{eq}\,\mathrm{d}x = \int_0^T c_{eq}\,\dot{x}\cdot\dot{x}\,\mathrm{d}t = \int_0^{\frac{2\pi}{\omega}} A^2\omega^2 c_{eq}\cos^2(\omega t+\varphi)\,\mathrm{d}t = A^2\omega c_{eq}\pi \tag{3-21}$$

其中，F_{eq} 为等效黏性阻尼力，满足 $F_{eq} = c_{eq}\dot{x}$。

根据等效原则，若其他类型的阻尼在一个简谐振动周期内消耗的能量为 W_c，则满足 $W_{eq} = W_c$，将其代入式(3-21)中，得

$$c_{eq} = \frac{W_c}{A^2\omega\pi} \tag{3-22}$$

(2) 库仑摩擦阻尼理论

在各构件连接处以及体系与支撑之间，往往由于相对运动产生摩擦而消耗能量。这种摩擦力称为干摩擦力或库仑摩擦力。假设摩擦力与接触面的法向压力成正比，其方向与速度方向相反，即

$$f_{cD}=-\mu F_n \mathrm{sgn}(\dot{x}) \tag{3-23}$$

其中，f_{cD}为库仑摩擦力；μ 为滑动摩擦系数；F_n 为接触面间的法向压力；$\mathrm{sgn}(\dot{x})$为符号函数，来确定库仑摩擦力和速度的方向。在一个振动周期内，库仑摩擦阻尼所消耗的能量为

$$W_c=4\mu F_n A \tag{3-24}$$

根据式(3-22)，得到的库仑摩擦的等效阻尼系数为

$$c_{eq}=\frac{4\mu F_n}{A\omega\pi} \tag{3-25}$$

将式(3-25)代入式(3-5)，单自由度系统振动的运动微分方程可表示为

$$m\ddot{x}+\frac{4\mu F_n}{A\omega\pi}\dot{x}+kx=P(t) \tag{3-26}$$

(3) 结构阻尼理论

1) 结构阻尼常规解法

等效黏滞阻尼理论使得运动方程简化，但是部分实验结果与该类型的能量损失特征不相符。上述黏滞阻尼机理依赖于频率的情况，部分实验结果表明，阻尼力和实验频率几乎无关。结构阻尼理论便具有与频率无关的特征，这种阻尼可定义为一种与速度同相而与位移成正比的阻尼力。结构阻尼通过材料内摩擦而消耗能量，系统在振动中，结构阻尼会造成应力滞后于应变，故又称结构阻尼为迟滞阻尼或滞后阻尼。图 3-9(a)所示为简谐应变下应力的迟滞曲线，箭头表示加载与卸载过程，这条迟滞曲线所包围的面积是振动一个周期结构阻尼所消耗的能量。结构阻尼力与位移的关系可表示为

$$f_{sD}=\gamma k|x|\mathrm{sgn}(\dot{x}) \tag{3-27}$$

其中，f_{sD}为结构阻尼力；γ 为结构阻尼系数(滞后阻尼系数)，它是阻尼力和弹性力大小的比值；k 为刚度系数；$|x|$为位移的绝对值；$\mathrm{sgn}(\dot{x})$为符号函数，来确定结构阻尼力和速度的方向。一次简谐位移循环中的结构阻尼力与位移的关系如图 3-9(b)所示。可以看出，位移增大时，结构阻尼力和线性弹性力相似；当位移减小时，结构阻尼力的指向与其相反。

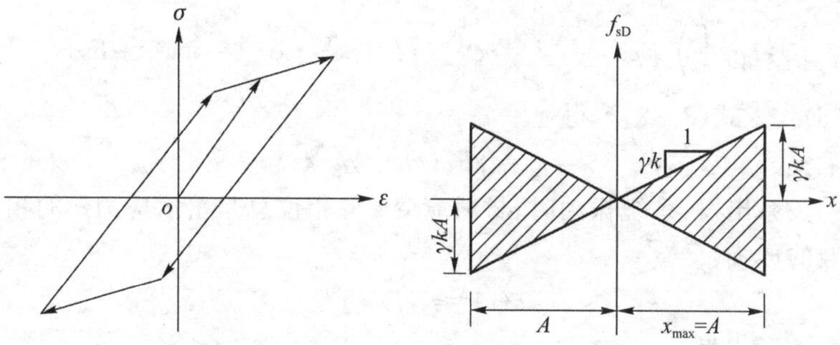

(a) 迟滞曲线　　(b) 结构阻尼力与位移的关系

图 3-9　简谐应变下应力的迟滞曲线和结构阻尼力与位移的关系

在很宽的频率范围内，结构阻尼的能量耗散几乎与振动频率无关，而仅与振幅的平方成正比。因此，系统振动一周，结构阻尼所消耗的能量为

$$W_c=2\gamma k A^2 \tag{3-28}$$

根据式(3-22)，得到的结构阻尼的等效阻尼系数为

$$c_{eq}=\frac{2\gamma k}{\omega\pi} \tag{3-29}$$

将式(3-29)代入式(3-5),单自由度系统振动的运动微分方程可表示为

$$m\ddot{x}+\frac{2\gamma k}{\omega\pi}\dot{x}+kx=P(t) \tag{3-30}$$

2) 结构阻尼复数解法

假设结构阻尼的大小只与振动位移或应变成正比,但方向与速度方向相反,且位移和速度的相位相差$\frac{\pi}{2}$。在简谐运动中,结构阻尼力的相位与速度相同,也就是说它超前位移矢量$\frac{T}{4}=\frac{\pi}{2}$,其表达式为

$$f_{sD}=\gamma kx\left(t+\frac{T}{4}\right) \tag{3-31}$$

在 t 时刻,结构的弹性力表示为

$$F_k(t)=kx(t) \tag{3-32}$$

在 $t+\frac{T}{4}$时刻,结构的弹性力表示为

$$F_k\left(t+\frac{T}{4}\right)=kx\left(t+\frac{T}{4}\right) \tag{3-33}$$

将式(3-33)代入式(3-31),得

$$f_{sD}=\gamma F_k\left(t+\frac{T}{4}\right) \tag{3-34}$$

式(3-34)的物理意义为:瞬时 t 时刻产生的阻尼力等于瞬时 $t+\frac{T}{4}$时刻的弹性力$F_k\left(t+\frac{T}{4}\right)$乘以滞后阻尼系数。

将复数 $F_k(t)=kx(t)=\rho e^{i\varphi}$, $i=e^{i\cdot\frac{\pi}{2}}$引入式(3-33)中,得

$$F_k\left(t+\frac{T}{4}\right)=\rho e^{i\left(\varphi+\frac{T}{4}\right)}=\rho e^{i\left(\varphi+\frac{\pi}{2}\right)}=\rho e^{i\varphi}\cdot e^{i\cdot\frac{\pi}{2}}=i\rho e^{i\varphi}=iF_k(t) \tag{3-35}$$

将式(3-35)代入式(3-34),得

$$f_{sD}=i\gamma F_k(t)=i\gamma kx(t) \tag{3-36}$$

从材料本构关系出发:系统振动时,材料应变 ε 的相位总是落后应力 σ 的相位一个角度 γ,将应变写成复数的形式:

$$\varepsilon(t)=\varepsilon_0(t)\cdot e^{i\varphi} \tag{3-37}$$

则应力写成复数的形式为

$$\sigma(t)=E\varepsilon_0(t)\cdot e^{i(\varphi+\gamma)}=E\varepsilon(t)\cdot e^{i\gamma} \tag{3-38}$$

其中,E 为材料的弹性模量。

根据式(3-38)所得的方程为线性方程,因此该阻尼理论为线性迟滞阻尼理论。因为 γ 远小于 1,所以将 $e^{i\gamma}$进行泰勒展开,得 $e^{i\gamma}\approx 1+i\gamma$,将其代入式(3-38),得

$$\sigma(t)=(1+i\gamma)\cdot E\varepsilon(t)=E^*\varepsilon(t) \tag{3-39}$$

其中,$E^*=(1+i\gamma)E$ 为复弹性模量,它的实部就是一般的弹性模量,虚部代表阻尼。

同理,可假设复剪切模量为 $G^*=(1+i\gamma)G$,它的实部就是一般的剪切模量,虚部代表阻

尼。结构的刚度与材料的弹性模量和剪切模量成正比，同理可得到复刚度系数为 $k^*=(1+\mathrm{i}\gamma)k$，它的实部就是一般的刚度系数，虚部代表阻尼。将复阻尼理论的式(3-36)代入式(3-5)，则单自由度系统振动的运动微分方程可表示为

$$m\ddot{x}+(1+\mathrm{i}\gamma)kx=P(t) \tag{3-40}$$

3.2　单自由度系统的自由振动

3.2.1　无阻尼单自由度系统的自由振动

无阻尼单自由度系统的自由振动，是指单自由度振动系统受到初始扰动(激励)以后既不再受外力作用，也不受阻尼的影响所做的振动，即 $c=0, P(t)=0$。根据式(3-5)，无阻尼单自由度系统自由振动的运动微分方程可表示为

$$m\ddot{x}+kx=0 \tag{3-41}$$

也可以改写为

$$\ddot{x}+\omega_{\mathrm{n}}^2x=0 \tag{3-42}$$

其中，$\omega_{\mathrm{n}}=\sqrt{\dfrac{k}{m}}$为系统的固有频率，称为圆频率，国际单位为 rad/s。

式(3-42)为二阶齐次常系数线性微分方程，其通解为

$$x(t)=A_1\sin\omega_{\mathrm{n}}t+A_2\cos\omega_{\mathrm{n}}t \tag{3-43}$$

它表示质量体随时间在平衡位置的往复运动。式中，常数 A_1, A_2 由系统的初始条件决定。假设初始条件在 $t=0$ 时刻，系统的位移和速度分别为 $x(0)=x_0, \dot{x}(0)=\dot{x}_0$，可求得 $A_1=\dfrac{\dot{x}_0}{\omega_n}$，$A_2=x_0$，将其代入式(3-43)得

$$x(t)=x_0\cos\omega_{\mathrm{n}}t+\frac{\dot{x}_0}{\omega_{\mathrm{n}}}\sin\omega_{\mathrm{n}}t \tag{3-44}$$

也可以改写为

$$x(t)=A\sin(\omega_{\mathrm{n}}t+\varphi) \tag{3-45}$$

其中，$A=\sqrt{x_0^2+\left(\dfrac{\dot{x}_0}{\omega_{\mathrm{n}}}\right)^2}$为振幅，$\varphi=\arctan\dfrac{x_0\omega_{\mathrm{n}}}{\dot{x}_0}$为初相位。

式(3-45)所描述的为简谐振动，如图 3-10(a)所示。系统运动的周期为 $T=\dfrac{2\pi}{\omega_{\mathrm{n}}}$，国际单位为 s；频率为 $f=\dfrac{1}{T}$，国际单位为 Hz；ω_{n} 为系统的固有频率，其仅与系统的参数 m 和 k 相关，即仅与系统的固有特性相关，而与初始扰动无关。而自由振动的振幅和初相位则取决于初始扰动。

上述的简谐振动，也可以用旋转矢量表示，如图 3-10(b)所示。

同时，系统的振动速度和加速度分别为

$$\begin{cases}\dot{x}(t)=A\omega_{\mathrm{n}}\cos(\omega_{\mathrm{n}}t+\varphi)\\ \ddot{x}(t)=-A\omega_{\mathrm{n}}^2\sin(\omega_{\mathrm{n}}t+\varphi)\end{cases} \tag{3-46}$$

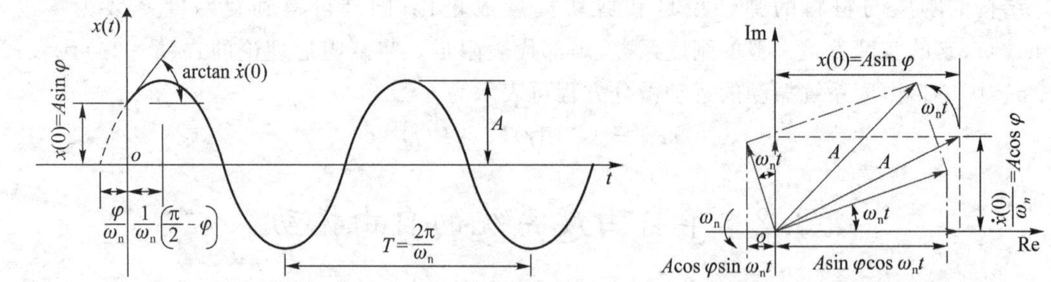

(a) 无阻尼单自由度系统自由振动曲线　　(b) 自由振动的旋转矢量表示法

图 3-10　无阻尼单自由度系统自由振动曲线和自由振动的旋转矢量表示法

图 3-11 所示为无阻尼单自由度系统自由振动的位移和速度曲线。可以看出，当 $\omega_n t=\frac{\pi}{2}$、$\omega_n t=\frac{3\pi}{2}$时，位移最大，速度最小，即势能最大，动能最小。当 $\omega_n t=0$、$\omega_n t=\pi$、$\omega_n t=2\pi$ 时，位移最小，速度最大，即势能最小，动能最大。因此，无阻尼单自由度系统的自由振动没有能量输入和损耗，属于保守系统，满足机械能守恒。总能量在动能和势能之间相互转化。无阻尼单自由度系统的自由振动方程也可以通过能量守恒得到。

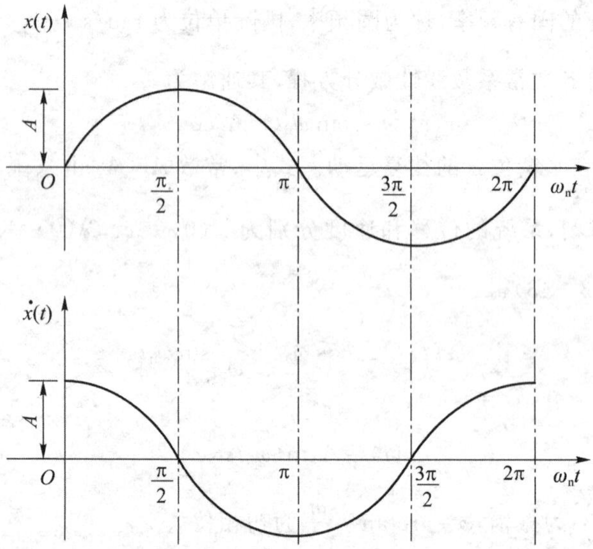

图 3-11　无阻尼单自由度系统自由振动的位移和速度曲线

3.2.2　固有频率的计算

系统的固有频率是系统振动的重要特征之一，在动力学研究中有着十分重要的意义。单自由度系统固有频率的计算常采用以下几种方法。

（1）静变形法

当质量体处于平衡状态时，弹性元件的弹性力与质量体的重力互相平衡，即 $k\delta_{st}=mg$，其中，δ_{st} 为弹性元件的静变形，k 为弹性元件的刚度系数。将其代入 $\omega_n=\sqrt{\frac{k}{m}}$，得

$$\omega_n=\sqrt{\frac{k}{m}}=\sqrt{\frac{mg}{\delta_{st}}\frac{1}{m}}=\sqrt{\frac{g}{\delta_{st}}} \tag{3-47}$$

由式(3-47)可以看出,只要测出弹性元件的静变形 δ_{st} 就可以计算出系统的固有频率。

例 3.2.1　一根矩形截面梁截面弯曲刚度为 EI,上面支撑一质量为 m 的物体,如图 3-12 所示,假定忽略梁的质量,试用静变形法求该系统的固有频率。

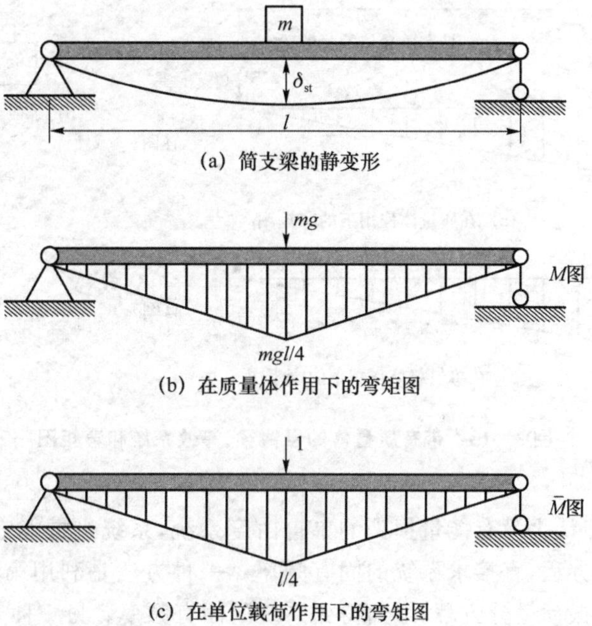

图 3-12　简支梁的静变形和弯矩图

解　根据图乘法可知,图 3-12(b)和(c)所示弯矩,简支梁中点处的位移为

$$\delta_{st}=\frac{1}{EI}\times2\times\left[\frac{1}{2}\times\frac{l}{2}\times\frac{mgl}{4}\times\frac{2}{3}\times\frac{l}{4}\right]=\frac{mgl^3}{48EI}$$

简支梁对质量体提供的弹性弯曲刚度为

$$k=\frac{mg}{\delta_{st}}=\frac{48EI}{l^3}$$

振动系统的固有频率为

$$\omega_n=\sqrt{\frac{k}{m}}=\sqrt{\frac{48EI}{ml^3}}$$

例 3.2.2　一根悬臂的弯曲刚度为 EI,自由端连接一质量为 m 的物体,如图 3-13 所示,假定忽略梁的质量,试求该系统的固有频率。

解　可将悬臂梁等效成图 3-13(b)所示的等效刚度为 k_{eq} 的系统。根据图乘法可知,图 3-13(c)和(d)所示弯矩,悬臂梁自由端的静挠度为

$$\delta_{st}=\frac{1}{EI}\times\left[\frac{1}{2}\times l\times mgl\times\frac{2}{3}\times l\right]=\frac{mgl^3}{3EI}$$

悬臂梁对质量体提供的弹性弯曲刚度为

$$k_{eq}=\frac{mg}{\delta_{st}}=\frac{3EI}{l^3}$$

振动系统的固有频率为

$$\omega_n=\sqrt{\frac{k_{eq}}{m}}=\sqrt{\frac{3EI}{ml^3}}$$

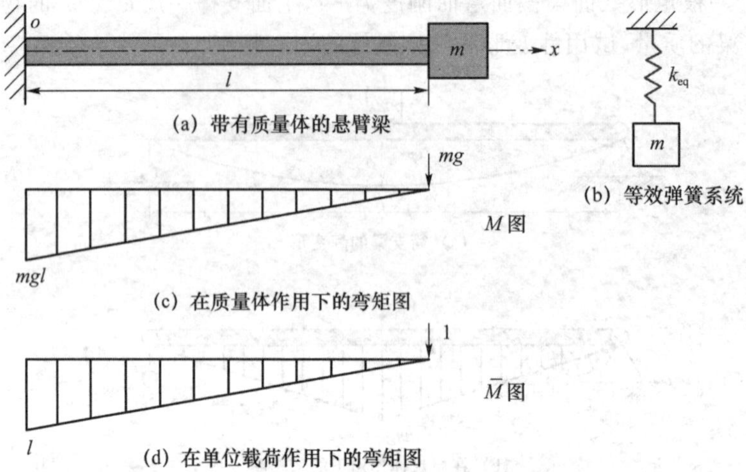

图 3-13 带有质量体的悬臂梁、等效系统和弯矩图

(2) 能量法

对于不计阻尼,即认为没有能量损失的单自由度系统,系统机械能守恒,利用能量守恒原理建立自由振动微分方程,直接求系统的固有频率。一种方法是利用第 2 章的拉格朗日方程求解得到系统的自由振动微分方程,继而得到系统的固有频率。另一种方法是对于简谐振动,如取系统的动能为最大值时,T_{max} 的位置为零势能位置($U_0=0$),即当动能为零时(振动位移达到最大时),势能必有最大值 U_{max},即有 $T_{max}=U_{max}$,也可得到系统的固有频率。

例 3.2.3 如图 3-14 所示的弹性元件组合系统,悬臂梁的刚度系数为 k_1,长度为 l,截面弯曲刚度为 EI,弹簧的刚度系数为 k,求系统的等效刚度。

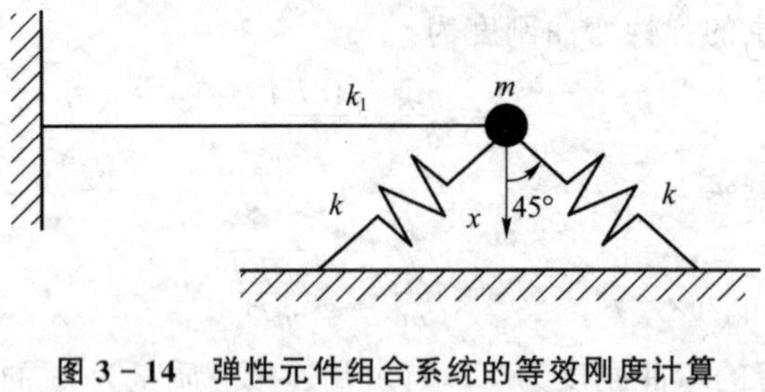

图 3-14 弹性元件组合系统的等效刚度计算

解 等效刚度还可以根据弹性元件变形能相等原则进行计算,即多个弹性元件变形能总和等效为一个弹性元件的变形能。

悬臂梁的变形能可表示为

$$U_1=\frac{1}{2}k_1x^2$$

每个弹簧的变形能可表示为

$$U_2=\frac{1}{2}k\left(\frac{\sqrt{2}}{2}x\right)^2$$

因此，系统的总应变能可表示为

$$U=\frac{1}{2}k_1x^2+\frac{1}{2}k\left(\frac{\sqrt{2}}{2}x\right)^2+\frac{1}{2}k\left(\frac{\sqrt{2}}{2}x\right)^2=\frac{1}{2}(k_1+k)x^2$$

系统等效成一个弹簧的等效应变能为

$$U_{\text{eq}}=\frac{1}{2}k_{\text{eq}}x^2$$

根据能量守恒原理，系统的总应变能等于一个弹簧的等效应变能，因此

$$U=U_{\text{eq}}$$

系统的等效刚度为

$$k_{\text{eq}}=k_1+k$$

例 3.2.4　图 3-15 所示为测量低频振幅用的传感器的一个元件——无定向摆系统。摆杆对转轴 O 的转动惯量为 J_0，摆杆另一端连接有质量为 m 的小球，在与摆杆转动轴 O 距离为 a 的位置左右两侧连接一刚度系数为 k 的平衡弹簧，求系统的等效刚度。

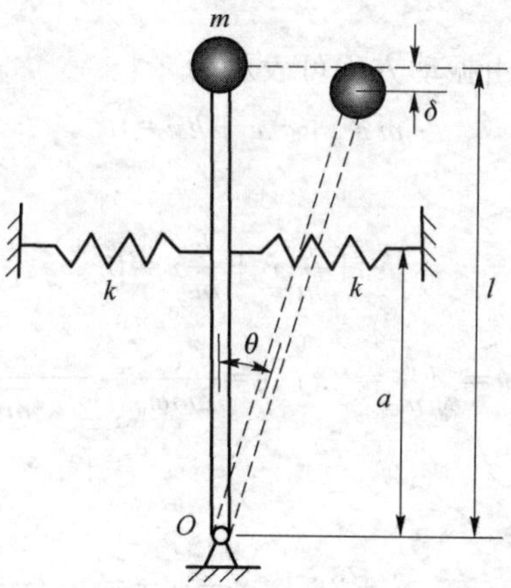

图 3-15　弹性元件组合系统的等效刚度计算

解　取摆杆偏离静平衡位置的角位移 θ 为广义坐标，并设 $\theta=A\sin(\omega_{\text{n}}t+\varphi)$，则 $\dot{\theta}=A\omega_{\text{n}}\cos(\omega_{\text{n}}t+\varphi)$。因此，$\theta_{\max}=A$ 和 $\dot{\theta}_{\max}=A\omega_{\text{n}}$。

对简谐振动来说，摆杆经过平衡位置时速度最大，故此时系统动能最大，而势能为零，即

$$T_{\max}=\frac{1}{2}mv_{\max}^2+\frac{1}{2}J_0\dot{\theta}_{\max}^2=\frac{1}{2}m(l\dot{\theta}_{\max})^2+\frac{1}{2}J_0A^2\omega_n^2=\frac{1}{2}(ml^2+J_0)A^2\omega_n^2$$

当摆杆摆到最大角位移处，速度为零，故此时系统动能为零，而势能最大，其包括两部分能量：

① 弹簧变形后的弹性势能，即

$$U_{1\max}=2\times\frac{1}{2}ka^2\theta_{\max}^2=ka^2A^2$$

② 质量为 m 的小球重心下降 δ 后的重力势能，即

$$U_{2\max}=-mg\delta=-mgl(1-\cos\theta_{\max})=-\frac{1}{2}mgl\theta_{\max}^2=-\frac{1}{2}mglA^2$$

因此,系统的总势能表示为

$$U=U_{1\max}+U_{2\max}=ka^2A^2-\frac{1}{2}mglA^2=\left(ka^2-\frac{1}{2}mgl\right)A^2$$

根据能量守恒原理,系统的最大动能等于最大势能,因此

$$T_{\max}=U_{\max}$$

因此,求得系统的固有频率为

$$\omega_n=\sqrt{\frac{2ka^2-mgl}{ml^2+J_0}}$$

3.2.3 有阻尼单自由度系统的自由振动

在飞行器实际振动中,所有的自由振动都会因为系统存在阻尼而消耗振动能量,并转变成热能或声能(噪声),振幅不断减弱最后停止,因此有阻尼自由振动也称为衰减振动。因此,有阻尼单自由度系统属于非保守系统,机械能不守恒。特别注意,书中只讨论黏性阻尼的情况,即阻尼力为 $f_D=c\dot{x}$。

有阻尼单自由度系统的自由振动方程可表示为

$$m\ddot{x}+c\dot{x}+kx=0 \tag{3-48}$$

或

$$\ddot{x}+\frac{c}{m}\dot{x}+\frac{k}{m}x=0 \tag{3-49}$$

令 $2\xi\omega_n=\frac{c}{m}$,$\omega_n^2=\frac{k}{m}$,则 $\omega_n=\sqrt{\frac{k}{m}}=2\pi f$,$\xi=\frac{c}{2m\omega_n}=\frac{c}{2\sqrt{mk}}>0$。其中,$\xi$ 为阻尼因子或阻尼比。

方程(3-49)可写为

$$\ddot{x}+2\xi\omega_n\dot{x}+\omega_n^2x=0 \tag{3-50}$$

令 $x=e^{\lambda t}$,将其代入方程(3-49)得到特征方程:

$$\lambda^2+2\xi\omega_n\lambda+\omega_n^2=0 \tag{3-51}$$

方程(3-51)的两个根可写为

$$\lambda_{1,2}=(-\xi\pm\sqrt{\xi^2-1})\omega_n \tag{3-52}$$

因此,方程(3-52)解的性质由 $\sqrt{\xi^2-1}$ 的正、负、零来决定。

① 当 $\xi<1$ 时,即体系的阻尼小于临界阻尼,也称欠阻尼体系。因此,特征根为两个共轭复根,即

$$\lambda_{1,2}=(-\xi\pm i\sqrt{1-\xi^2})\omega_n \tag{3-53}$$

方程(3-50)的通解为

$$x(t)=e^{-\xi\omega_n t}(C_1e^{i\sqrt{1-\xi^2}\omega_n t}+C_2e^{-i\sqrt{1-\xi^2}\omega_n t}) \tag{3-54}$$

将欧拉公式 $e^{\pm i\theta}=\cos\theta\pm i\sin\theta$ 代入式(3-54),得

$$x(t)=e^{-\xi\omega_n t}[(C_1+C_2)\cos\omega_d t+i(C_1-C_2)\sin\omega_d t] \tag{3-55}$$

其中,$\omega_d=\omega_n\sqrt{1-\xi^2}$ 为有阻尼时的圆频率。令 $A_1=C_1+C_2$ 和 $A_2=i(C_1-C_2)$,则

$$x(t)=\mathrm{e}^{-\xi\omega_{\mathrm{n}}t}[A_1\cos\omega_{\mathrm{d}}t+A_2\sin\omega_{\mathrm{d}}t]=A\mathrm{e}^{-\xi\omega_{\mathrm{n}}t}[\sin(\omega_{\mathrm{d}}t+\varphi)] \tag{3-56}$$

其中，A 和 φ 由初始条件确定。

设当 $t=0$ 时，有 $x(0)=x_0$，$\dot{x}(0)=\dot{x}_0$，将其代入式(3-56)中，得

$$A_1=x_0,\quad A_2=\frac{\dot{x}_0+\xi\omega_{\mathrm{n}}x_0}{\omega_{\mathrm{d}}} \tag{3-57}$$

因此，方程(3-56)可表示为

$$x(t)=\mathrm{e}^{-\xi\omega_{\mathrm{n}}t}\left[x_0\cos\omega_{\mathrm{d}}t+\frac{\dot{x}_0+\xi\omega_{\mathrm{n}}x_0}{\omega_{\mathrm{d}}}\sin\omega_{\mathrm{d}}t\right]=A\mathrm{e}^{-\xi\omega_{\mathrm{n}}t}[\sin(\omega_{\mathrm{d}}t+\varphi)] \tag{3-58}$$

其中，$A=\sqrt{x_0^2+\left(\frac{\dot{x}_0+\xi\omega_{\mathrm{n}}x_0}{\omega_{\mathrm{d}}}\right)^2}$ 为振幅；$\varphi=\arctan\left(\frac{x_0\omega_{\mathrm{d}}}{\dot{x}_0+\xi\omega_{\mathrm{n}}x_0}\right)$ 为相位角。

式(3-58)为衰减的简谐振动，欠阻尼单自由度系统自由振动的时程曲线如图 3-16 所示。与无阻尼的自由振动相比，振幅按照指数规律随时间的增大而衰减，但是振动周期 $T_{\mathrm{d}}=\frac{2\pi}{\omega_{\mathrm{d}}}$ 在振动过程中不发生变化。在大多数情况下，ξ 远小于 1，所以 $\omega_{\mathrm{d}}=\omega$，$T_{\mathrm{d}}=T$。

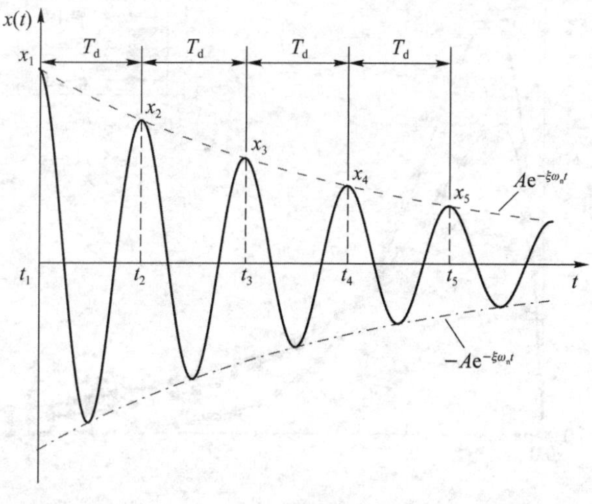

图 3-16　欠阻尼单自由度系统自由振动的时程曲线

② 当 $\xi=1$ 时，即体系的阻尼等于临界阻尼，即自由振动中不出现振动所需要的最小阻尼。因此，方程(3-50)的通解为

$$x(t)=(C_1+C_2t)\mathrm{e}^{-\omega_{\mathrm{n}}t} \tag{3-59}$$

其中，C_1 和 C_2 由初始条件决定。

设当 $t=0$ 时，有 $x(0)=x_0$，$\dot{x}(0)=\dot{x}_0$，并将其代入式(3-56)中，得

$$C_1=x_0,\quad C_2=\dot{x}_0+\omega_{\mathrm{n}}x_0 \tag{3-60}$$

因此，方程(3-59)可表示为

$$x(t)=\mathrm{e}^{-\omega_{\mathrm{n}}t}[x_0+(\dot{x}_0+\omega_{\mathrm{n}}x_0)t] \tag{3-61}$$

式(3-61)表示运动不呈振动形式，其按指数规律随时间 t 的增大而逐渐衰减直至消失。非周期单调衰减振动如图 3-17 所示。此时，阻尼比和阻尼系数分别称为临界阻尼比和临界阻尼系数。临界阻尼单自由度系统自由振动的时程曲线（$\xi=1$）见图 3-18。

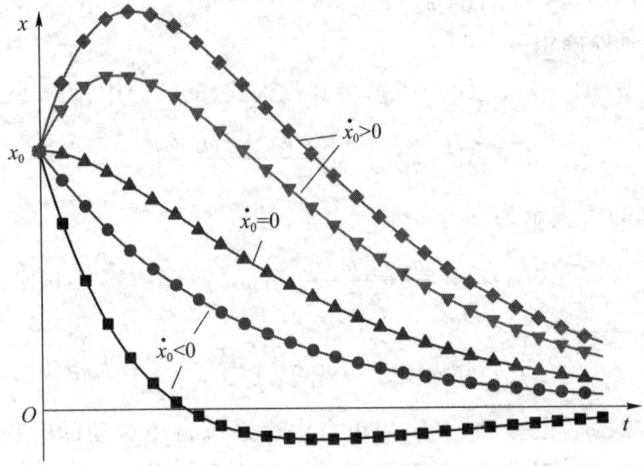

图 3-17　临界阻尼单自由度系统自由振动的时程曲线

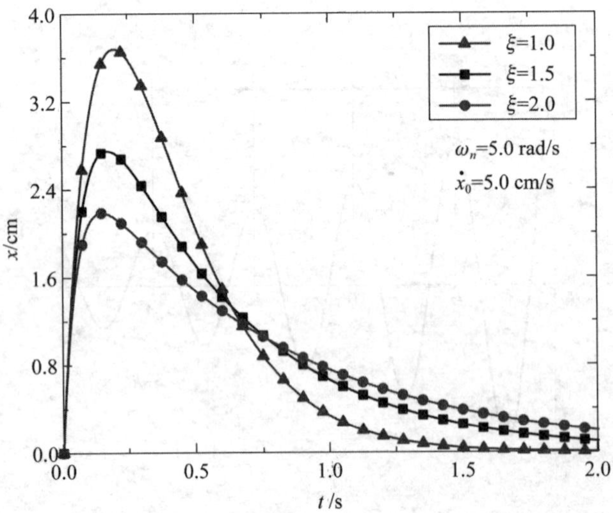

图 3-18　临界阻尼和过阻尼单自由度系统自由振动的时程曲线

③ 当 $\xi>1$ 时，即体系的阻尼大于临界阻尼，也称过阻尼体系。因此，特征根为两个共轭复根，即

$$\lambda_{1,2}=(-\xi\pm\sqrt{\xi^2-1})\omega_n \tag{3-62}$$

方程(3-50)的通解为

$$x(t)=\mathrm{e}^{-\xi\omega_n t}(C_1\mathrm{e}^{\sqrt{\xi^2-1}\omega_n t}+C_2\mathrm{e}^{-\sqrt{\xi^2-1}\omega_n t}) \tag{3-63}$$

速度为

$$\dot{x}(t)=-\xi\omega_n\mathrm{e}^{-\xi\omega_n t}(C_1\mathrm{e}^{\sqrt{\xi^2-1}\omega_n t}+C_2\mathrm{e}^{-\sqrt{\xi^2-1}\omega_n t})+\omega_n\mathrm{e}^{-\xi\omega_n t}\sqrt{\xi^2-1}(C_1\mathrm{e}^{\sqrt{\xi^2-1}\omega_n t}-C_2\mathrm{e}^{-\sqrt{\xi^2-1}\omega_n t}) \tag{3-64}$$

其中，C_1 和 C_2 由初始条件确定。

设当 $t=0$ 时，有 $x(0)=x_0$，　$\dot{x}(0)=\dot{x}_0$，将其代入式(3-63)和式(3-64)中，得

$$C_1=\frac{1}{2}\left(x_0+\frac{\dot{x}_0+\xi\omega_n x_0}{\omega_n\sqrt{\xi^2-1}}\right),\quad C_2=\frac{1}{2}\left(x_0-\frac{\dot{x}_0+\xi\omega_n x_0}{\omega_n\sqrt{\xi^2-1}}\right) \tag{3-65}$$

因此,将方程(3-65)代入方程(3-63),可表示为

$$\begin{aligned}x(t)&=\mathrm{e}^{-\xi\omega_n t}\left[\left(\frac{1}{2}\mathrm{e}^{\omega^* t}+\frac{1}{2}\mathrm{e}^{-\omega^* t}\right)x_0+\frac{\dot{x}_0+\xi\omega_n x_0}{\omega^*}\left(\frac{1}{2}\mathrm{e}^{\omega^* t}-\frac{1}{2}\mathrm{e}^{-\omega^* t}\right)\right]\\&=\mathrm{e}^{-\xi\omega_n t}\left[x_0\cosh\omega^* t+\frac{\dot{x}_0+\xi\omega_n x_0}{\omega^*}\sinh\omega^* t\right]\end{aligned} \tag{3-66}$$

其中,$\omega^*=\omega_n\sqrt{\xi^2-1}$。

式(3-66)表示运动不呈振动形式,其按指数规律随时间 t 的增大而逐渐衰减直至消失。过阻尼单自由度系统自由振动的时程曲线($\xi>1$)见图 3-18。

3.2.4　欠阻尼系统的能量耗散规律

欠阻尼单自由度系统自由振动形式为按指数规律衰减的简谐振动,如图 3-16 所示。衰减振动的频率为 ω_d,振幅衰减的快慢取决于指数衰减系数 $\xi\omega_n$。由图可知,阻尼的存在对自由振动的影响表现在两个方面:①使振动频率发生变化;②使振幅衰减。

有阻尼单自由度系统自由振动的周期为 T_d,可表示为

$$T_d=\frac{2\pi}{\omega_d}=\frac{2\pi}{\omega_n\sqrt{1-\xi^2}}=\frac{T}{\sqrt{1-\xi^2}} \tag{3-67}$$

可见阻尼使自由振动的周期增大,频率降低,当阻尼较小时,这种影响较小。例如,当 $\xi=0.05$ 时,$T_d=1.001\,25T$;当 $\xi=0.20$ 时,$T_d=1.020\,62T$;当 $\xi=0.90$ 时,$T_d=2.294\,16T$。

为了评价阻尼对振幅衰减快慢的影响,引入对数衰减率 λ,它定义为相邻两个振幅的比值

$$\lambda=\ln\frac{x_i}{x_{i+1}}=\ln\frac{x(t)}{x(t+T_d)}=\ln\frac{A\mathrm{e}^{-\xi\omega_n t}}{A\mathrm{e}^{-\xi\omega_n(t+T_d)}}=\xi\omega_n T_d=\frac{2\pi\xi\omega_n}{\omega_d}=\frac{2\pi\xi}{\sqrt{1-\xi^2}} \tag{3-68}$$

该式也可表示为

$$\lambda=\ln\frac{x_1}{x_2}=\ln\frac{x_2}{x_3}=\cdots=\ln\frac{x_i}{x_{i+1}} \tag{3-69}$$

可见,阻尼比 ξ 越大,对数衰减率 λ 越大,表示振幅衰减的越快。例如,当 $\xi=0.05$,$\omega_n T_d\approx 2\pi$ 时,$\lambda=0.314$,$x_{i+1}=0.73x_i$,即每一个周期内振幅减小 27%。因此,即使阻尼很小,振幅的衰减也是显著的。

由于

$$\frac{x_1}{x_2}=\frac{x_2}{x_3}=\cdots=\frac{x_n}{x_{n+1}}=\cdots=\frac{x_i}{x_{i+1}} \tag{3-70}$$

在实验中得到图 3-16 所示的衰减曲线后,可以取相隔 n 个周期的任意幅值比来得到对数衰减率,则

$$\frac{x_1}{x_{n+1}}=\frac{x_1}{x_2}\cdot\frac{x_2}{x_3}\cdots\frac{x_{n-1}}{x_n}\cdot\frac{x_n}{x_{n+1}} \tag{3-71}$$

则

$$\ln\frac{x_1}{x_{n+1}}=\ln\frac{x_1}{x_2}+\ln\frac{x_2}{x_3}+\cdots+\ln\frac{x_{n-1}}{x_n}+\ln\frac{x_n}{x_{n+1}}=n\lambda \tag{3-72}$$

因此，对数衰减率 λ 可表示为

$$\lambda=\frac{1}{n}\ln\frac{x_1}{x_{n+1}} \tag{3-73}$$

实际中，由于测量总有误差，因此应用这个方法，可以用上述方法从同一条曲线上求多个 λ 值，然后加以平均作为最终确定的 λ。

现在来考察振动一周能量的消耗及整个能量耗散的过程。分别对应于时刻 t_1、t_1+T_d、t_1+2T_d、…、$t_1+(n-1)T_d$，每一周刚开始振动的能量为

$$V_1=\frac{1}{2}kx_1^2,\quad V_2=\frac{1}{2}kx_2^2,\quad \cdots,\quad V_{n+1}=\frac{1}{2}kx_{n+1}{}^2 \tag{3-74}$$

因此，振动每一周的能量耗散比为

$$\psi=\frac{\Delta V_1}{V_1}=\frac{V_1-V_2}{V_1}=1-\left(\frac{x_2}{x_1}\right)^2 \tag{3-75}$$

其中，ψ 为能量耗散比。

根据式(3-69)，可得到

$$\mathrm{e}^{\lambda}=\frac{x_1}{x_2}=\frac{x_2}{x_3}=\cdots=\frac{x_n}{x_{n+1}}\quad 或\quad \mathrm{e}^{-\lambda}=\frac{x_2}{x_1}=\frac{x_3}{x_2}=\cdots=\frac{x_{n+1}}{x_n} \tag{3-76}$$

将 $\mathrm{e}^{-\lambda}$ 进行泰勒展开，得

$$\mathrm{e}^{-\lambda}=1-\lambda+\frac{\lambda^2}{2!}-\frac{\lambda^3}{3!}+\frac{\lambda^4}{4!}-\cdots \tag{3-77}$$

将式(3-76)和式(3-77)代入式(3-75)，略去高阶项，得

$$\psi=\frac{\Delta V_1}{V_1}\approx 2\lambda=4\pi\xi \tag{3-78}$$

定义 $\frac{1}{Q}$ 为耗散因子，其可表示为

$$\frac{1}{Q}=\frac{\psi}{2\pi}=\frac{\Delta V_1/2\pi}{V_1}=2\xi \tag{3-79}$$

下面讨论整个能量耗散的过程。振动第一周的能量耗散量和第二周刚开始振动的能量分别为

$$\Delta V_1=V_1(1-\mathrm{e}^{-2\lambda}),\quad V_2=V_1-\Delta V_1=V_1\mathrm{e}^{-2\lambda} \tag{3-80}$$

振动第二周的能量耗散量和第三周刚开始振动的能量分别为

$$\Delta V_2=V_2(1-\mathrm{e}^{-2\lambda})=V_1\mathrm{e}^{-2\lambda}(1-\mathrm{e}^{-2\lambda}),\quad V_3=V_2-\Delta V_2=V_1\,(\mathrm{e}^{-2\lambda})^2 \tag{3-81}$$

同理，振动第 n 周的能量耗散量为

$$\Delta V_n=V_{n-1}(1-\mathrm{e}^{-2\lambda})=V_1\,(\mathrm{e}^{-2\lambda})^{n-1}(1-\mathrm{e}^{-2\lambda}) \tag{3-82}$$

因此，整个体系的总能量消耗为

$$\begin{aligned}\Delta V=&\sum_{i=1}^{n}\Delta V_i=V_1(1-\mathrm{e}^{-2\lambda})[1+\mathrm{e}^{-2\lambda}+\cdots+(\mathrm{e}^{-2\lambda})^{n-1}]\\ &=V_1(1-\mathrm{e}^{-2\lambda})\left(\frac{1}{1-\mathrm{e}^{-2\lambda}}\right)=V_1\end{aligned} \tag{3-83}$$

式(3-83)表明，对于黏性阻尼单自由度系统而言，整个系统的能量消耗等于初始系统的能量。

例 3.2.5　如图 3－19 所示，一阻尼缓冲器在静载荷 P 作用下产生的位移为 x_0，已知载荷去除后质量块越过平衡位置的最大位移为初始位移的 10%，求缓冲器的阻尼因子 ξ。

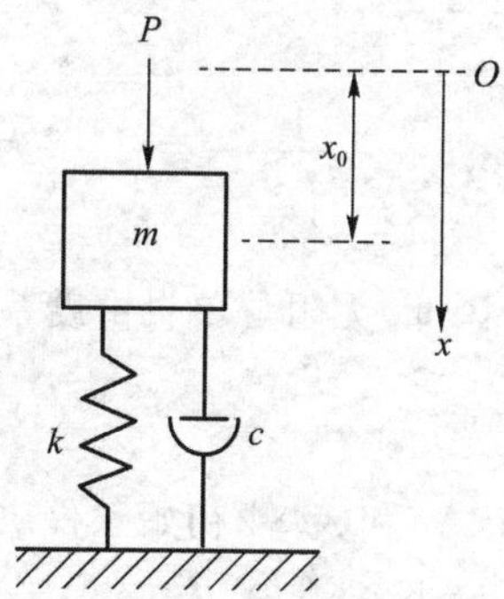

图 3－19　阻尼缓冲器

解　由题知，初始条件为 $x(0)=x_0$，$\dot{x}(0)=0$，将其代入式(3－58)，得位移为

$$x(t)=\mathrm{e}^{-\xi\omega_n t}\left[x_0\cos\omega_d t+\frac{\xi\omega_n x_0}{\omega_d}\sin\omega_d t\right]$$

速度可表示为

$$\dot{x}(t)=-\frac{\omega_n^2 x_0}{\omega_d}\mathrm{e}^{-\xi\omega_n t}\sin\omega_d t$$

假设质量 m 在 t_1 时刻越过平衡位置达到最大位移，此时，质量 m 的速度最小为 0，速度可表示为

$$\dot{x}(t_1)=-\frac{\omega_n^2 x_0}{\omega_d}\mathrm{e}^{-\xi\omega_n t_1}\sin\omega_d t_1=0$$

求解得到的时刻 t_1 为

$$t_1=\frac{\pi}{\omega_d}$$

即，经过半个周期后出现第一个振幅 x_1，得

$$x_1=x(t_1)=-x_0\mathrm{e}^{-\xi\omega_n t_1}=-x_0\mathrm{e}^{-\frac{\xi\pi}{\sqrt{1-\xi^2}}}$$

因此

$$\left|\frac{x_1}{x_0}\right|=\mathrm{e}^{-\frac{\xi\pi}{\sqrt{1-\xi^2}}}=\frac{1}{10}$$

求解上式得到的阻尼因子 ξ 为

$$\xi=\sqrt{\frac{(\ln 10)^2}{(\ln 10)^2+\pi^2}}=0.59$$

3.3　单自由度系统在简谐激励下的响应

3.3.1　无阻尼单自由度系统的简谐激励

无阻尼单自由度系统在外加作用力 $F(t)=P\sin\theta t$ 下做受迫振动，则系统的运动微分方程可表示为

$$m\ddot{x}+kx=P\sin\theta t \tag{3-84}$$

其中，P 为简谐激励载荷幅值；θ 为简谐激励频率。由常微分方程可知，式(3－84)的解 x 由相应的齐次方程的通解 x_c 和非齐次方程的特解 x_p 两部分组成。齐次方程的通解 x_c 可表示为

$$x_c=A_1\sin\omega_n t+A_2\cos\omega_n t \tag{3-85}$$

非齐次方程的特解 x_p 可表示为

$$x_p=X_p\sin\theta t \tag{3-86}$$

将式(3－86)代入式(3－84)中，得

$$X_p=\frac{P}{k-m\theta^2}=\frac{P}{k}\cdot\frac{1}{1-\left(\frac{\theta}{\omega_n}\right)^2}=\mu\cdot\frac{P}{k} \tag{3-87}$$

其中，$\mu=\frac{1}{1-\left(\frac{\theta}{\omega_n}\right)^2}=\frac{1}{1-\nu^2}$为动力放大系数；$\nu=\frac{\theta}{\omega_n}$为频率比。

因此，无阻尼单自由度系统在简谐激励下的受迫振动解为

$$x(t)=A_1\sin\omega_n t+A_2\cos\omega_n t+\frac{P}{k}\cdot\frac{1}{1-\nu^2}\sin\theta t \tag{3-88}$$

其中，A_1 和 A_2 由初始条件决定。

设当 $t=0$ 时，有 $x(0)=\dot{x}(0)=0$，将其代入式(3-88)中，得

$$A_1=0,\quad A_2=-\frac{P}{k}\cdot\frac{\nu}{1-\nu^2} \tag{3-89}$$

则式(3-88)可表示为

$$x(t)=\frac{P}{k}\cdot\frac{1}{1-\nu^2}(\sin\theta t-\nu\sin\omega_n t)=\mu\cdot\frac{P}{k}\cdot(\sin\theta t-\nu\sin\omega_n t) \tag{3-90}$$

式(3-90)等号右边第一项为纯粹的强迫振动，第二项为由于外力 $P\sin\theta t$ 引起的自由振动，$\frac{P}{k}$为总静位移。

下面讨论动力放大系数：

① 当 $\theta<\omega_n$ 时，$\mu>1$。这表明动力位移的方向与外力的方向相同，而且动力位移恒大于外力幅值所产生的静力位移。

② 当 $\theta\ll\omega_n$ 时，$\mu\approx1$。这表明结构的动力反应与外力幅值所产生的静力反应趋于一致。当 $\nu=\frac{\theta}{\omega_n}=\frac{1}{5}$时，$\mu\approx1.041$ 接近于 1。这表明当简谐载荷的周期是结构自由振动周期的五倍时，可将其视为静力载荷。

③ 当 $\theta>\omega_n$ 时，$\mu<0$。这表明动力位移的方向与外力的方向相反。

④ 当 $\theta\gg\omega_n$ 时，$\mu\approx0$。这表明系统的转速很大时，质量只在平衡位置附近做极微小的振动。

⑤ 当 $\theta=\omega_n$ 时，$\mu\to\infty$。这表明当外力频率与系统频率重合时，位移和内力都将无限增加，这种现象称为共振。

3.3.2 有阻尼单自由度系统的简谐激励

有阻尼单自由度系统在外加作用力 $F(t)=P\sin\theta t$ 下做受迫振动，则系统的运动微分方程可表示为

$$m\ddot{x}+c\dot{x}+kx=P\sin\theta t \tag{3-91}$$

或

$$\ddot{x}+2\xi\omega_n\dot{x}+\omega_n^2x=\frac{P}{m}\sin\theta t \tag{3-92}$$

其中，$2\xi\omega_n=\frac{c}{m}$；$\omega_n^2=\frac{k}{m}$；ξ 为阻尼因子或阻尼比。

式(3－92)的解 x 由相应的齐次方程的通解 x_c 和非齐次方程的特解 x_p 两部分组成。当 $\xi<1$(欠阻尼)时,齐次方程的通解 x_c 可表示为

$$x(t)=e^{-\xi\omega_n t}(A_1\cos\omega_d t+A_2\sin\omega_d t) \tag{3-93}$$

其中,x_c 为有阻尼自由振动,其特点是振动频率为阻尼固有频率,振幅按指数规律衰减,称为瞬态响应。

非齐次方程的特解 x_p 可表示为

$$x_p(t)=G_1\sin\theta t+G_2\cos\theta t \tag{3-94}$$

其中,x_p 为持续的等幅振动,其特点是由于简谐激波力的持续作用而产生的,称为稳态响应。

当阻尼为欠阻尼时,x_c 为有阻尼自由振动,其特点是振动频率为阻尼固有频率,振幅按指数规律衰减,称为瞬态响应;x_p 为持续的等幅振动,其特点是由于简谐激振力的持续作用而产生的,称为稳态响应。振动频率为阻尼固有频率,振幅按指数规律衰减,称为瞬态响应。

将式(3－94)代入式(3－92),得

$$\begin{cases} G_1=\dfrac{P}{k}\cdot\dfrac{1-\nu^2}{(1-\nu^2)^2+4\nu^2\xi^2} \\ G_2=\dfrac{P}{k}\cdot\dfrac{-2\nu\xi}{(1-\nu^2)^2+4\nu^2\xi^2} \end{cases} \tag{3-95}$$

其中,$\nu=\dfrac{\theta}{\omega_n}$ 为频率比。

因此,有阻尼单自由度系统在简谐激励下的受迫振动解为

$$x(t)=e^{-\xi\omega_n t}(A_1\sin\omega_d t+A_2\cos\omega_d t)+\frac{P}{k}\cdot\frac{1}{(1-\nu^2)^2+4\nu^2\xi^2}[(1-\nu^2)\sin\theta t-2\nu\xi\cos\theta t] \tag{3-96}$$

式(3－96)等号右边第一项表示对外载荷的瞬态响应,A_1 和 A_2 由初始条件确定。但是由于阻尼的存在,含有 $e^{-\xi\omega_n t}$,第一项很快就会消失。等号右边第二项表示与外载荷同频率但不同相位的稳态响应。系统从开始振动到稳态振动的振动称为过渡态振动,衰减的快慢程度随 $\xi\omega_n$ 的大小而定。

稳态响应的解为

$$x_p(t)=G_1\sin\theta t+G_2\cos\theta t=G\sin(\theta t-\varphi) \tag{3-97}$$

其中,振幅 G 和相位角 φ 分别为

$$\begin{cases} G=\sqrt{G_1^2+G_2^2}=\dfrac{P}{k}\cdot\dfrac{1}{\sqrt{(1-\nu^2)^2+4\nu^2\xi^2}}=x_{st}\cdot\dfrac{1}{\sqrt{(1-\nu^2)^2+4\nu^2\xi^2}}=x_{st}\cdot\mu_d \\ \tan\varphi=-\dfrac{G_2}{G_1}=\dfrac{2\nu\xi}{1-\nu^2} \end{cases} \tag{3-98}$$

其中,$\mu_d=\dfrac{1}{\sqrt{(1-\nu^2)^2+4\nu^2\xi^2}}$ 为动力放大系数,其表征动载荷的作用效果;$x_{st}=\dfrac{P}{k}$ 为总静位移。

图 3－20 所示为不同阻尼比下动力放大系数和相位角随频率比的变化曲线。由图可以看出:

① μ_d 的最大值为 $(\mu_d)_{max}=\dfrac{1}{2\xi\sqrt{1-\xi^2}}$,且 $v=\sqrt{1-2\xi^2}$,即 μ_d 的峰值并不出现在 $v=1$ 处

而是出现在其左侧，当 ξ 越大时，μ_d 的峰值位置越向左偏。

② 当 $\xi \ll 1$，即 $v \approx 1$ 时，外加激励力的频率接近于系统的自由振动频率，系统出现共振现象。在共振区，阻尼的影响很大，但是当远离共振峰时，阻尼的影响就很小。

③ 当激励力的频率比系统的自由振动频率小很多，即 $v \approx 0$，$\mu_d \approx 1$ 时，接近于静力作用。当 $v \gg 1$ 时，μ_d 趋近于零，对于高频的激振力，由于惯性作用，质点 m 接近于静止状态。

④ 当 $v \ll 1$ 时，$\varphi \approx 2v\xi$，即质量块振动的相位滞后于外力的相位。随着激振力频率的增大，相位差也逐渐增大。当 $v \approx 1$ 时，$\varphi \approx \dfrac{\pi}{2}$，并在 $v=1$ 处 $\tan\varphi$ 改变为负号。当 $v \gg 1$ 时，$\tan\varphi \approx \dfrac{-2\xi}{v}$。当 $v=1$ 时，系统出现共振现象，不管阻尼比多大，初相位角都为 90°。

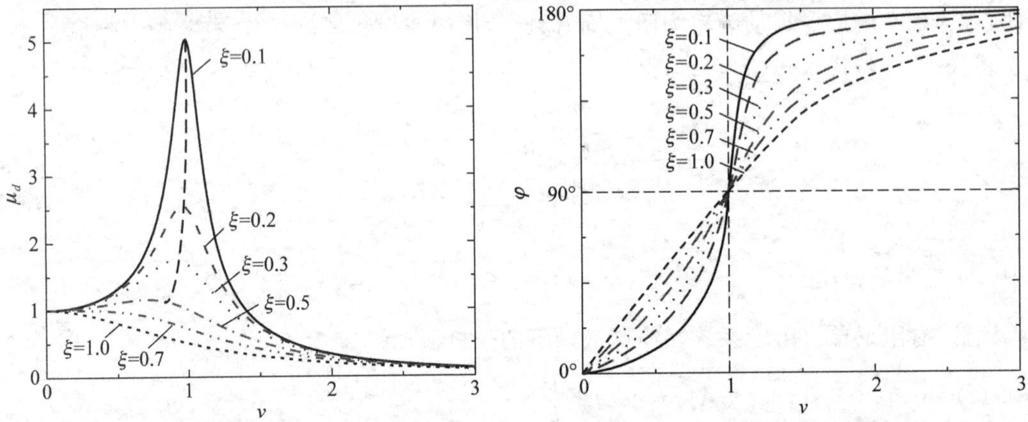

(a) 动力放大系数随频率比的变化曲线　　(b) 相位角随频率比的变化曲线

图 3-20　不同阻尼比下动力放大系数和相位角随频率比的变化曲线

3.3.3　有阻尼单自由度系统的复频响应

由于有阻尼单自由度系统的自由振动响应的虚部和实部分别对应正弦和余弦激励响应，因此其振动响应可以表示为复频响应的形式。在复平面上，可以清楚地表示出外载荷、惯性力、阻尼力和弹性力之间的关系。

外载荷设为正弦函数，则运动方程表示为

$$m\ddot{x}_{\mathrm{I}}+c\dot{x}_{\mathrm{I}}+kx_{\mathrm{I}}=P\sin\theta t \tag{3-99}$$

外载荷设为余弦函数，则运动方程表示为

$$m\ddot{x}_{\mathrm{R}}+c\dot{x}_{\mathrm{R}}+kx_{\mathrm{R}}=P\cos\theta t \tag{3-100}$$

其中，下标 I、R 分别表示虚部和实部。

将方程(3-99)两边相乘虚数单位 i 再与方程(3-100)相加，得

$$m(\mathrm{i}\ddot{x}_{\mathrm{I}}+\ddot{x}_{\mathrm{R}})+c(\mathrm{i}\dot{x}_{\mathrm{I}}+\dot{x}_{\mathrm{R}})+k(\mathrm{i}x_{\mathrm{I}}+x_{\mathrm{R}})=\mathrm{i}P\sin\theta t+P\cos\theta t \tag{3-101}$$

令 $x=\mathrm{i}x_{\mathrm{I}}+x_{\mathrm{R}}$ 且 $\mathrm{i}P\sin\theta t+P\cos\theta t=P\mathrm{e}^{\mathrm{i}\theta t}$，则复数形式的运动方程表示为

$$m\ddot{x}+c\dot{x}+kx=P\mathrm{e}^{\mathrm{i}\theta t} \tag{3-102}$$

或

$$\ddot{x}+2\xi\omega_n\dot{x}+\omega_n^2x=\frac{P}{m}e^{i\theta t} \tag{3-103}$$

令方程的特解为 $x(t)=Ae^{i\theta t}$，得到有阻尼单自由度系统的复频响应解为

$$x(t)=\frac{P}{k}\cdot\frac{1}{(1-\nu^2)+2i\nu\xi}e^{i\theta t}=\frac{P}{k}\cdot H(\theta)\cdot e^{i\theta t} \tag{3-104}$$

其中，$H(\theta)=\frac{1-\nu^2}{(1-\nu^2)^2+4\nu^2\xi^2}-i\frac{2\nu\xi}{(1-\nu^2)^2+4\nu^2\xi^2}=|H(\theta)|e^{-i\varphi}$为系统的复频响应函数（简称为频响函数）；$|H(\theta)|=\frac{1}{\sqrt{(1-\nu^2)^2+4\nu^2\xi^2}}$为系统的复频响应的振幅。

因此，有阻尼单自由度系统的复频响应解的标准形式为

$$x(t)=\frac{P}{k}\cdot|H(\theta)|\cdot e^{i\theta t}\cdot e^{-i\varphi}=x_{st}|H(\theta)|\cdot e^{i(\theta t-\varphi)} \tag{3-105}$$

结合 $i=e^{i\cdot\frac{\pi}{2}}$，可得到其对应的速度和角速度分别为

$$\begin{aligned}\dot{x}(t)&=x_{st}|H(\theta)|\cdot i\theta\cdot e^{i(\theta t-\varphi)}=x_{st}|H(\theta)|\cdot\theta\cdot e^{i(\theta t-\varphi+\frac{\pi}{2})}\\ \ddot{x}(t)&=x_{st}|H(\theta)|\cdot i^2\theta^2\cdot e^{i(\theta t-\varphi)}=x_{st}|H(\theta)|\cdot\theta^2\cdot e^{i(\theta t-\varphi+\pi)}\end{aligned} \tag{3-106}$$

因此，复弹性力、复阻尼力和复惯性力分别表示为 $F_s=-kx$、$F_d=-c\dot{x}$ 和 $F_I=-m\ddot{x}$。复激励力、复弹性力、复阻尼力和复惯性力之间的平衡关系式为

$$Pe^{i\theta t}-m\theta^2Ae^{i(\theta t-\varphi+\pi)}-kAe^{i(\theta t-\varphi)}-\theta cAe^{i(\theta t-\varphi+\frac{\pi}{2})}=0 \tag{3-107}$$

图 3-21 表示在复平面内复激励力与位移、速度和角速度以及与复弹性力、复阻尼力和复惯性力之间的矢量关系。

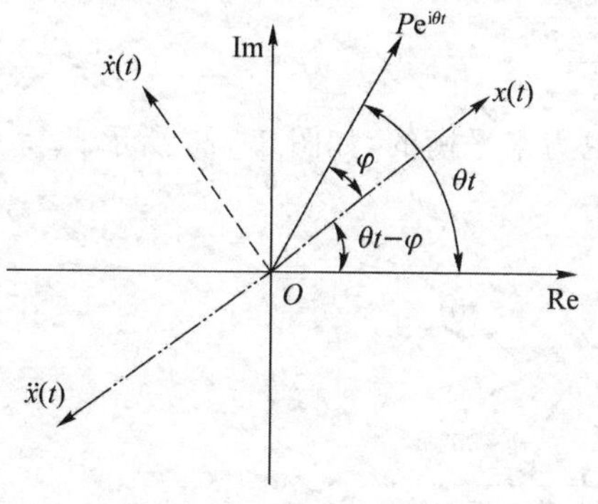

(a) 复激励力、位移、速度和加速度

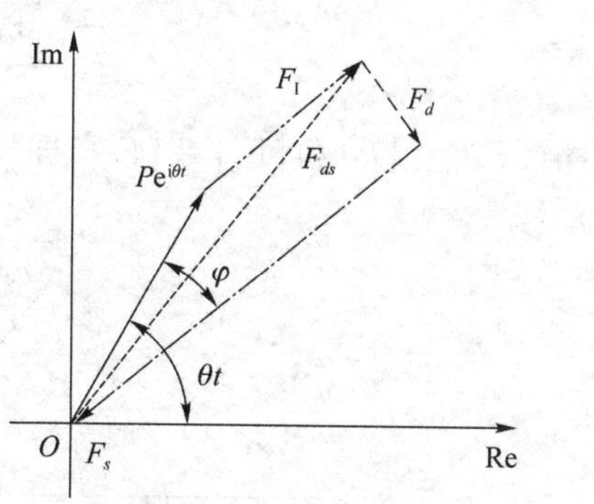

(b) 复激力、复弹性力、复阻尼力和复惯性力的矢量关系

图 3-21　在复平面内复激励力与位移、速度和加速度以及与复弹性力、复阻尼力和复惯性力之间的矢量关系

复弹性力和复阻尼力的合力的幅值可表示为

$$|F_{ds}|=\sqrt{|F_d|^2+|F_s|^2}=x_{st}\cdot|H(\theta)|\cdot\sqrt{k^2+c^2\theta^2} \tag{3-108}$$

将 $2\xi\omega_n=\frac{c}{m}$、$\omega_n^2=\frac{k}{m}$、$\nu=\frac{\theta}{\omega_n}$和 $x_{st}k=P$ 代入式(3-108)得

$$|F_{ds}|=\sqrt{|F_d|^2+|F_s|^2}=P\cdot|H(\theta)|\cdot\sqrt{1+4\xi^2\nu^2} \tag{3-109}$$

定义 T_r 为传入支撑点的幅值与外力幅值的比值，记为

$$T_r=\frac{|F_{ds}|}{P}=|H(\theta)|\cdot\sqrt{1+4\xi^2\nu^2} \tag{3-110}$$

① 当 $\nu=\sqrt{2}$ 时，$T_r=1$，即外力幅值都传入支撑点，但有一相位差，如图 3-22 所示。

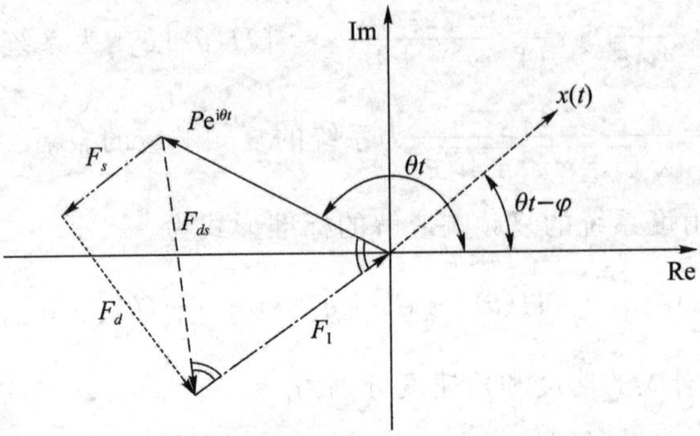

图 3-22　当 $\nu=\sqrt{2}$ 时，复激励力与复弹性力、复阻尼力和复惯性力之间的矢量关系

② 当 $\nu=1$（即 $\theta=\omega_n$）时，$\varphi=90°$，计算得

$$|F_s|=kx_{\mathrm{st}}|H(\theta)|=P\cdot|H(\theta)|=\frac{P}{2\xi}$$

$$|F_d|=cx_{\mathrm{st}}\theta|H(\theta)|=2\xi\omega_n m\frac{P}{k}\theta\cdot|H(\theta)|=2\xi\omega_n^2 m\frac{P}{k}\cdot|H(\theta)|=2\xi P|H(\theta)|=P$$

$$|F_{\mathrm{I}}|=mx_{\mathrm{st}}\theta^2|H(\theta)|=\omega_n^2 m\frac{P}{k}\cdot|H(\theta)|=\frac{P}{2\xi}$$

$$T_r=\frac{|F_{ds}|}{P}=\frac{\sqrt{1+4\xi^2}}{2\xi}$$

因此，$|F_d|=|P|$ 和 $|F_s|=|F_{\mathrm{I}}|$，即外力是由阻尼力来平衡的，如图 3-23 所示。

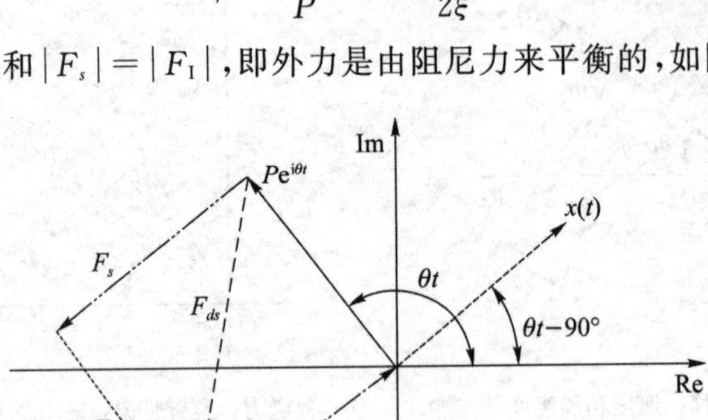

图 3-23　当 $\nu=1$ 时，复激励力与复弹性力、复阻尼力和复惯性力之间的矢量关系

③ 当 $\nu=\dfrac{\theta}{\omega_n}\ll1$，　$\varphi\approx0°$ 时，$|H(\theta)|\rightarrow1$，于是有

$$|F_s|=kx_{\mathrm{st}}|H(\theta)|=P\cdot|H(\theta)|\rightarrow P$$

$$|F_d|=cx_{st}\theta|H(\theta)|=2\xi\omega_n m\frac{P}{k}\theta=2\xi P\frac{\theta}{\omega_n}=2\xi P\nu\rightarrow 0$$

$$|F_I|=mx_{st}\theta^2|H(\theta)|=mx_{st}\theta^2=m\frac{P}{k}\theta^2=P\left(\frac{\theta}{\omega_n}\right)^2=P\nu^2\rightarrow 0$$

$$T_r=\frac{|F_{ds}|}{P}=1$$

因此,外力是由弹性力来平衡。

④ 当 $\nu=\dfrac{\theta}{\omega_n}\gg 1$, $\varphi\rightarrow\pi$ 时,此时 $|H(\theta)|\rightarrow 0$,于是有

$$|F_s|=kx_{st}|H(\theta)|=P\cdot|H(\theta)|\rightarrow 0$$

$$|F_d|=2\xi P\nu|H(\theta)|=2\xi P\nu\frac{1}{\sqrt{(1-\nu^2)^2+4\nu^2\xi^2}}=2\xi P\frac{1}{\sqrt{\left(\dfrac{1}{\nu}-\nu\right)^2+4\xi^2}}\rightarrow 0$$

$$|F_I|=P\nu^2|H(\theta)|=P\nu^2\frac{1}{\sqrt{(1-\nu^2)^2+4\nu^2\xi^2}}=P\frac{1}{\sqrt{\left(\dfrac{1}{\nu^2}-1\right)^2+4\dfrac{\xi^2}{\nu^2}}}\rightarrow P$$

$$T_r=\frac{|F_{ds}|}{P}=0$$

因此,外力是由惯性力来平衡的。

3.3.4　共振响应

当 $v=\dfrac{\theta}{\omega_n}\approx 1$ 时,外加激励力的频率接近于系统的自由振动频率,系统出现共振现象,方程(3-96)可化简为

$$x(t)=\mathrm{e}^{-\xi\omega_n t}(A_1\sin\omega_d t+A_2\cos\omega_d t)-\frac{P}{k}\cdot\frac{1}{2\xi}\cos\omega_n t \tag{3-111}$$

设初始条件 $t=0$ 时,有 $x(0)=\dot{x}(0)=0$,将其代入式(3-111)中,得

$$A_1=\frac{P}{k}\cdot\frac{1}{2\sqrt{1-\xi^2}},\quad A_2=\frac{P}{k}\cdot\frac{1}{2\xi} \tag{3-112}$$

则式(3-111)可表示为

$$x(t)=\frac{P}{k}\cdot\frac{1}{2\xi}\left[\mathrm{e}^{-\xi\omega_n t}\left(\frac{\xi}{\sqrt{1-\xi^2}}\sin\omega_d t+\cos\omega_d t\right)-\cos\omega_n t\right] \tag{3-113}$$

对于通常结构来说,式(3-113)中的 $\dfrac{\xi}{\sqrt{1-\xi^2}}\sin\omega_d t$ 比 $\cos\omega_d t$ 的影响小得多,可忽略不计,此外,令 $\omega_d\approx\omega_n$,则有

$$R(t)=\frac{x(t)}{x_{st}}=\frac{1}{2\xi}(\mathrm{e}^{-\xi\omega_n t}-1)\cos\omega_n t \tag{3-114}$$

其中,$R(t)$ 为响应比,其表示动态响应与静态响应之比。

对于无阻尼系统,当 $v=\dfrac{\theta}{\omega_n}\approx 1$ 时,有

$$R(t)=\frac{x(t)}{x_{\mathrm{st}}}=\frac{1}{1-\left(\frac{\theta}{\omega_n}\right)^2}\left(\sin\theta t-\frac{\theta}{\omega_n}\sin\omega_n t\right)\approx\frac{1}{2}(\sin\omega_n t-\omega_n t\cos\omega_n t) \tag{3-115}$$

无阻尼系统和有阻尼系统发生共振时的响应比如图 3－24 所示。由图可以看出，响应都是逐渐增加的。在无阻尼系统中，响应继续增加，每一周增加一个 π 值，因此，除非频率发生变化，否则结构最后必然发生破坏。

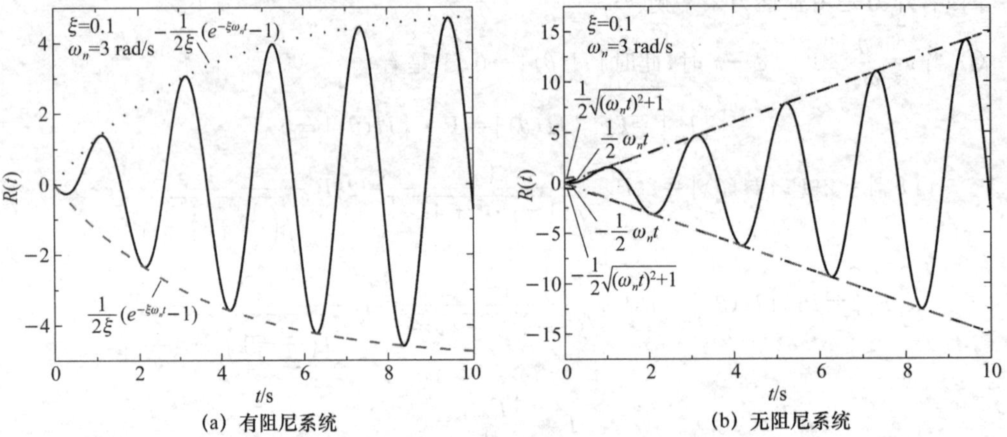

图 3－24　静止初始条件下发生共振时($\nu=1$)的响应比

3.4　单自由度系统在基础激励下的响应

3.4.1　基础激励下的动力学响应

飞行器结构受到的激励来自于支撑的运动，例如固定在飞行器上的仪表的振动、飞机滑跑时跑道不平引起的飞机振动、导弹运输过程路面不平引起的弹体振动等。如果将飞行器内部设备作为研究对象，则可以将上述现象看成由于系统的基础运动而引起的系统振动。单自由度系统在基础激励下的振动模型如图 3－25 所示。

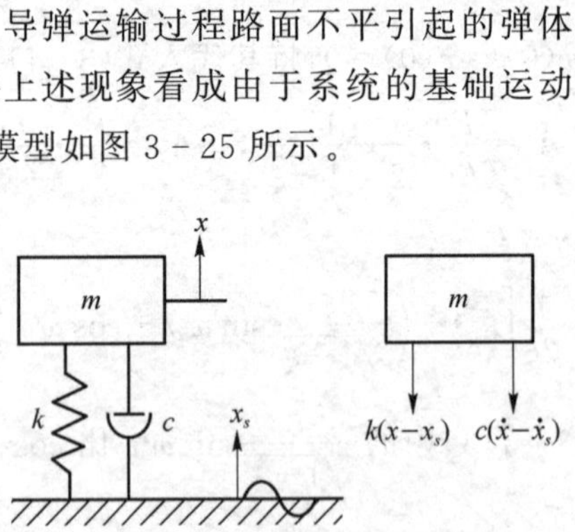

图 3－25　单自由度系统在基础激励下的振动模型

设 $x(t)$ 和 $x_s(t)$ 分别是质量块和支撑的位移，由于支撑的运动，质量块受到的弹性力为 $k(x-x_s)$，阻尼力为 $c(\dot{x}-\dot{x}_s)$，假设支撑的运动规律为

$$x_s(t)=a\sin\theta t \tag{3-116}$$

根据达朗贝尔原理可以得到系统的运动微分方程：

$$m\ddot{x}+c\dot{x}+kx=kx_s+c\dot{x}_s \tag{3-117}$$

将式(3-116)代入式(2-117)，得

$$m\ddot{x}+c\dot{x}+kx=ka\sin\theta t+ca\theta\cos\theta t \tag{3-118}$$

可见，由于支撑运动而使质量 m 受到的激励力由两部分构成，一部分是由弹簧传递过来的 kx_s，相位与 x_s 相同；另一部分是由阻尼器传过来的 $c\dot{x}_s$，相位比 x_s 超前$\frac{\pi}{2}$。

利用线性系统的叠加原理，式(3-118)的解为

$$x(t)=a\sqrt{\frac{1+(2\xi\nu)^2}{(1-\nu^2)^2+(2\xi\nu)^2}}\sin[\theta t-(\varphi_1-\varphi_2)]=G\sin(\theta t-\varphi) \tag{3-119}$$

其中，阻尼比为 $\xi=\frac{c}{2m\omega_n}$；频率比为 $\nu=\frac{\theta}{\omega_n}$；各参数为：$G=a\sqrt{\frac{1+(2\xi\nu)^2}{(1-\nu^2)^2+(2\xi\nu)^2}}$，$\varphi_1=\arctan\frac{2\xi\nu}{1-\nu^2}$，$\varphi_2=\arctan(2\xi\nu)$，$\varphi=\varphi_1-\varphi_2=\arctan\frac{2\xi\nu^3}{1-\nu^2+(2\xi\nu)^2}$。可见质量 m 的振幅 G 取决于支撑振幅 a、频率比 ν 及阻尼比 ξ。

记 $\mu_d=\frac{G}{a}=\sqrt{\frac{1+4\nu^2\xi^2}{(1-\nu^2)^2+4\nu^2\xi^2}}$为动力放大系数，图 3-26 给出了不同阻尼比下动力放大系数和相位角随频率比的变化曲线。

① 当频率比 $\nu=0$ 和 $\nu=\sqrt{2}$时，$\mu_d=1$，无论阻尼比 ξ 为多少，振幅 G 恒等于支撑运动幅值 a；当 $\nu>\sqrt{2}$时，振幅 G 小于 a，增加阻尼反而使振幅 G 增大。

② 当 $\nu=1$ 时，有 $\mu_d=\sqrt{1+\frac{1}{4\xi^2}}$，　$\varphi=\arctan\frac{1}{2\xi}$。

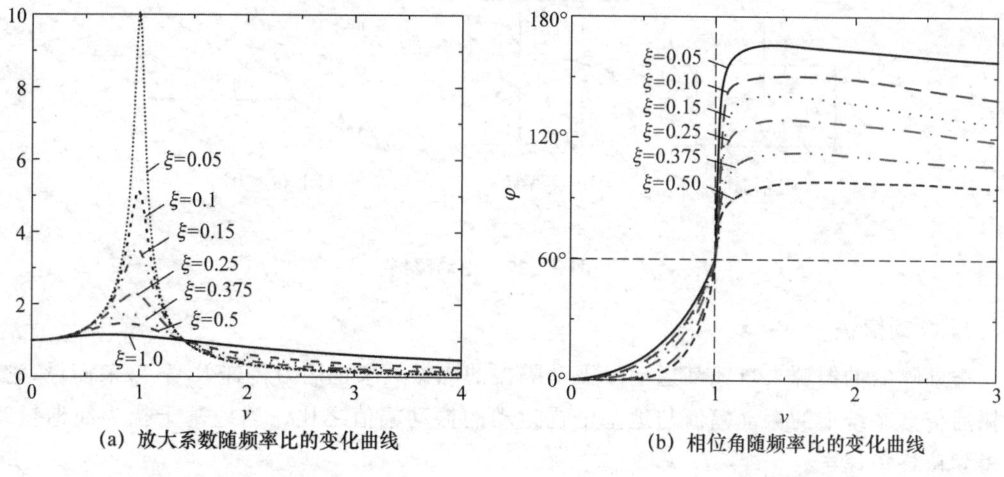

(a) 放大系数随频率比的变化曲线　　(b) 相位角随频率比的变化曲线

图 3-26　不同阻尼比下动力放大系数和相位角随频率比的变化曲线

3.4.2　隔振原理

强烈振动不但给飞行器结构本身带来不利影响，而且会造成周围仪器不能正常工作。为减小振源的干扰力，通常在振源周围设置适当的弹簧和阻尼元件，这就是隔振问题。如果干扰力作用在隔振对象上，则隔振是为了减小干扰力对基础的作用，称为主动隔振。如果干扰力作

用在基础上，则隔振是为了减小基础振动对隔振对象的作用，称为被动隔振。下面以简谐激励为振源说明隔振原理。

1. 主动隔振

主动隔振的振源为机器本身。积极隔振的目的是减小传递到地基上的力，隔振效果用力传递效率 T_f 来衡量，其定义为

$$T_f=\frac{P_T}{P} \tag{3-120}$$

其中，P 和 P_T 分别为隔振前和隔振后传到地基上的力的幅值。

由图 3-27 可以看出，假设系统的位移振幅为 G，那么在隔振后，通过弹簧和阻尼传到地基上的力的幅值分别为 kG 和 $c\omega G$，后者在相位上比前者超前 $\frac{\pi}{2}$，由旋转矢量图得到的总的传递力的幅值为

$$P_T=\sqrt{(kG)^2+(c\omega G)^2}=kG\sqrt{1+(2\xi v)^2} \tag{3-121}$$

其中，$G=\frac{P}{k}\cdot\frac{1}{\sqrt{(1-\nu^2)^2+4\nu^2\xi^2}}$。

因此，力的传递率为

$$T_f=\frac{P_T}{P}=\sqrt{\frac{1+4\nu^2\xi^2}{(1-\nu^2)^2+4\nu^2\xi^2}} \tag{3-122}$$

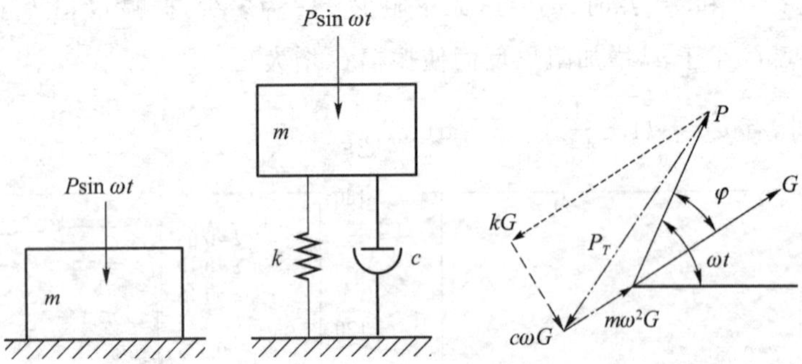

(a) 隔振前　(b) 隔振后　(c) 传递力 P_T

图 3-27　主动隔振

2. 被动隔振

被动隔振的振源来自地基运动。被动隔振的隔振效果也用力传递效率 T_f 来衡量，它表示隔振后传到系统上的振动幅值与地基干扰运动的振动幅值之比。当地基干扰为简谐振动时，可得到位移传递率：

$$T_d=\frac{G}{a}=\sqrt{\frac{1+4\nu^2\xi^2}{(1-\nu^2)^2+4\nu^2\xi^2}} \tag{3-123}$$

对比式(3-122)和式(3-123)，可见积极隔振和被动隔振的原理是类似的，T_f 和 T_d 可以统称为传递率 TR，将图 3-26(a)的幅频曲线的纵坐标 μ_d 改为 TR，则得到传递率 TR 随频率比 ν 的变化规律的特性曲线。从曲线上可以看出，只有当频率比 $\nu>\sqrt{2}$时，才有隔振效果；当 $\nu>5$ 以后，曲线下降的很慢，通常将 v 选在 2.5～5 的范围之内。此外，在 $\nu>\sqrt{2}$之后，增加阻尼

反而使隔振效果变差。因此，为了取得较好的隔振效果，系统应当具有较低的固有频率和较小的阻尼。计算隔振器参数时，一般先按设计要求选定传递率，然后确定频率比 v 及阻尼比 ξ，最后算出隔振弹簧的刚度 k。

例 3.4.1　一机器安装在弹性支撑上，测得固有频率 $f_n = 12.5$ Hz，阻尼比 $\xi = 0.15$，参与振动的质量为 880 kg，已知机器转速 $N = 2\,400$ r/min 时，不平衡力的幅值为 1 470 N，求机器振动的振幅、力传递率及传到地基上的力的幅值。

解　由转速 N 及固有频率 f_n 算的频率比为

$$\nu = \frac{\theta}{\omega_n} = \frac{2\pi N}{60} \times \frac{1}{2\pi f_n} = 3.2$$

弹性支撑的刚度为

$$k = m\omega_n^2 = 880 \times (2\pi \times 12.5)^2 = 5.43 \times 10^6\ \mathrm{N}$$

于是机器振动的振幅为

$$G = \frac{P}{k} \cdot \frac{1}{\sqrt{(1-\nu^2)^2 + 4\nu^2\xi^2}} = \frac{1\,470}{5.43 \times 10^6} \cdot \frac{1}{\sqrt{(1-3.2^2)^2 + 4 \times 0.15^2 \times 3.2^2}} = 0.029\,1\ \mathrm{mm}$$

力的传递率为

$$T_f = \sqrt{\frac{1+4\nu^2\xi^2}{(1-\nu^2)^2 + 4\nu^2\xi^2}} = \sqrt{\frac{1+4 \times 0.15^2 \times 3.2^2}{(1-3.2^2)^2 + 4 \times 0.15^2 \times 3.2^2}} = 0.149$$

因此，传到地基上的力的幅值为

$$P_T = T_f P = 1\,470 \times 0.149 = 219\ \mathrm{N}$$

3.5　单自由度系统在周期载荷下的响应

假设 $P(t)$ 为一任意周期载荷，即 $P(t) = P(t + T_P)$，　T_P 为外加载荷 $P(t)$ 的周期。根据第 1 章中的分析，可以先对周期激励作谐波分析，将它分解为一系列不同频率的简谐激励，然后求出系统对各个频率的简谐激励的响应，再根据线性系统的叠加原理，将各个响应逐一叠加，即可得到系统对周期激励的响应。

通过谐波分析，将 $P(t)$ 展开成傅里叶级数：

$$P(t) = a_0 + \sum_{n=1}^{\infty} a_n \cos n\omega_p t + \sum_{n=1}^{\infty} b_n \sin n\omega_p t \tag{3-124}$$

其中，$\omega_p = \dfrac{2\pi}{T_p}$；各系数可表示为

$$a_0 = \frac{1}{T_p}\int_{-\frac{T_p}{2}}^{\frac{T_p}{2}} P(t)\,\mathrm{d}t$$

$$a_n = \frac{2}{T_p}\int_{-\frac{T_p}{2}}^{\frac{T_p}{2}} P(t)\cos n\omega_p t\,\mathrm{d}t$$

$$b_n = \frac{2}{T_p}\int_{-\frac{T_p}{2}}^{\frac{T_p}{2}} P(t)\sin n\omega_p t\,\mathrm{d}t \tag{3-125}$$

因此，对于有阻尼单自由度系统，其受周期振动的运动方程为

$$m\ddot{x} + c\dot{x} + kx = a_0 + \sum_{n=1}^{\infty} a_n \cos n\omega_p t + \sum_{n=1}^{\infty} b_n \sin n\omega_p t \tag{3-126}$$

该式的齐次解 $x_c(t)$ 为

$$x_c(t)=e^{-\xi\omega_n t}(C_1\sin\omega_d t+C_2\cos\omega_d t) \tag{3-127}$$

对于 a_0 项的非齐次解 $x'_p(t)$ 为

$$x'_p(t)=\frac{a_0}{k} \tag{3-128}$$

对于 $\sum_{n=1}^{\infty}a_n\cos n\omega_p t+\sum_{n=1}^{\infty}b_n\sin n\omega_p t$ 项的非齐次解为 $x''_p(t)$。设 $x''_p(t)=G_1\sin n\omega_p t+G_2\cos n\omega_p t$，将其代入式(3-126)，得

$$\begin{aligned}&(-mG_1n^2\omega_p^2-cG_2n\omega_p+kG_1)\sin n\omega_p t+(-mG_2n^2\omega_p^2-cG_1n\omega_p+kG_2)\cos n\omega_p t\\&=b_n\sin n\omega_p t+a_n\cos n\omega_p t\end{aligned} \tag{3-129}$$

由式(3-129)可得

$$\begin{cases}-mG_1n^2\omega_p^2-cG_2n\omega_p+kG_1=b_n\\-mG_2n^2\omega_p^2-cG_1n\omega_p+kG_2=a_n\end{cases} \tag{3-130}$$

求解得

$$\begin{cases}G_1=\dfrac{b_n(1-n^2\nu_p^2)+2a_n\xi n\nu_p}{k[(1-n^2\nu_p^2)^2+4\xi^2n^2\nu_p^2]}\\[2ex]G_2=\dfrac{a_n(1-n^2\nu_p^2)-2b_n\xi n\nu_p}{k[(1-n^2\nu_p^2)^2+4\xi^2n^2\nu_p^2]}\end{cases} \tag{3-131}$$

其中，$2\xi\omega_n=\dfrac{c}{m}$；$\nu_p=\dfrac{\omega_p}{\omega_n}$。

利用叠加原理，可得到系统的解为

$$\begin{aligned}x(t)=&\,x_c(t)+x'_p(t)+x''_p(t)=e^{-\xi\omega_n t}(C_1\sin\omega_d t+C_2\cos\omega_d t)+\\&\frac{1}{k}\left\{a_0+\sum_{n=1}^{\infty}\left[\frac{b_n(1-n^2\nu_p^2)+2a_n\xi n\nu_p}{(1-n^2\nu_p^2)^2+4\xi^2n^2\nu_p^2}\sin n\omega_p t+\frac{a_n(1-n^2\nu_p^2)-2b_n\xi n\nu_p}{(1-n^2\nu_p^2)^2+4\xi^2n^2\nu_p^2}\cos n\omega_p t\right]\right\}\end{aligned} \tag{3-132}$$

对于无阻尼体系($c=0$)，式(3-132)可化简为

$$x(t)=(C_1\sin\omega t+C_2\cos\omega t)+\frac{1}{k}\left[a_0+\sum_{n=1}^{\infty}\left(\frac{b_n}{1-n^2\nu_p^2}\sin n\omega_p t+\frac{a_n}{1-n^2\nu_p^2}\cos n\omega_p t\right)\right] \tag{3-133}$$

其中，常数 C_1 和 C_2 由初始条件决定。

例 3.5.1 设外载荷为一周期矩形波，如图 3-28 所示，试求无阻尼体系在此载荷作用下的响应。

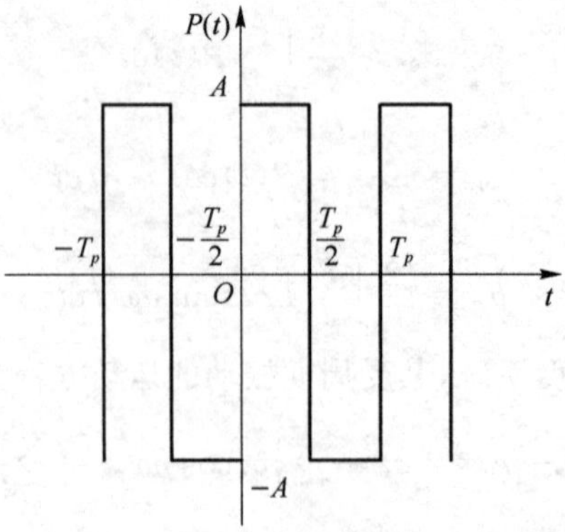

图 3-28 周期矩形波

解　外载荷可表示为

$$P(t)=\begin{cases}A & \left(0<t<\dfrac{T_p}{2}\right)\\ -A & \left(\dfrac{T_p}{2}<t<T_p\right)\end{cases}$$

由于 $P(t)$ 为奇函数，因此 $a_n=0$，则

$$P(t)=\sum_{n=1}^{\infty} b_n \sin n\omega_p t$$

其中，系数 b_n 为

$$\begin{aligned}b_n &= \frac{2}{T_p}\int_{-\frac{T_p}{2}}^{\frac{T_p}{2}} P(t)\sin n\omega_p t\,\mathrm{d}t=\frac{2}{T_p}\int_{-\frac{T_p}{2}}^{0} P(t)\sin n\omega_p t\,\mathrm{d}t+\frac{2}{T_p}\int_{0}^{\frac{T_p}{2}} P(t)\sin n\omega_p t\,\mathrm{d}t\\ &= \frac{2}{T_p}\int_{-\frac{T_p}{2}}^{0} -A\sin n\omega_p t\,\mathrm{d}t+\frac{2}{T_p}\int_{0}^{\frac{T_p}{2}} A\sin n\omega_p t\,\mathrm{d}t=\frac{4A}{n\omega_p T_p}\left(1-\cos n\omega_p \frac{T_p}{2}\right)\\ &= \begin{cases}0, & n=2,4,\cdots\\ \dfrac{4A}{n\pi}, & n=1,3,\cdots\end{cases}\end{aligned}$$

因此，外载荷为

$$P(t)=\frac{4A}{\pi}\sum_{n=1,3,\cdots}^{\infty}\frac{1}{n}\sin n\omega_p t$$

先求上式中一个分量 $\dfrac{4A}{n\pi}\sin n\omega_p t$ 的稳态解，将其代入无阻尼系统运动方程，有

$$m\ddot{x}+kx=\frac{4A}{n\pi}\sin n\omega_p t$$

令 $x=x_0\sin n\omega_p t$，并代入上式得

$$x_0=\frac{4A}{n\pi k}\cdot\frac{1}{1-n^2\nu_p^2}$$

对各分量的稳态进行叠加，得

$$x=\frac{4A}{\pi k}\cdot\sum_{n=1,3,\cdots}^{\infty}\frac{1}{n}\cdot\frac{1}{1-n^2\nu_p^2}\cdot\sin n\omega_p t$$

3.6　单自由度系统在冲击载荷作用下的响应

冲击载荷由一个单独的脉冲组成，一般来说，它的持续时间很短。对承受冲击载荷的结构来说，与承受简谐激励和周期载荷的结构相比，在控制结构的最大响应中，阻尼显得并不重要。由于结构在冲击载荷作用下，其最大响应在很短的时间内达到，阻尼力还来不及从结构吸收较多的能量。因此，本节仅讨论冲击载荷作用下单自由度系统的无阻尼响应。

3.6.1　正弦脉冲

图 3-29 所示为一个半正弦脉冲，系统在半正弦脉冲作用下，其振动过程可以分为两个阶段：阶段Ⅰ($0\leqslant t<t_1$)和阶段Ⅱ($t\geqslant t_1$)，如图 3-29 所示。因此，系统在半正弦脉冲作用下的动态响应应该分成两个阶段分别研究。

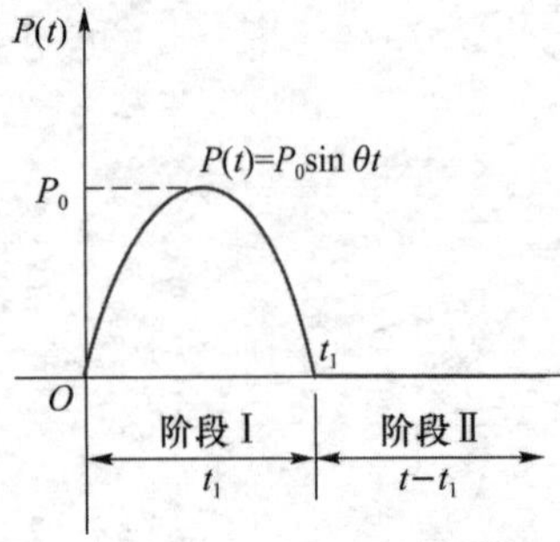

图 3-29　半正弦脉冲

对于阶段Ⅰ$(0\leqslant t<t_1)$，系统承受简谐载荷，从静止开始运动，包含瞬态和稳态的无阻尼响应。因此，根据式(3-90)可以得到

$$x(t)=\frac{P_0}{k}\cdot\frac{1}{1-\left(\frac{\theta}{\omega_n}\right)^2}\left(\sin\theta t-\frac{\theta}{\omega_n}\sin\omega_n t\right)$$

$$=\frac{P_0}{k}\cdot\frac{1}{1-\nu^2}(\sin\theta t-v\sin\omega_n t)\tag{3-134}$$

对于阶段Ⅱ$(t\geqslant t_1)$，由于没有外载荷作用在系统上，因此在阶段Ⅱ中系统做自由振动。这时的响应可用无阻尼系统自由振动来表示。注意，这时的时间坐标可用 $\bar{t}=t-t_1$ 表示，阶段Ⅱ的初始条件是阶段Ⅰ在 $t=t_1$ 的终末条件，即当 $\bar{t}=t_1$ 时，$x(t)$和$\dot{x}(t)$可由式(3-134)得到，即

$$\begin{cases}x(t_1)=\dfrac{P_0}{k}\cdot\dfrac{1}{1-\nu^2}(\sin\theta t_1-v\sin\omega_n t_1)\\ \dot{x}(t_1)=\dfrac{P_0}{k}\cdot\dfrac{\theta}{1-\nu^2}(\cos\theta t_1-\cos\omega_n t_1)\end{cases}\tag{3-135}$$

根据无阻尼单自由度系统自由振动的响应式(3-44)，在阶段Ⅱ$(t\geqslant t_1)$，即当 $\bar{t}=t-t_1\geqslant 0$ 时，系统的响应为

$$x(\bar{t})=\frac{\dot{x}(t_1)}{\omega_n}\sin\omega_n\bar{t}+x(t_1)\cos\omega_n\bar{t}\tag{3-136}$$

由于 $\theta t_1=\pi$，将式(3-135)代入式(3-136)，得

$$x(t)=-\frac{P_0}{k}\cdot\frac{\nu}{1-\nu^2}\cdot(\sin\omega_n\bar{t}+\cos\omega_n t_1\sin\omega_n\bar{t}+\sin\omega_n t_1\cos\omega_n\bar{t})\tag{3-137}$$

将 $\bar{t}=t-t_1$ 代入式(3-137)，消去 $\bar{t}$，得

$$x(t)=-\frac{P_0}{k}\cdot\frac{\nu}{1-\nu^2}\cdot[\sin\omega_n t+\sin\omega_n(t-t_1)]\tag{3-138}$$

3.6.2　矩形脉冲

图 3-30 所示为一个矩形脉冲，系统在矩形脉冲作用下，其振动过程可以分为两个阶段：阶段Ⅰ$(0\leqslant t<t_1)$和阶段Ⅱ$(t\geqslant t_1)$。因此，系统在矩形脉冲作用下的动态响应应该分成两个阶段分别研究。

对于阶段Ⅰ$(0\leqslant t<t_1)$，系统承受外载荷 P，从静止开始运动，包含瞬态和稳态的无阻尼响应。因此，根据式(3-90)可以得到

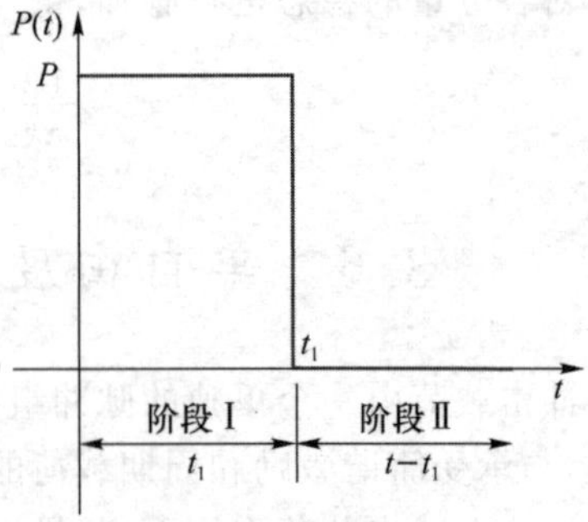

图 3-30　矩形脉冲

$$x(t)=\frac{P}{k}+A_1\sin\omega_n t+A_2\cos\omega_n t\tag{3-139}$$

对于阶段Ⅱ$(t\geqslant t_1)$，由于没有外载荷作用在系统上，因此，在阶段Ⅱ中系统做自由振动。这时的响应可用无阻尼系统自由振动来表示。注意，这时的时间坐标可用 $\bar{t}=t-t_1$ 表示，阶段Ⅱ的初始条件是阶段Ⅰ在 $t=t_1$ 的终末条件，即当 $\bar{t}=t_1$ 时，$x(t)$和$\dot{x}(t)$可由式(3-139)得到，即

$$\begin{cases} x(t_1)=\dfrac{P}{k}(1-\cos\omega_n t_1) \\ \dot{x}(t_1)=\dfrac{P}{k}\omega_n\sin\omega_n t_1 \end{cases} \tag{3-140}$$

根据无阻尼单自由度系统自由振动的响应式(3-44),在阶段Ⅱ($t\geqslant t_1$),即当 $\bar{t}=t-t_1\geqslant 0$ 时,系统的响应为

$$x(\bar{t})=\frac{\dot{x}(t_1)}{\omega_n}\sin\omega_n\bar{t}+x(t_1)\cos\omega_n\bar{t} \tag{3-141}$$

将式(3-140)代入式(3-141)中,并令 $\bar{t}=t-t_1$,消去 $\bar{t}$,得

$$x(t)=\frac{P}{k}\cdot\left[\cos\omega_n(t-t_1)-\cos\omega_n t\right] \tag{3-142}$$

3.6.3　三角形脉冲

图 3-31 所示为一个三角形脉冲,系统在三角形脉冲作用下,其振动过程可以分为两个阶段:阶段Ⅰ($0\leqslant t<t_1$)和阶段Ⅱ($t\geqslant t_1$)。因此,系统在三角形脉冲作用下的动态响应应该分成两个阶段分别研究。

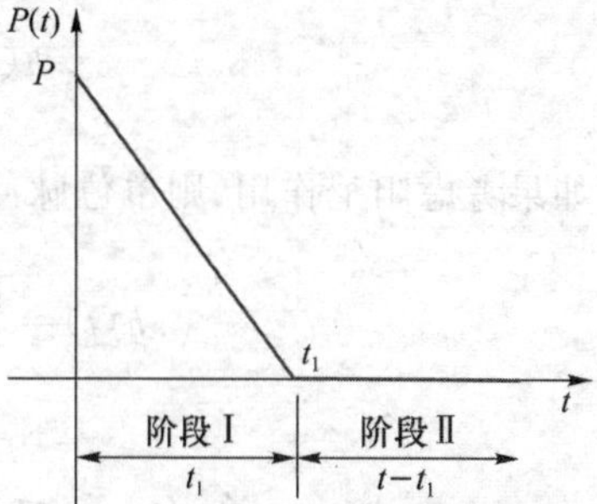

图 3-31　三角形脉冲

对于阶段Ⅰ($0\leqslant t<t_1$),系统承受外载荷 $P(t)=P\left(1-\dfrac{t}{t_1}\right)$,从静止开始运动,包含瞬态和稳态的无阻尼响应。因此,根据式(3-90)可以得到

$$x(t)=\frac{P}{k}\left(1-\frac{t}{t_1}\right)+A_1\sin\omega_n t+A_2\cos\omega_n t \tag{3-143}$$

对于阶段Ⅱ($t\geqslant t_1$),由于没有外载荷作用在系统上,因此,在阶段Ⅱ中系统做自由振动。这时的响应可用无阻尼系统自由振动来表示。注意,这时的时间坐标可用 $\bar{t}=t-t_1$ 表示,阶段Ⅱ的初始条件是阶段Ⅰ在 $t=t_1$ 的终末条件,即当 $\bar{t}=t_1$ 时,$x(t)$和$\dot{x}(t)$可由式(3-143)得到,即

$$\begin{cases} x(t_1)=\dfrac{P}{k\omega_n t_1}(\sin\omega_n t_1-\omega_n t_1\cos\omega_n t_1) \\ \dot{x}(t_1)=\dfrac{P}{k\omega_n t_1}(\omega_n\cos\omega_n t_1+\omega_n^2 t_1\sin\omega_n t_1-\omega_n) \end{cases} \tag{3-144}$$

根据无阻尼单自由度系统自由振动的响应式(3-44),在阶段Ⅱ($t\geqslant t_1$),即当 $\bar{t}=t-t_1\geqslant 0$ 时,消去 $\bar{t}$,系统的响应为

$$x(t)=\frac{P}{k}\left[\frac{\sin\omega_n t-\sin\omega_n(t-t_1)}{\omega_n t_1}-\cos\omega_n t\right] \tag{3-145}$$

3.6.4　单位脉冲

在 $t=0$ 的瞬间施加一个单位脉冲载荷 $P(t)$且趋于无穷大,即$\lim\limits_{\Delta t\to 0}P(t)\Delta t=1$。无阻尼单自由度系统的运动方程可写为

$$v=\dot{x}(t)=\frac{1}{m}\int_0^{t_1}\left[P(t)-kx(t)\right]\mathrm{d}t \tag{3-146}$$

无阻尼单自由度系统自由振动的解为

$$x(\bar{t})=\frac{\dot{x}(t_1)}{\omega_n}\sin\omega_n\bar{t}+x(t_1)\cos\omega_n\bar{t} \tag{3-147}$$

由于加载的突变载荷，速度的影响比位移大，因此位移影响可以忽略。故，式(3-147)可化简为

$$x(\bar{t})=\frac{\dot{x}(t_1)}{\omega_n}\sin\omega_n\bar{t}=\frac{1}{m\omega_n}\left[\int_0^{t_1}P(t)\,\mathrm{d}t\right]\sin\omega_n(t-t_1) \tag{3-148}$$

由于 $\int_0^{t_1}P(t)\,\mathrm{d}t=\lim\limits_{\Delta t\to 0}P(t)\Delta t=1$，因此得

$$x(t)=\frac{1}{m\omega_n}\sin\omega_n(t) \tag{3-149}$$

其中，$x(t)$为无阻尼系统的单位脉冲响应函数，一般用$h(t)$来表示，即

$$h(t)=\begin{cases}\dfrac{1}{m\omega_n}\sin\omega_n(t) & t\geqslant 0\\ 0 & t<0\end{cases} \tag{3-150}$$

如果考虑阻尼作用，则单位脉冲响应函数可表示为

$$h(t)=\begin{cases}\dfrac{1}{m\omega_d}\cdot e^{-\xi\omega_n t}\cdot\sin\omega_d(t) & t\geqslant 0\\ 0 & t<0\end{cases} \tag{3-151}$$

3.7 单自由度系统在一般激励作用下的响应

3.7.1 δ函数

通常把单位脉冲用δ函数表示，δ函数的性质如下：

① $\delta(t)=\begin{cases}\infty, & t=0\\ 0, & t\neq 0\end{cases}$，如图 3-32(a)所示。

② $\int_{-\infty}^{+\infty}\delta(t)\,\mathrm{d}t=1$。

③ δ函数为偶函数，满足 $\delta(-t)=\delta(t)$。

④ 由于$\int_{-\infty}^{+\infty}\delta(t)\,\mathrm{d}t=\begin{cases}0, & t<0\\ 1, & t>0\end{cases}$，因此，δ函数可以看作单位阶跃函数$f(t)$(图 3-32(b))的导数。当单位冲击发生在 $t=\tau$ 处时，δ函数可表示为$\int_{-\infty}^{+\infty}\delta(t-\tau)\,\mathrm{d}t=\begin{cases}0, & t\neq\tau\\ 1, & t=\tau\end{cases}$。

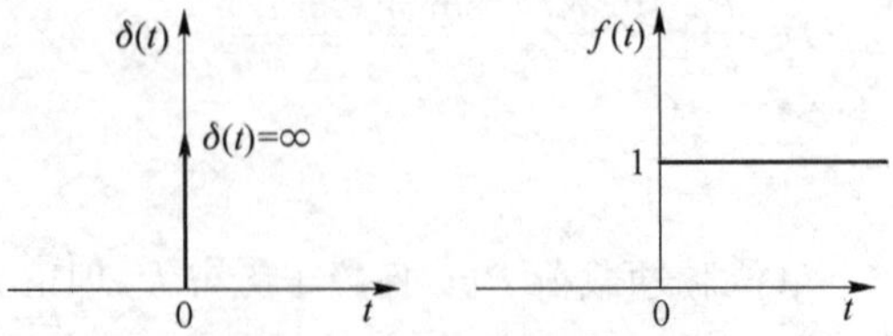

(a) δ函数　　(b) 单位阶跃函数

图 3-32　δ函数和单位阶跃函数

3.7.2　一般激励作用下的响应

定义函数 $h(t)$ 是以 $\delta(t)$ 函数形式出现的响应，用算子 L 表示为 $L[h(t)]=\delta(t)$，其中，函数 $h(t)$ 为基本解。根据 δ 函数的性质，有

$$\begin{cases}\delta(t-\tau)=\begin{cases}0, & t\neq\tau\\ \infty, & t=\tau\end{cases}\\ p(t)=\int_{-\infty}^{+\infty}p(\tau)\delta(t-\tau)\mathrm{d}\tau\end{cases}\tag{3-152}$$

式(3-152)可写为

$$p(t)=\int_{-\infty}^{+\infty}p(\tau)L[h(t-\tau)]\mathrm{d}\tau=L\left[\int_{-\infty}^{+\infty}p(\tau)h(t-\tau)\mathrm{d}\tau\right]\tag{3-153}$$

根据线性算子 $L[h(t)]=\delta(t)$，得

$$x(t)=\int_{-\infty}^{+\infty}p(\tau)h(t-\tau)\mathrm{d}\tau=\int_0^t p(\tau)h(t-\tau)\mathrm{d}\tau\tag{3-154}$$

令 $t-\tau=u$，则 $\tau=t-u$，$\mathrm{d}\tau=-\mathrm{d}u$，于是有

$$x(t)=\int_0^t p(\tau)h(t-\tau)\mathrm{d}\tau=-\int_t^0 p(t-u)h(u)\mathrm{d}u=\int_0^t p(t-u)h(u)\mathrm{d}u\tag{3-155}$$

将式(3-155)中的 u 换成 τ，得

$$x(t)=\int_0^t p(t-\tau)h(\tau)\mathrm{d}\tau\tag{3-156}$$

因此，

$$x(t)=\int_0^t p(\tau)h(t-\tau)\mathrm{d}\tau=\int_0^t p(t-\tau)h(\tau)\mathrm{d}\tau=p(t)\times h(t)\tag{3-157}$$

式(3-157)称为 Duhamel 积分，表示响应 $x(t)$ 就是激励力 $p(t)$ 与单位脉冲响应函数的卷积。将有阻尼单自由度的单位脉冲函数 $h(t-\tau)$ 代入式(3-157)，得

$$x(t)=\frac{1}{m\omega_d}\int_0^t p(\tau)\cdot \mathrm{e}^{-\xi\omega_n(t-\tau)}\cdot\sin\omega_d(t-\tau)\mathrm{d}\tau\tag{3-158}$$

例 3.7.1　如图 3-33 所示，试求系统在单位阶跃激振力作用下的响应。

解　单位阶跃激振力可表示为

$$p(t)=u(t)=\begin{cases}0, & t<0\\ 1, & t\geqslant 0\end{cases}$$

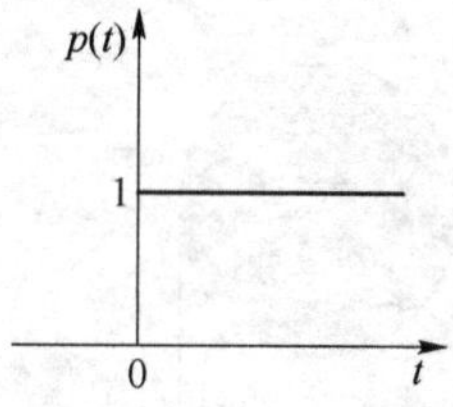

图 3-33　单位阶跃激振力

在时间 $t=0$ 时，初始位移和初始速度都为 0，则

$$x(t)=\frac{1}{m\omega_d}\int_0^t \mathrm{e}^{-\xi\omega_n(t-\tau)}\cdot\sin\omega_d(t-\tau)\mathrm{d}\tau$$

令 $t-\tau=u$，则 $\tau=t-u$，　$\mathrm{d}\tau=-\mathrm{d}u$，于是有

$$x(t)=-\frac{1}{m\omega_d}\int_t^0 \mathrm{e}^{-\xi\omega_n u}\cdot\sin\omega_d u\,\mathrm{d}u$$

将上式中的 u 换成 τ，得

$$x(t)=\frac{1}{m\omega_d}\int_0^t \mathrm{e}^{-\xi\omega_n\tau}\cdot\sin\omega_d\tau\,\mathrm{d}\tau$$

求解 $x(t)$，得

$$x(t)=\frac{1}{m\omega_d}\int_0^t \mathrm{e}^{-\xi\omega_n\tau}\cdot\sin\omega_d\tau\,\mathrm{d}\tau=\frac{1}{2\mathrm{i}m\omega_d}\int_0^t \mathrm{e}^{-\xi\omega_n\tau}\cdot(\mathrm{e}^{\mathrm{i}\omega_d\tau}-\mathrm{e}^{-\mathrm{i}\omega_d\tau})\mathrm{d}\tau$$

$$
\begin{aligned}
&= \frac{1}{2\mathrm{i}m\omega_d}\left[\int_0^t \mathrm{e}^{(-\xi\omega_n+\mathrm{i}\omega_d)\tau}\mathrm{d}\tau - \mathrm{e}^{(-\xi\omega_n-\mathrm{i}\omega_d)\tau}\mathrm{d}\tau\right] \\
&= \frac{1}{2\mathrm{i}m\omega_d}\left[\frac{\mathrm{e}^{(-\xi\omega_n+\mathrm{i}\omega_d)t}-1}{-\xi\omega_n+\mathrm{i}\omega_d} - \frac{\mathrm{e}^{(-\xi\omega_n-\mathrm{i}\omega_d)t}-1}{-\xi\omega_n-\mathrm{i}\omega_d}\right] \\
&= \frac{1}{2\mathrm{i}\omega_d k}\left[2\mathrm{i}\omega_d - 2\mathrm{i}\omega_d\mathrm{e}^{-\xi\omega_n t}\left(\frac{\xi\omega_n}{\omega_d}\sin\omega_d t + \cos\omega_d t\right)\right] \\
&= \frac{1}{k}\left[1 - \mathrm{e}^{-\xi\omega_n t}\left(\frac{\xi\omega_n}{\omega_d}\sin\omega_d t + \cos\omega_d t\right)\right]
\end{aligned}
$$

系统在单位阶跃激振力作用下的响应如图 3-34 所示。

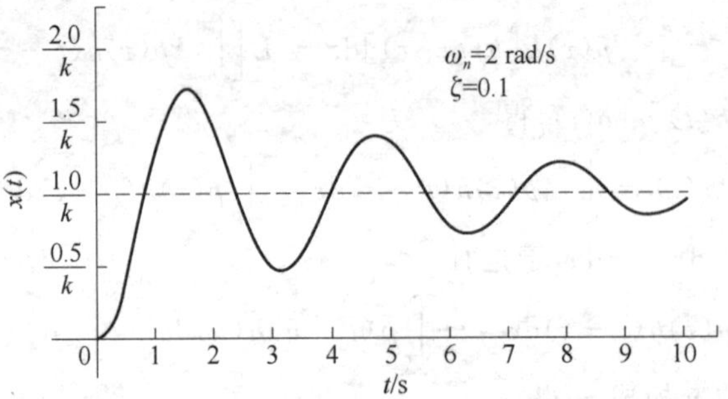

图 3-34　单位阶跃激振力作用下的响应曲线

本章习题

3.1　如图 3-35 所示的提升系统中，物体重 $W=1.47\times10^5$ N，钢丝绳的弹性刚度 $k=5.78\times10^4$ N/cm，以 $v=15$ m/min 的速度匀速下降。试求绳的上端突然被卡住时重物的振动频率、振动规律及钢丝绳中的最大张力。

3.2　如图 3-36 所示，一重 mg 的圆柱体，其半径为 r，在一半径为 R 的弧面上做微小的无滑纯滚动（θ 很小，可认为 $\sin\theta\approx\theta$），求在平衡位置附近做微振动的固有频率。

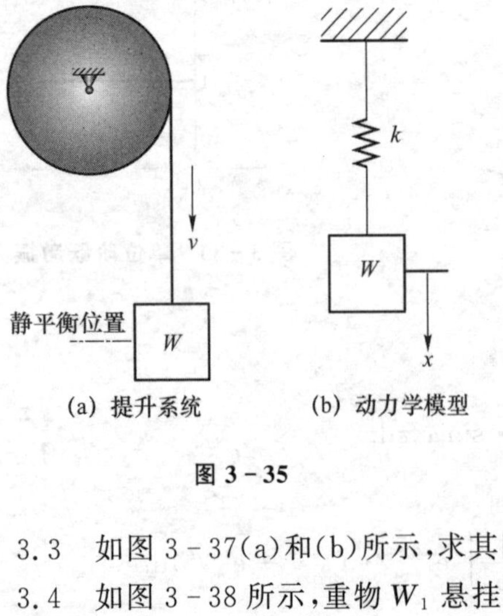

(a) 提升系统　　(b) 动力学模型

图 3-35

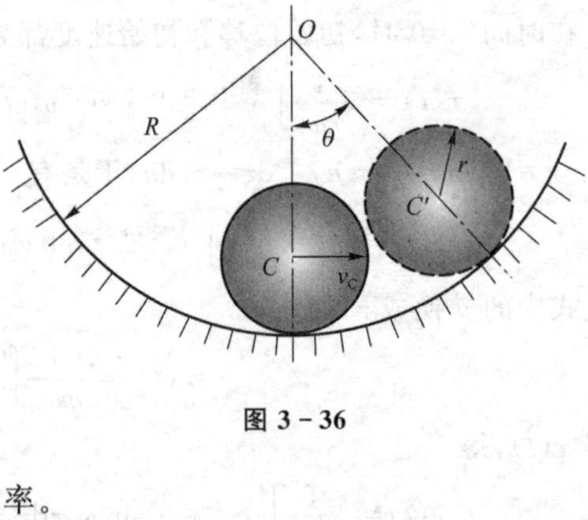

图 3-36

3.3　如图 3-37(a)和(b)所示，求其固有频率。

3.4　如图 3-38 所示，重物 W_1 悬挂在刚度为 k 的弹簧上并处于静止平衡，另一重物 W_2

从高度 h 处自由下落到 W_1 上且无弹跳。试求 W_2 下降的最大距离和两物体碰撞后的运动规律。

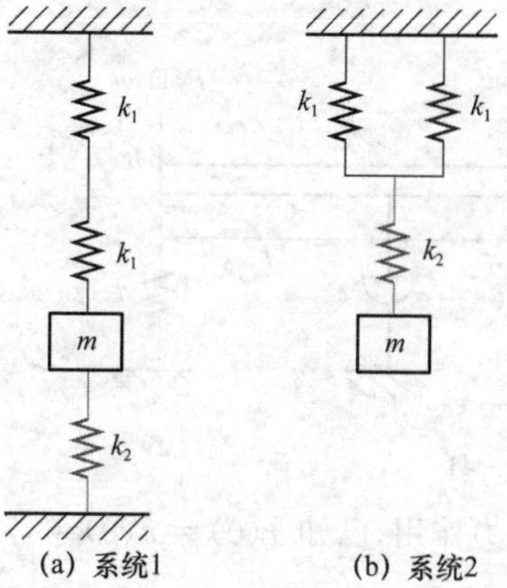

图 3-37

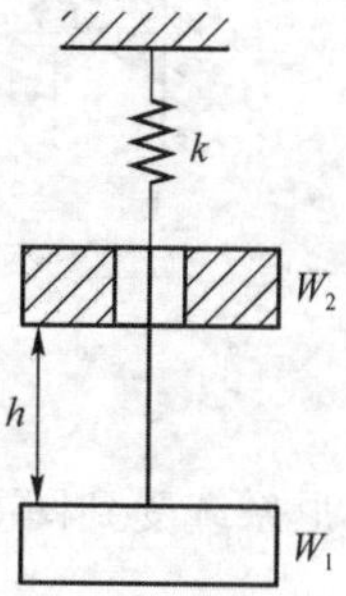

图 3-38

3.5　如图 3-39 所示，一质量为 m 的小球连接在一刚性杆上，杆的质量忽略不计，求下列情况系统做垂直振动的固有频率。

① 振动过程中杆被约束保持水平位置；

② 杆可以在铅锤平面内微幅振动；

③ 比较上述两种情况中哪种的固有频率较高，并说明理由。

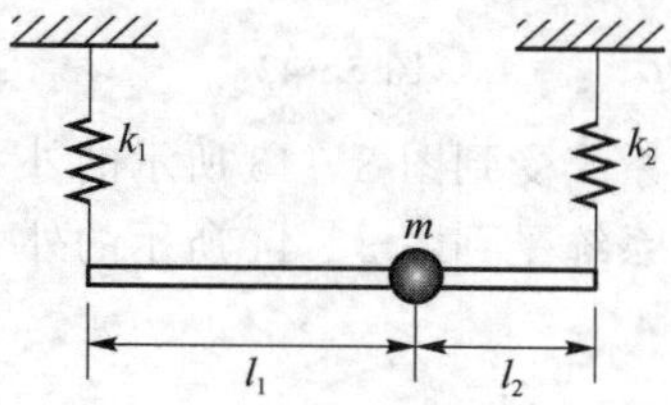

图 3-39

3.6　由实验测得一个系统的阻尼固有频率为 ω_d，在简谐激振力作用下出现最大位移值的激振频率为 ω_m，求系统的无阻尼固有频率 ω_n、阻尼比 ξ 及对数衰减率 λ。

3.7　已知系统的弹簧刚度为 $k=800$ N/m，弹簧自由振动时的阻尼振动周期为 1.8 s，相邻两振幅的比值为 $\dfrac{x_i}{x_{i+1}}=\dfrac{4.2}{1}$，若质量块受激振力 $P(t)=360\cos 3t$ N 的作用，求系统的响应。

3.8　如图 3-40 所示，作用在质量块 m 上的激振力为 $F(t)=F_0\sin\omega t$，弹簧支撑端的运动方程为 $x_s=a\cos\omega t$，写出系统的运动微分方程，并求稳态响应。

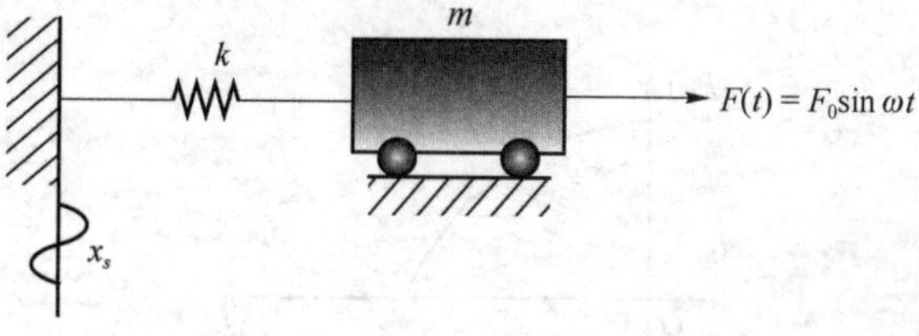

图 3-40

3.9　如图 3-41 所示的系统，刚性杆 AB 的质量忽略不计，B 端作用有激振力 $F_0\sin\omega t$，写出系统的运动微分方程，并求下列情况中质量 m 上下振动时的振幅值：(1) 系统发生共振；(2) ω 等于固有频率 ω_n 的一半。

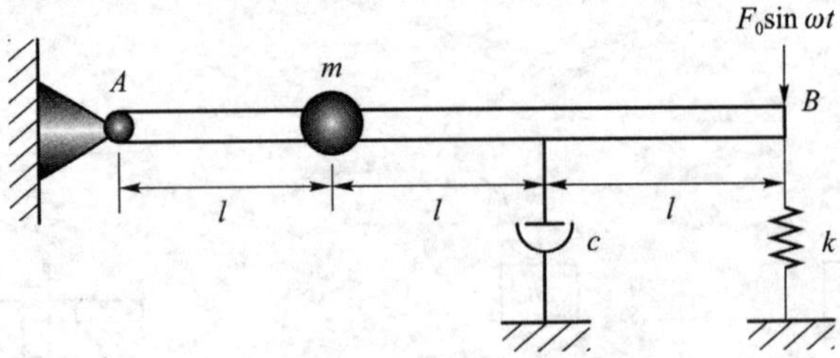

图 3-41

3.10　无阻尼系统受到图 3-42 所示的外力作用，已知 $x(0)=\dot{x}(0)=0$，求系统响应。

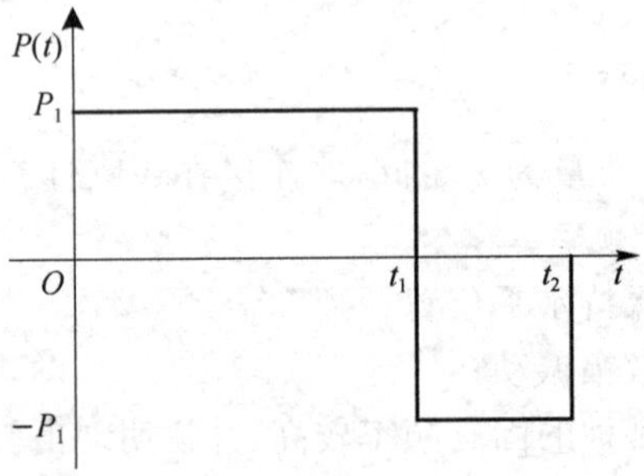

图 3-42

3.11　零初始条件的无阻尼系统受到图 3-43 所示的外力作用，求系统响应。

3.12　零初始条件的无阻尼系统受到图 3-44 所示的外力作用，求系统响应。

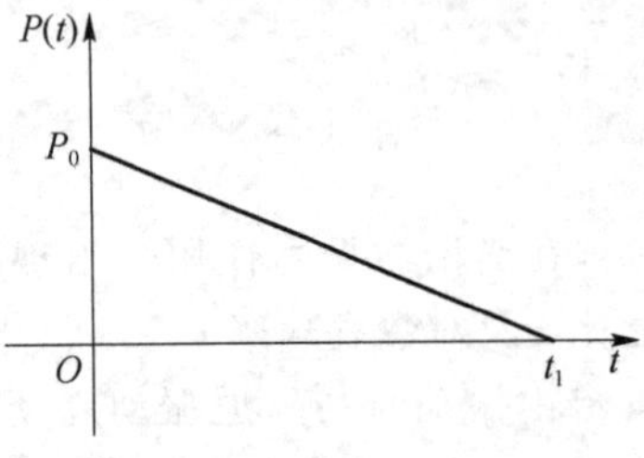

图 3-43

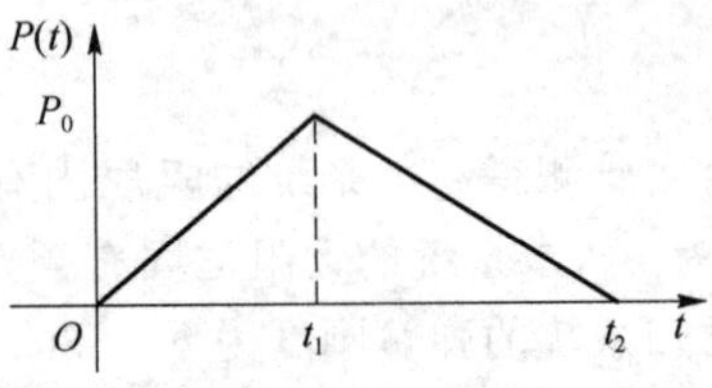

图 3-44

3.13　求无阻尼系统受到图 3-45 所示的抛物型外力 $P(t)=P_0\left(1-\frac{t^2}{t_1^2}\right)$作用的响应，已知 $x(0)=\dot{x}(0)=0$。

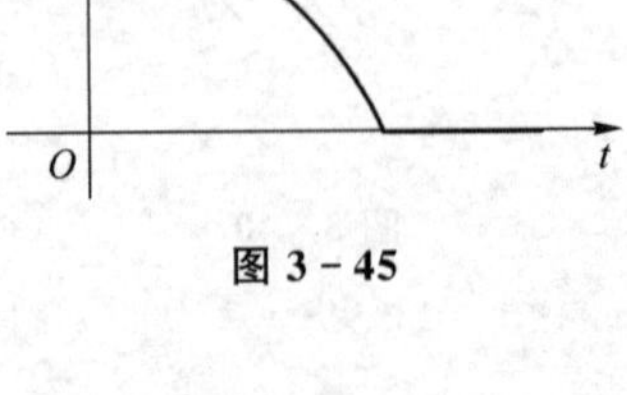

图 3-45

第4章 多自由度系统的振动

飞行器上较复杂的动力学问题多数需要用多自由度系统的振动理论来解决。多自由度系统指自由度大于1的系统。一个具有 n 个自由度的系统，它在任一时刻的运动形态要用 n 个独立的广义坐标来描述，该多自由度系统的运动微分方程一般是 n 个互相耦合的二阶常系数微分方程组构成。对 n 个自由度的无阻尼系统而言，其具有 n 个固有频率，当系统按照任意一个固有频率做自由振动时，系统的运动是一种同步运动，称为主振动。系统做主振动时所具有的振动形态称为主振型或模态。双自由度系统是多自由度系统最简单的情况，因此，本章从双自由度系统开始介绍，然后过渡到多自由度系统上。

4.1 双自由度系统的振动微分方程

如果某一系统在任一时刻的运动形态要用两个独立的广义坐标来描述，如图 4-1(a)所示，则该系统为双自由度系统。假设系统的两个独立坐标表示为 $x_1(t)$ 和 $x_2(t)$，它们分别表示质量体 m_1 和 m_2 离开各自静平衡位置的绝对位移，并且两个质量体分别受到激振力 $P_1(t)$ 和 $P_2(t)$ 的作用。

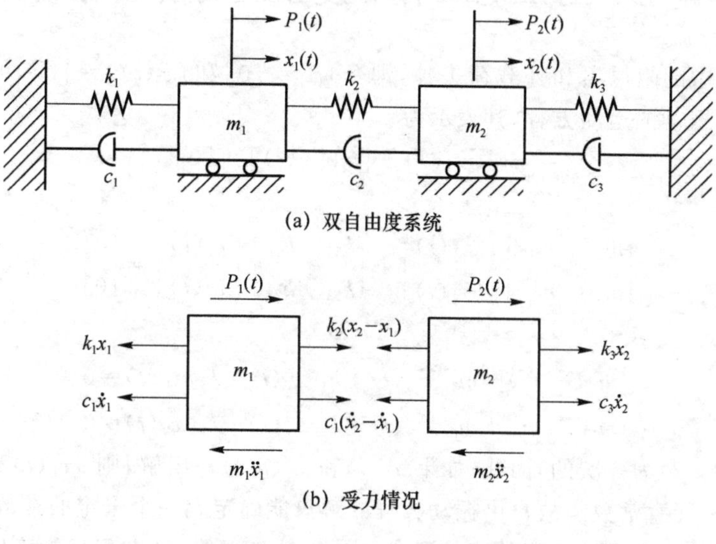

图 4-1 双自由度系统和受力情况

该双自由度系统的受力如图 4-1(b)所示，根据达朗贝尔原理，列平衡方程，有

$$\begin{cases}P_1(t)+k_2(x_2-x_1)-k_1x_1+c_2(\dot{x}_2-\dot{x}_1)-c_1\dot{x}_1-m_1\ddot{x}_1=0\\P_2(t)-k_3x_2-k_2(x_2-x_1)-c_2(\dot{x}_2-\dot{x}_1)-c_3\dot{x}_2-m_2\ddot{x}_2=0\end{cases}\tag{4-1}$$

化简得

$$
\begin{cases}m_1\ddot{x}_1+(c_1+c_2)\dot{x}_1-c_2\dot{x}_2+(k_1+k_2)x_1-k_2x_2=P_1(t)\\m_2\ddot{x}_2-c_2\dot{x}_1+(c_2+c_3)\dot{x}_2-k_2x_1+(k_2+k_3)x_2=P_2(t)\end{cases}\tag{4-2}
$$

写成矩阵形式为

$$
\begin{bmatrix}m_1&0\\0&m_2\end{bmatrix}\begin{bmatrix}\ddot{x}_1\\\ddot{x}_2\end{bmatrix}+\begin{bmatrix}c_1+c_2&-c_2\\-c_2&c_2+c_3\end{bmatrix}\begin{bmatrix}\dot{x}_1\\\dot{x}_2\end{bmatrix}+\begin{bmatrix}k_1+k_2&-k_2\\-k_2&k_2+k_3\end{bmatrix}\begin{bmatrix}x_1\\x_2\end{bmatrix}=\begin{bmatrix}P_1(t)\\P_2(t)\end{bmatrix}\tag{4-3}
$$

式中，$\begin{bmatrix}m_1&0\\0&m_2\end{bmatrix}=\begin{bmatrix}m_{11}&m_{12}\\m_{21}&m_{22}\end{bmatrix}=[m]$为质量矩阵；$\begin{bmatrix}c_1+c_2&-c_2\\-c_2&c_2+c_3\end{bmatrix}=\begin{bmatrix}c_{11}&c_{12}\\c_{21}&c_{22}\end{bmatrix}=[c]$为阻尼矩阵；$\begin{bmatrix}k_1+k_2&-k_2\\-k_2&k_2+k_3\end{bmatrix}=\begin{bmatrix}k_{11}&k_{12}\\k_{21}&k_{22}\end{bmatrix}=[k]$为刚度矩阵；$\begin{bmatrix}x_1(t)\\x_2(t)\end{bmatrix}=[x(t)]$为位移列矢量；$\begin{bmatrix}P_1(t)\\P_2(t)\end{bmatrix}=[P(t)]$为载荷列矢量。则双自由度系统的振动微分方程的矩阵表达形式为

$$
[m][\ddot{x}(t)]+[c][\dot{x}(t)]+[k][x(t)]=[P(t)]\tag{4-4}
$$

其中，$[m]=[m]^{\mathrm{T}}$、$[c]=[c]^{\mathrm{T}}$、$[k]=[k]^{\mathrm{T}}$都为对称矩阵，矩阵中的非对角元素起到了耦合的作用。如果耦合项含有广义加速度，则说明是惯性力耦合，此时系统的质量矩阵$[m]$为非对角矩阵，这种情况称为惯性耦合或动力耦合。如果广义刚度矩阵$[k]$为非对角矩阵，耦合项为弹性力项，这种情况称为弹性耦合或静耦合。如果$[m]$、$[c]$、$[k]$均为对角矩阵，则方程(4-3)解耦，此时其求解方法和单自由度系统相同。

4.2 无阻尼双自由度系统的自由振动

将式(4-4)中的阻尼项和外载荷去掉，即令$[c]=[0]$和$[P(t)]=[0]$，可得到无阻尼双自由度系统自由振动的运动方程，其表示为

$$
[m][\ddot{x}(t)]+[k][x(t)]=[0]\tag{4-5}
$$

或

$$
\begin{bmatrix}m_{11}&m_{12}\\m_{21}&m_{22}\end{bmatrix}\begin{bmatrix}\ddot{x}_1(t)\\\ddot{x}_2(t)\end{bmatrix}+\begin{bmatrix}k_{11}&k_{12}\\k_{21}&k_{22}\end{bmatrix}\begin{bmatrix}x_1(t)\\x_2(t)\end{bmatrix}=\begin{bmatrix}0\\0\end{bmatrix}\tag{4-6}
$$

展开得

$$
\begin{cases}m_{11}\ddot{x}_1(t)+m_{12}\ddot{x}_2(t)+k_{11}x_1(t)+k_{12}x_2(t)=0\\m_{21}\ddot{x}_1(t)+m_{22}\ddot{x}_2(t)+k_{21}x_1(t)+k_{22}x_2(t)=0\end{cases}\tag{4-7}
$$

由于方程(4-7)为齐次的，因此，如果$x_1(t)$和$x_2(t)$为一组解，则$\alpha x_1(t)$和$\alpha x_2(t)$也是一组解，这里α为一任意常数。故自由振动方程的解只能确定到一个未定的常数乘子。因此，无阻尼双自由度系统自由振动方程的解的形式总是成对出现的，且方程只能确定两个解的比例为任意常数。

4.2.1 模态(振型)和频率

下面来找出一组特殊的解$x_1(t)$和$x_2(t)$，要求$x_1(t)$和$x_2(t)$为相互同步，即要求$x_1(t)/x_2(t)$与时间无关。

假设$x_1(t)=A_1f(t)$和$x_2(t)=A_2f(t)$，并代入式(4-7)，得

$$-\frac{\ddot{f}(t)}{f(t)}=\frac{k_{11}A_1+k_{12}A_2}{m_{11}A_1+m_{12}A_2}=\frac{k_{21}A_1+k_{22}A_2}{m_{21}A_1+m_{22}A_2}=\lambda \tag{4-8}$$

由式(4-8)得

$$\ddot{f}(t)+\lambda f(t)=0 \tag{4-9a}$$

$$(k_{11}-\lambda m_{11})A_1+(k_{12}-\lambda m_{12})A_2=0 \tag{4-9b}$$

$$(k_{21}-\lambda m_{21})A_1+(k_{22}-\lambda m_{22})A_2=0 \tag{4-9c}$$

其中,λ 为不仅为实数而且为正数,证明如下:

设 $f(t)=Ae^{st}$,并代入式(4-9a),则有 $s=\pm\sqrt{-\lambda}$,因此式(4-9a)的解为

$$f(t)=C_1e^{\sqrt{-\lambda}t}+C_2e^{-\sqrt{-\lambda}t} \tag{4-10}$$

如果 $\lambda=\alpha+i\beta$,将其代入式(4-9a),得 $\beta=0$,因此 λ 为实数。如果 λ 为负数,则 $\sqrt{-\lambda}$为正实数,此时当 $t\to\infty$时,式(4-10)中的第一项趋于无穷大,第二项趋于零。因为系统是保守的,运动既不能消失也不能趋于无穷,所以 λ 为负值没有意义。因此,λ 必须为正实数。

式(4-9a)的解为

$$f(t)=(C_1+C_2)\cos\omega t+i(C_1-C_2)\sin\omega t \tag{4-11}$$

设 $C_1+C_2=C^*\sin\varphi,i(C_1-C_2)=C^*\cos\varphi$,将其代入式(4-11),得

$$f(t)=C^*\cos\omega t\sin\varphi+C^*\sin\omega t\cos\varphi=C^*\sin(\omega t+\varphi) \tag{4-12}$$

其中,$f(t)$为简谐函数;C^* 为任意常数;ω 为圆频率;φ 为相位角。因此,假设式(4-9a)的振动方程的解为

$$x_1(t)=A_1\sin(\omega t+\varphi),\quad x_2(t)=A_2\sin(\omega t+\varphi) \tag{4-13}$$

将 $\lambda=\omega^2$ 代入式(4-9b)和式(4-9c),得

$$\begin{cases}(k_{11}-\omega^2m_{11})A_1+(k_{12}-\omega^2m_{12})A_2=0\\(k_{21}-\omega^2m_{21})A_1+(k_{22}-\omega^2m_{22})A_2=0\end{cases} \tag{4-14}$$

由于 $m_{12}=m_{21}=0,m_{11}=m_1,m_{22}=m_2$,式(4-14)化简为

$$\begin{cases}(k_{11}-\omega^2m_1)A_1+k_{12}A_2=0\\k_{21}A_1+(k_{22}-\omega^2m_2)A_2=0\end{cases} \tag{4-15}$$

式(4-15)写成矩阵形式为

$$\begin{bmatrix}k_{11}-\omega^2m_1 & k_{12}\\k_{21} & k_{22}-\omega^2m_2\end{bmatrix}\begin{bmatrix}A_1\\A_2\end{bmatrix}=\begin{bmatrix}0\\0\end{bmatrix} \tag{4-16}$$

式(4-16)称为模态方程,想要得到该方程的非零解,则必须满足

$$\Delta(\omega^2)=\begin{vmatrix}k_{11}-\omega^2m_1 & k_{12}\\k_{21} & k_{22}-\omega^2m_2\end{vmatrix}=0 \tag{4-17}$$

式(4-17)称为频率方程,将其展开,且令 $k_{12}=k_{21}$,则有

$$\left.\begin{matrix}\omega_1^2\\ \omega_2^2\end{matrix}\right\}=\frac{1}{2}\frac{m_1k_{22}+m_2k_{11}}{m_1m_2}\mp\frac{1}{2}\sqrt{\left(\frac{m_1k_{22}+m_2k_{11}}{m_1m_2}\right)^2-4\frac{k_{11}k_{22}-k_{12}^2}{m_1m_2}} \tag{4-18}$$

由式(4-18)可以看出,ω_1^2 和 ω_2^2 都是正实根。频率方程只有两个频率模态(振型),因此在这两个模态体系下的运动是同步简谐的。与这两个模态相对应的频率为 ω_1 和 ω_2。ω_1 表示第一阶固有频率;ω_2 表示第二阶固有频率,且满足 $0<\omega_1^2<\omega_2^2$。

现设与 ω_1^2 对应的模态用 A_{11} 和 A_{21} 表示,与 ω_2^2 对应的模态用 A_{12} 和 A_{22} 表示。第一个脚标

与 m_1 和 m_2 相对应，第二个脚标表示模态号码。由于模态方程是齐次的，因此 A_{11}/A_{21} 和 A_{12}/A_{22} 只有相对关系。

故，模态方程的矩阵形式可写为

$$\begin{bmatrix} k_{11}-\omega^2 m_1 & k_{12} \\ k_{21} & k_{22}-\omega^2 m_2 \end{bmatrix}\begin{bmatrix} A_{11} & A_{12} \\ A_{21} & A_{22} \end{bmatrix}=\begin{bmatrix} 0 & 0 \\ 0 & 0 \end{bmatrix} \tag{4-19}$$

或

$$([k]-\omega^2[m])[\phi]=[0] \tag{4-20}$$

根据模态方程可得

$$\begin{cases} \rho_{21}=\dfrac{A_{21}}{A_{11}}=-\dfrac{k_{11}-\omega_1^2 m_1}{k_{12}}=-\dfrac{k_{21}}{k_{22}-\omega_1^2 m_2} \\ \rho_{22}=\dfrac{A_{22}}{A_{12}}=-\dfrac{k_{21}}{k_{22}-\omega_2^2 m_2}=-\dfrac{k_{11}-\omega_2^2 m_1}{k_{12}} \end{cases} \tag{4-21}$$

其中，ρ_{21} 和 ρ_{22} 称为振幅比。

于是，系统的模态矢量可表示为

$$\begin{cases} \{\phi_1\}=\begin{bmatrix} A_{11} \\ A_{21} \end{bmatrix}=A_{11}\begin{bmatrix} 1 \\ \rho_{21} \end{bmatrix} \\ \{\phi_2\}=\begin{bmatrix} A_{12} \\ A_{22} \end{bmatrix}=A_{12}\begin{bmatrix} 1 \\ \rho_{22} \end{bmatrix} \end{cases} \tag{4-22}$$

对应于第一阶固有频率的主振型为

$$\begin{bmatrix} x_{11}(t) \\ x_{21}(t) \end{bmatrix}=\begin{bmatrix} A_{11} \\ A_{21} \end{bmatrix}\sin(\omega_1 t+\varphi_1) \tag{4-23}$$

对应于第二阶固有频率的主振型为

$$\begin{bmatrix} x_{12}(t) \\ x_{22}(t) \end{bmatrix}=\begin{bmatrix} A_{12} \\ A_{22} \end{bmatrix}\sin(\omega_2 t+\varphi_2) \tag{4-24}$$

因此，将振幅比引入式(4-23)和式(4-24)中，可使其中一个振幅为1，以利于观察与比较主振型，这种处理方法称为正规化措施。根据叠加原理，双自由度系统的自由振动可表示为

$$\begin{aligned} \begin{bmatrix} x_1(t) \\ x_2(t) \end{bmatrix} &= \begin{bmatrix} x_{11}(t) \\ x_{21}(t) \end{bmatrix}+\begin{bmatrix} x_{12}(t) \\ x_{22}(t) \end{bmatrix}=\begin{bmatrix} A_{11} \\ A_{21} \end{bmatrix}\sin(\omega_1 t+\varphi_1)+\begin{bmatrix} A_{12} \\ A_{22} \end{bmatrix}\sin(\omega_2 t+\varphi_2) \\ &= \begin{bmatrix} A_{11}\sin(\omega_1 t+\varphi_1)+A_{12}\sin(\omega_2 t+\varphi_2) \\ A_{21}\sin(\omega_1 t+\varphi_1)+A_{22}\sin(\omega_2 t+\varphi_2) \end{bmatrix} \\ &= \begin{bmatrix} 1 & 1 \\ \rho_{21} & \rho_{22} \end{bmatrix}\begin{bmatrix} A_{11}\sin(\omega_1 t+\varphi_1) \\ A_{12}\sin(\omega_2 t+\varphi_2) \end{bmatrix} \end{aligned} \tag{4-25}$$

或写成

$$\begin{bmatrix} x_1(t) \\ x_2(t) \end{bmatrix}=[\{\phi_1\} \quad \{\phi_2\}]\begin{bmatrix} A_{11}\sin(\omega_1 t+\varphi_1) \\ A_{12}\sin(\omega_2 t+\varphi_2) \end{bmatrix}=[\{\phi_1\} \quad \{\phi_2\}]\begin{bmatrix} q_1(t) \\ q_2(t) \end{bmatrix} \tag{4-26}$$

其中，四个待定常数 A_{11}、A_{12}、φ_1 和 φ_2 由初始条件决定；$[\phi]=[\{\phi_1\} \quad \{\phi_2\}]=\begin{bmatrix} A_{11} & A_{12} \\ A_{21} & A_{22} \end{bmatrix}$ 为模态矩阵或振型矩阵，它是各阶主振型按列排列而成的；$[q(t)]=\begin{bmatrix} q_1(t) \\ q_2(t) \end{bmatrix}=\begin{bmatrix} A_{11}\sin(\omega_1 t+\varphi_1) \\ A_{12}\sin(\omega_2 t+\varphi_2) \end{bmatrix}$ 为广义位移列矢量。

例 4.2.1　如图 4-2 所示,试求图中双自由度系统的固有频率、正规化模态向量和正规化模态矩阵。

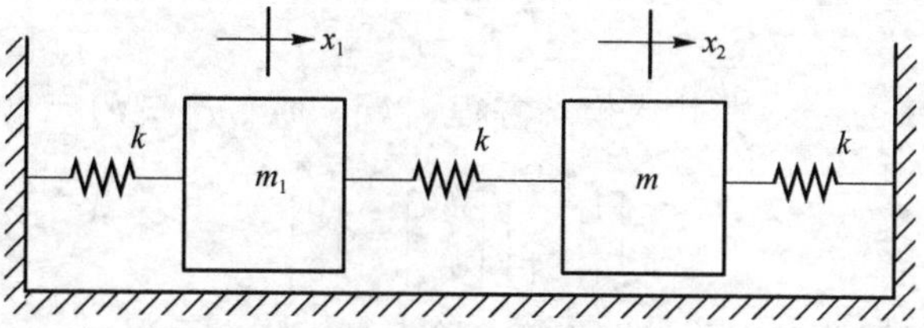

图 4-2　双自由度系统

解　质量矩阵和刚度矩阵分别为

$$[m]=\begin{bmatrix} m & 0 \\ 0 & m \end{bmatrix},\quad [k]=\begin{bmatrix} 2k & -k \\ -k & 2k \end{bmatrix}$$

将其代入频率方程,有

$$\begin{vmatrix} k_{11}-\omega^2 m_1 & k_{12} \\ k_{21} & k_{22}-\omega^2 m_2 \end{vmatrix}=0$$

计算得到双自由度系统的固有频率为

$$\omega_1=\sqrt{\frac{k}{m}},\quad \omega_2=\sqrt{\frac{3k}{m}}$$

将质量矩阵和刚度矩阵代入模态方程式(4-20),得

$$\rho_{21}=\frac{A_{21}}{A_{11}}=\frac{k}{2k-k}=1$$

$$\rho_{22}=\frac{A_{22}}{A_{12}}=-\frac{k}{2k-3k}=-1$$

因此,正规化模态矩阵可表示为

$$[\phi]=\begin{bmatrix} 1 & 1 \\ 1 & -1 \end{bmatrix}$$

根据例 4.2.1 可知,代入模态方程求振幅比较为麻烦,是否有更好的方法来求解振型?主振型的归一化处理还可以采用更简单的方法。将例 4.2.1 中的固有频率分别代入模态方程 $([k]-\omega^2[m])[\phi]=[0]$ 中的系数矩阵,得

$$\begin{bmatrix} k_{11}-\omega^2 m_1 & k_{12} \\ k_{21} & k_{22}-\omega^2 m_2 \end{bmatrix}=\begin{bmatrix} k & -k \\ -k & k \end{bmatrix}=\begin{bmatrix} 1 & -1 \\ -1 & 1 \end{bmatrix}$$

注意:该系数矩阵不满秩,在没有重根和零根的情况下只有 1 个方程是独立的,故只能得到 $[\phi]$ 中各元素 ϕ_1 和 ϕ_2 的比例关系。因此,可以令其中任一个系数 $\phi_{1j}=1$,求解方程即可得到另一个系数。

以例 4.2.1 为例,将第一阶固有频率 $\omega_1=\sqrt{\frac{k}{m}}$ 代入模态方程 $([k]-\omega^2[m])[\phi]=[0]$,得

$$\begin{bmatrix} 1 & -1 \\ -1 & 1 \end{bmatrix}\begin{bmatrix} \phi_{11} \\ \phi_{21} \end{bmatrix}=\begin{bmatrix} 0 \\ 0 \end{bmatrix}$$

令 $\phi_{11}=1$，得 $\phi_{21}=1$，因此对应的正规化第一阶振型矩阵表示为

$$\begin{bmatrix}\phi_{11}\\ \phi_{21}\end{bmatrix}=\begin{bmatrix}1\\ 1\end{bmatrix}$$

将第二阶固有频率 $\omega_2=\sqrt{\dfrac{3k}{m}}$ 代入模态方程（$[k]-\omega^2[m]$）$[\phi]=[0]$，得

$$\begin{bmatrix}1 & 1\\ 1 & 1\end{bmatrix}\begin{bmatrix}\phi_{12}\\ \phi_{22}\end{bmatrix}=\begin{bmatrix}0\\ 0\end{bmatrix}$$

令 $\phi_{12}=1$，得 $\phi_{22}=-1$，因此对应的正规化第二阶振型矩阵表示为

$$\begin{bmatrix}\phi_{12}\\ \phi_{22}\end{bmatrix}=\begin{bmatrix}1\\ -1\end{bmatrix}$$

因此，该双自由度系统的正规化振型矩阵可表示为

$$[\phi]=\begin{bmatrix}\phi_{11} & \phi_{12}\\ \phi_{21} & \phi_{22}\end{bmatrix}=\begin{bmatrix}1 & 1\\ 1 & -1\end{bmatrix}$$

若以横坐标表示系统各点的静平衡位置，纵坐标表示各点的振动幅值比例，可作出系统在各阶固有频率下的主振型图，如图 4-3 所示。图 4-3(a)表示第一阶固有频率下的主振型，图 4-3(b)表示第二阶固有频率下的主振型。在第二阶主振型中，在第二个弹簧的中点处有一个在振动过程中始终不动的点，称为节点。

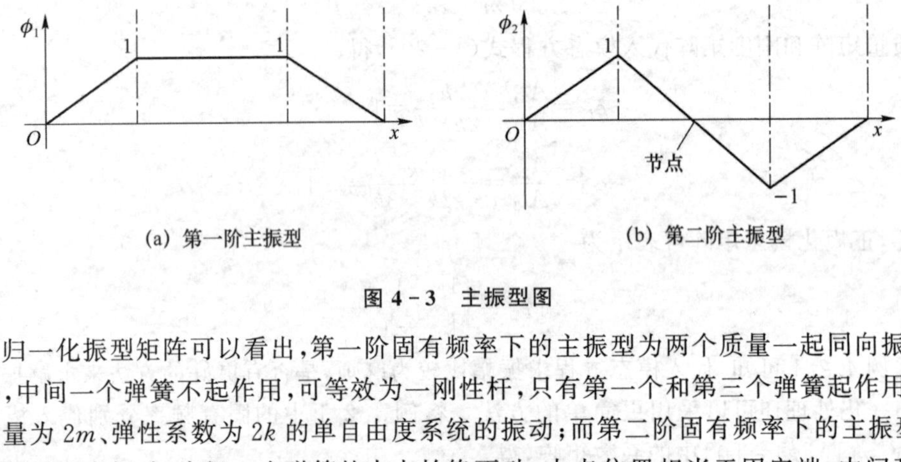

(a) 第一阶主振型　　(b) 第二阶主振型

图 4-3　主振型图

从归一化振型矩阵可以看出，第一阶固有频率下的主振型为两个质量一起同向振动，无相对位移，中间一个弹簧不起作用，可等效为一刚性杆，只有第一个和第三个弹簧起作用，其结果等于质量为 $2m$、弹性系数为 $2k$ 的单自由度系统的振动；而第二阶固有频率下的主振型为两个质量向相反方向振动，中间一个弹簧的中点始终不动，中点位置相当于固定端，中间弹簧拆成刚度为 $2k$ 的两根弹簧，其结果等于质量为 m、弹性系数为 $3k$ 的两个单自由度系统的振动，其物理意义等效图见图 4-4。

综上所述，选定某一质量点处的振幅为 1，从而确定其他质量点处的幅值，再构成模态矩阵，这叫作关于特定坐标的振型正规化。正规化模态向量和模态矩阵的解题步骤如下：

① 将质量矩阵和刚度矩阵代入频率方程中，求得固有频率，且满足 $0<\omega_1^2<\omega_2^2$；

② 再将固有频率代回模态方程（$[k]-\omega^2[m]$）$[\phi]=[0]$，求得特征向量 $[\phi]=[\{\phi_1\}\quad\{\phi_2\}]$；

③ 由于得到的系数矩阵不满秩（系数行列式为 0），在没有重根和零根的情况下只有一个方程独立，故只能求得 $[\phi]$ 中各元素 ϕ_1 和 ϕ_2 的比例关系；

④ 令其中任意系数为 $\phi_{1j}=1$，求解方程可得正规化振型矩阵 $[\phi]$；

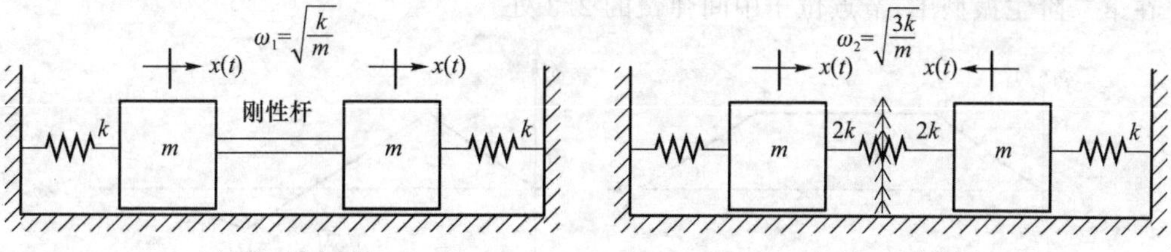

(a) 第一阶主振型　　(b) 第二阶主振型

图 4-4　物理意义等效图

⑤ 通过正规化振型矩阵绘制振型图(标出节点)和物理意义等效图。

例 4.2.2　如图 4-5 所示,试求图中双自由度系统的固有频率、正规化模态向量和正规化模态矩阵。

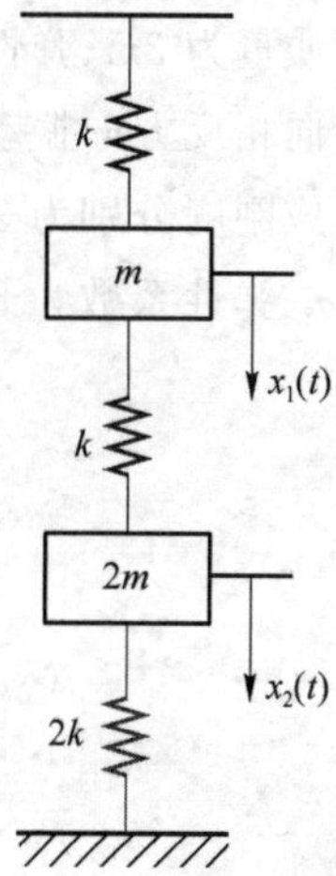

图 4-5　双自由度系统

解　质量矩阵和刚度矩阵分别为

$$[m]=\begin{bmatrix} m & 0 \\ 0 & 2m \end{bmatrix},\quad [k]=\begin{bmatrix} 2k & -k \\ -k & 3k \end{bmatrix}$$

将其代入频率方程,计算得到的双自由度系统的固有频率为

$$\omega_1=\sqrt{\frac{k}{m}},\quad \omega_2=\sqrt{2.5\frac{k}{m}}$$

将第一阶固有频率 $\omega_1=\sqrt{\frac{k}{m}}$ 代入模态方程($[k]-\omega^2[m]$)$[\phi]=[0]$,得

$$\begin{bmatrix} 1 & -1 \\ -1 & 1 \end{bmatrix}\begin{bmatrix} \phi_{11} \\ \phi_{21} \end{bmatrix}=\begin{bmatrix} 0 \\ 0 \end{bmatrix}$$

令 $\phi_{11}=1$,得 $\phi_{21}=1$,因此对应的正规化第一阶振型矩阵表示为

$$\begin{bmatrix} \phi_{11} \\ \phi_{21} \end{bmatrix}=\begin{bmatrix} 1 \\ 1 \end{bmatrix}$$

将第二阶固有频率 $\omega_2=\sqrt{2.5\frac{k}{m}}$ 代入模态方程($[k]-\omega^2[m]$)$[\phi]=[0]$,得

$$\begin{bmatrix} \frac{1}{2} & 1 \\ 1 & 2 \end{bmatrix}\begin{bmatrix} \phi_{12} \\ \phi_{22} \end{bmatrix}=\begin{bmatrix} 0 \\ 0 \end{bmatrix}$$

令 $\phi_{12}=1$,得 $\phi_{22}=-\frac{1}{2}$,因此对应的正规化第二阶振型矩阵表示为

$$\begin{bmatrix} \phi_{12} \\ \phi_{22} \end{bmatrix}=\begin{bmatrix} 1 \\ -\frac{1}{2} \end{bmatrix}$$

因此,该双自由度系统的正规化振型矩阵可表示为

$$[\phi]=\begin{bmatrix} \phi_{11} & \phi_{12} \\ \phi_{21} & \phi_{22} \end{bmatrix}=\begin{bmatrix} 1 & 1 \\ 1 & -\frac{1}{2} \end{bmatrix}$$

图 4-6(a)表示第一阶固有频率下的主振型,图 4-3(b)表示第二阶固有频率下的主振

型。在第二阶主振型中，节点位于中间弹簧的 2/3 处。

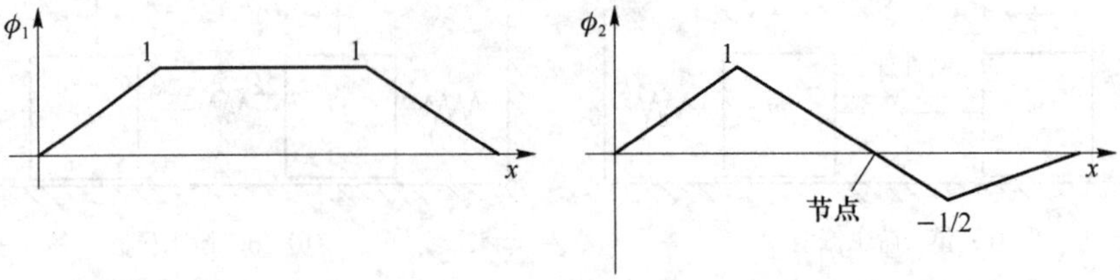

(a) 第一阶主振型　　(b) 第二阶主振型

图 4－6　主振型图

从正规化振型矩阵可以看出，第一阶固有频率下的主振型为两个质量一起同向振动，无相对位移，中间一个弹簧不起作用，可等效为一刚性杆，只有第一个和第三个弹簧起作用，其结果等于质量为 $3m$、弹性系数为 $3k$ 的单自由度系统的振动；而第二阶固有频率下的主振型为两个质量向相反方向振动，中间一个弹簧的 2/3 处始终不动，在 2/3 处位置相当于固定端，中间弹簧拆成刚度分别为 $3k/2$ 和 $3k$ 的两根弹簧，其结果等效为质量为 m、弹性系数为 $5k/2$ 和质量为 $2m$、弹性系数为 $5k$ 的两个单自由度系统的振动，其物理意义等效图见图 4－7。

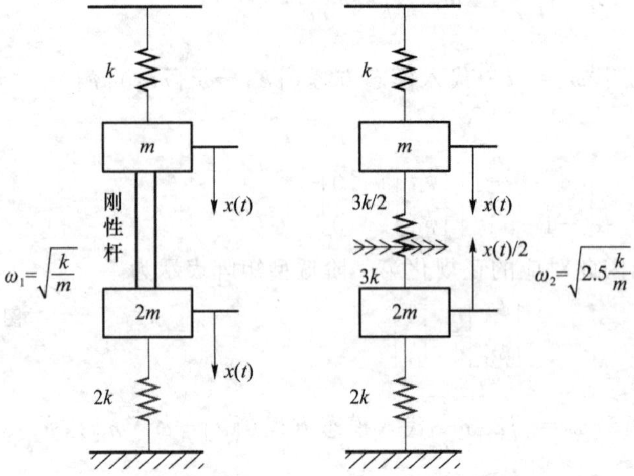

(a) 第一阶主振型　　(b) 第二阶主振型

图 4－7　物理意义等效图

例 4.2.3　如图 4－8 所示，试求图中双自由度系统的固有频率、正规化模态向量和正规化模态矩阵。

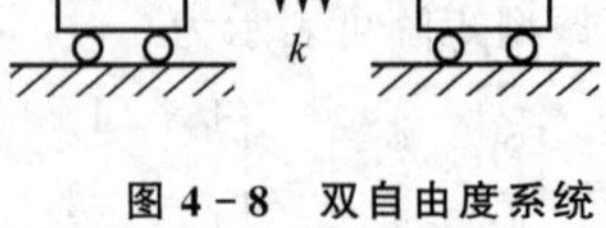

图 4－8　双自由度系统

解　质量矩阵和刚度矩阵分别为

$$[m]=\begin{bmatrix}m & 0\\0 & m\end{bmatrix},\quad [k]=\begin{bmatrix}k & -k\\-k & k\end{bmatrix}$$

将其代入频率方程,计算得到的双自由度系统的固有频率为

$$\omega_1=0,\quad \omega_2=\sqrt{\frac{2k}{m}}$$

将第一阶固有频率 $\omega_1=0$ 代入模态方程$([k]-\omega^2[m])[\phi]=[0]$,得

$$\begin{bmatrix}1 & -1\\-1 & 1\end{bmatrix}\begin{bmatrix}\phi_{11}\\\phi_{21}\end{bmatrix}=\begin{bmatrix}0\\0\end{bmatrix}$$

令 $\phi_{11}=1$,得 $\phi_{21}=1$,因此对应的正规化第一阶振型矩阵表示为

$$\begin{bmatrix}\phi_{11}\\\phi_{21}\end{bmatrix}=\begin{bmatrix}1\\1\end{bmatrix}$$

将第二阶固有频率 $\omega_2=\sqrt{\frac{2k}{m}}$ 代入模态方程$([k]-\omega^2[m])[\phi]=[0]$,得

$$\begin{bmatrix}1 & 1\\1 & 1\end{bmatrix}\begin{bmatrix}\phi_{12}\\\phi_{22}\end{bmatrix}=\begin{bmatrix}0\\0\end{bmatrix}$$

令 $\phi_{12}=1$,得 $\phi_{22}=-1$,因此对应的正规化第二阶振型矩阵表示为

$$[\phi_2]=\begin{bmatrix}\phi_{12}\\\phi_{22}\end{bmatrix}=\begin{bmatrix}1\\-1\end{bmatrix}$$

因此,该双自由度系统的正规化振型矩阵可表示为

$$[\phi]=\begin{bmatrix}\phi_{11} & \phi_{12}\\\phi_{21} & \phi_{22}\end{bmatrix}=\begin{bmatrix}1 & 1\\1 & -1\end{bmatrix}$$

图 4-9(a)表示第一阶固有频率下的主振型,图 4-9(b)表示第二阶固有频率下的主振型。在第二阶主振型中,节点位于中间弹簧的中点处。

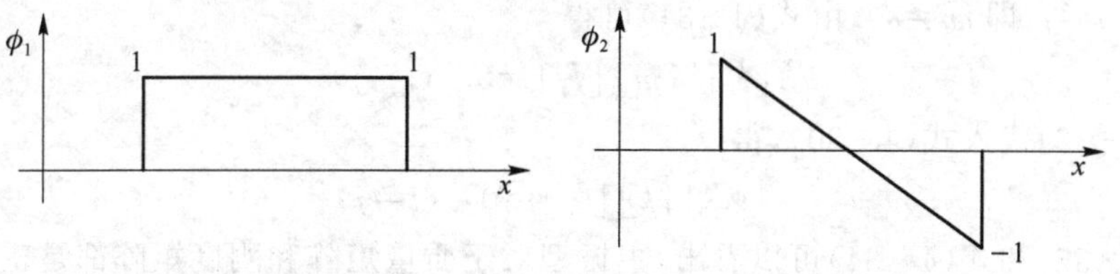

(a) 第一阶主振型　(b) 第二阶主振型

图 4-9　主振型图

从正规化振型矩阵可以看出,第一阶固有频率下的主振型为两个质量一起同向振动,无相对位移,中间弹簧不起作用,可等效为一刚性杆;而第二阶固有频率下的主振型为两个质量向相反方向振动,弹簧的中点处始终不动,在中点处位置相当于固定端,弹簧拆成刚度分别为 $2k$ 的两根弹簧,其结果等效为质量为 m、弹性系数为 $2k$ 的两个单自由度系统的振动,其物理意义等效图见图 4-10。

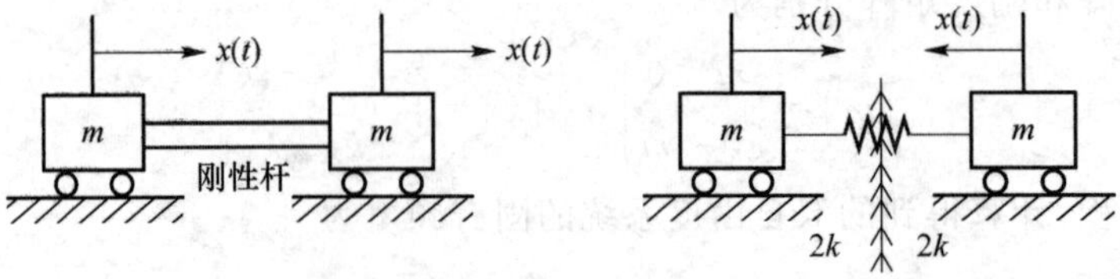

(a) 第一阶主振型　　(b) 第二阶主振型

图 4-10　物理意义等效图

4.2.2　模态的正交性

正交性是主振型的重要性质。在结构动力分析时，利用这一性质，用正则化振型矩阵作为变换矩阵来进行坐标变换，可实现运动方程的解耦。对于客观存在的运动，可以采用任意一组独立变量作为广义坐标来描述。坐标的变换可以改变系统的描述形式，而不会改变系统的动力学性能。因此，可以进行一定的坐标变换将质量矩阵、阻尼矩阵和刚度矩阵变换为对角矩阵来消除耦合项，这个过程称为解耦。实现解耦以后，n 自由度系统的含有耦合项的 n 个运动方程，就转化为 n 个独立的单自由度系统运动方程。

假设 ϕ_i 和 ϕ_j 分别是相应于固有频率 ω_i 和 ω_j 的第 i 阶主振型和第 j 阶主振型，则根据式(4-20)可得到

$$[k][\phi_i]=\omega_i^2[m][\phi_i] \tag{4-27}$$

$$[k][\phi_j]=\omega_j^2[m][\phi_j] \tag{4-28}$$

将式(4-27)两边转置，然后右乘$[\phi_j]$，由于$[m]$和$[k]$都是对称矩阵，则有

$$[\phi_i]^{\mathrm{T}}[k]^{\mathrm{T}}[\phi_j]=\omega_i^2[\phi_i]^{\mathrm{T}}[m]^{\mathrm{T}}[\phi_j] \tag{4-29}$$

将式(4-28)两边左乘$[\phi_i]^{\mathrm{T}}$，得

$$[\phi_i]^{\mathrm{T}}[k][\phi_j]=\omega_j^2[\phi_i]^{\mathrm{T}}[m][\phi_j] \tag{4-30}$$

将式(4-29)与式(4-30)相减，得

$$(\omega_i^2-\omega_j^2)[\phi_i]^{\mathrm{T}}[m]^{\mathrm{T}}[\phi_j]=[0] \tag{4-31}$$

① 如果 $i\neq j$，即 $\omega_i\neq\omega_j$，由式(4-31)可得

$$[\phi_i]^{\mathrm{T}}[m][\phi_j]=0\quad(i\neq j) \tag{4-32}$$

将式(4-32)代入式(4-30)，得

$$[\phi_i]^{\mathrm{T}}[k][\phi_j]=0\quad(i\neq j) \tag{4-33}$$

由式(4-32)和式(4-34)可以看出，主振型对于质量矩阵和刚度矩阵都是正交的，该正交条件适用于任意不同固有频率的主振型，这就是主振型的正交性。

现在讨论正交性的物理意义，以式(4-32)为例，假设 $\omega_i=\omega_1$，　$\omega_j=\omega_2$，对应的主振型为 ϕ_1 和 ϕ_2，将式(4-32)展开，得

$$\begin{bmatrix}A_{11} & A_{21}\end{bmatrix}\begin{bmatrix}m_1 & 0\\ 0 & m_2\end{bmatrix}\begin{bmatrix}A_{12}\\ A_{22}\end{bmatrix}=A_{11}A_{12}m_1+A_{21}A_{22}m_2=0 \tag{4-34}$$

将式(4-34)分别同乘以 $\omega_1^2\sin(\omega_1 t+\phi_1)\sin(\omega_2 t+\phi_2)$ 和 $\omega_2^2\sin(\omega_1 t+\phi_1)\sin(\omega_2 t+\phi_2)$，得

$$\begin{aligned}&(A_{11}m_1\omega_1^2\cdot A_{12}+A_{21}m_2\omega_1^2\cdot A_{22})\sin(\omega_1 t+\phi_1)\sin(\omega_2 t+\phi_2)=0\\&(A_{12}m_1\omega_2^2\cdot A_{11}+A_{22}m_2\omega_2^2\cdot A_{21})\sin(\omega_1 t+\phi_1)\sin(\omega_2 t+\phi_2)=0\end{aligned} \tag{4-35}$$

根据式(4 - 25)可得

$$\begin{bmatrix}\ddot{x}_1(t)\\ \ddot{x}_2(t)\end{bmatrix}=\begin{bmatrix}\ddot{x}_{11}(t)\\ \ddot{x}_{21}(t)\end{bmatrix}+\begin{bmatrix}\ddot{x}_{12}(t)\\ \ddot{x}_{22}(t)\end{bmatrix}=\begin{bmatrix}-\omega_1^2A_{11}\sin(\omega_1t+\varphi_1)-\omega_2^2A_{12}\sin(\omega_2t+\varphi_2)\\ -\omega_1^2A_{21}\sin(\omega_1t+\varphi_1)-\omega_2^2A_{22}\sin(\omega_2t+\varphi_2)\end{bmatrix} \tag{4-36}$$

将式(4 - 36)代入式(4 - 35),得

$$-m_1\ddot{x}_{11}\cdot x_{12}-m_2\ddot{x}_{21}\cdot x_{22}=0 \tag{4-37}$$

$$-m_1\ddot{x}_{12}\cdot x_{11}-m_2\ddot{x}_{22}\cdot x_{21}=0 \tag{4-38}$$

由式(4 - 37)可以看出,以第一振型在做自由振动的惯性力不在第二振型上做功,即第一振型的能量不会转移到第二振型上。由式(4 - 38)可以看出,以第二振型在做自由振动的惯性力不在第一振型上做功,即第二振型的能量不会转移到第一振型上,或一个振型的振动不会激起别的振型的振动。

同理,对于式(4 - 33),可以得到一个振型的弹性力不会引起别的振型的弹性力,即第一阶振型产生的弹性力在第二阶振型所做的功为零。

② 如果 $i=j$,即 $\omega_i=\omega_j$,则式(4 - 31)总能成立。令

$$[\phi_i]^{\mathrm{T}}[m][\phi_i]=[m_i^*] \tag{4-39}$$

$$[\phi_i]^{\mathrm{T}}[k][\phi_i]=[k_i^*] \tag{4-40}$$

其中,$[m_i^*]$和$[k_i^*]$分别为第 i 阶振动的主质量矩阵和主刚度矩阵,都是正实数,都为对角矩阵;m_i^* 和 k_i^* 分别为第 i 阶振动的主质量和主刚度,它们的值取决于第 i 阶主振型是如何归一化的。式(4 - 30)中,令 $i=j$,可得到

$$[\phi_i]^{\mathrm{T}}[k][\phi_i]=\omega_i^2\,[\phi_i]^{\mathrm{T}}[m][\phi_i] \tag{4-41}$$

将式(4 - 39)和式(4 - 40)代入式(4 - 41),可以得到

$$[\Lambda]=\frac{[\phi_i]^{\mathrm{T}}[k][\phi_i]}{[\phi_i]^{\mathrm{T}}[m][\phi_i]}=\frac{[k_i^*]}{[m_i^*]} \tag{4-42}$$

其中,$[\Lambda]=\begin{bmatrix}\omega_1^2 & & \\ & \ddots & \\ & & \omega_n^2\end{bmatrix}$为特征值矩阵;$\omega_i^2=\dfrac{k_i^*}{m_i^*}$表示第 i 阶特征值等于第 i 阶主刚度与第 i 阶主质量的比。

由于主振型的正交性,可利用模态矩阵$[\phi]$来实现运动方程的解耦。根据式(4 - 26)可知,模态矩阵是由各阶主振型按列排列而成,即

$$[\phi]=[\phi_1\quad\phi_2\quad\cdots\quad\phi_n] \tag{4-43}$$

则

$$[\phi]^{\mathrm{T}}[m][\phi]=\begin{bmatrix}\phi_1^{\mathrm{T}}\\ \phi_2^{\mathrm{T}}\\ \vdots\\ \phi_n^{\mathrm{T}}\end{bmatrix}[m]_{n\times n}[\phi_1\quad\phi_2\quad\cdots\quad\phi_n]=\begin{bmatrix}\phi_1^{\mathrm{T}}m\phi_1 & \phi_1^{\mathrm{T}}m\phi_2 & \cdots & \phi_1^{\mathrm{T}}m\phi_n\\ \phi_2^{\mathrm{T}}m\phi_1 & \phi_2^{\mathrm{T}}m\phi_2 & \cdots & \phi_2^{\mathrm{T}}m\phi_n\\ \vdots & \vdots & \ddots & \vdots\\ \phi_n^{\mathrm{T}}m\phi_1 & \phi_n^{\mathrm{T}}m\phi_2 & \cdots & \phi_n^{\mathrm{T}}m\phi_n\end{bmatrix} \tag{4-44}$$

根据振型的正交性,当 $i\neq j$ 时,满足$[\phi_i]^{\mathrm{T}}[m][\phi_j]=0\quad(i=j=1,2,\cdots,n)$,故式(4 - 44)非对角线元素为零,可化简为

$$[\phi]^{\mathrm{T}}[m][\phi]=\begin{bmatrix}\phi_1^{\mathrm{T}}m\phi_1 & 0 & \cdots & 0\\ 0 & \phi_2^{\mathrm{T}}m\phi_2 & \cdots & 0\\ \vdots & \vdots & \ddots & \vdots\\ 0 & 0 & \cdots & \phi_n^{\mathrm{T}}m\phi_n\end{bmatrix} \tag{4-45}$$

根据式(4-39)的主质量的定义,式(4-45)可以写为

$$[m_n^*]=[\phi]^{\mathrm{T}}[m][\phi]=\begin{bmatrix}m_1^* & 0 & \cdots & 0\\ 0 & m_2^* & \cdots & 0\\ \vdots & \vdots & \ddots & \vdots\\ 0 & 0 & \cdots & m_n^*\end{bmatrix} \tag{4-46}$$

类似地,可以得到

$$[k_n^*]=[\phi]^{\mathrm{T}}[k][\phi]=\begin{bmatrix}k_1^* & 0 & \cdots & 0\\ 0 & k_2^* & \cdots & 0\\ \vdots & \vdots & \ddots & \vdots\\ 0 & 0 & \cdots & k_n^*\end{bmatrix} \tag{4-47}$$

由于$[m_n^*]$和$[k_n^*]$为对角矩阵,利用模态矩阵$[\phi]$为坐标变换矩阵来进行坐标变换,可实现运动方程的解耦。无阻尼多自由度系统自由振动的微分方程可表示为

$$[m][\ddot{x}(t)]+[k][x(t)]=[0] \tag{4-48}$$

由式(4-26)可得到

$$[x(t)]=[\phi][q(t)] \tag{4-49}$$

式(4-49)称为主坐标变换式,其中$[q(t)]$为经过模态矩阵$[\phi]$变换后的新坐标系。将式(4-49)代入式(4-48),考虑到$[\phi]$与时间无关,得

$$[m][\phi][\ddot{q}(t)]+[k][\phi][q(t)]=[0] \tag{4-50}$$

将式(4-50)左乘$[\phi]^{\mathrm{T}}$,得

$$[\phi]^{\mathrm{T}}[m][\phi][\ddot{q}(t)]+[\phi]^{\mathrm{T}}[k][\phi][q(t)]=[0] \tag{4-51}$$

将式(4-46)和式(4-47)代入式(4-51),得

$$[m_n^*][\ddot{q}(t)]+[k_n^*][q(t)]=[0] \tag{4-52}$$

或

$$m_i^*\ddot{q}_i+k_i^*q_i=0\quad(i=1,2,\cdots,n) \tag{4-53}$$

式(4-53)表明,运动方程已由原来的广义坐标系$[x]$转换为新的坐标系$[q]$, $[q]$为主坐标向量。此时,原来耦合形式的振动方程已经解耦,变成式(4-53)所示的n个独立的运动方程,这种坐标变换称为主坐标变换。

对于n个自由度系统,任一位移向量可以按照该空间中的模态坐标展开,如式(4-49)所示,即$[x(t)]=[\phi][q(t)]=\sum\limits_{i=1}^{n}q_i(t)\phi_i$,代入式(4-39)中,得坐标变换后的位移为$q_i(t)=\dfrac{1}{m_i^*}[\phi_i]^{\mathrm{T}}[m][x(t)]$,该定理称为位移展开定理。

4.2.3 正则化和正则坐标

为了便于进行振型比较,前面介绍了一种对阵型进行正则化的方法,此法选定某一个质量点处的振幅为1,从而确定其他质量点处的振幅,组成振型并构成模态矩阵,这称为关于特定

坐标的振型正则化。在结构动力分析中，最常用的正则化方法是将模态矩阵$[\phi_i]$变成正则化模态矩阵$[\overline{\phi}_i]$。用$[\overline{\phi}_i]$作为变化矩阵进行坐标变换，将质量矩阵$[m]$变为单位矩阵$[I]$，记为$[\overline{\phi}_i]^{\mathrm{T}}[m][\overline{\phi}_i]=[I]$，这种正则化使分析更简便。

记$\overline{\phi}_i$为第i阶正则化振型，可以用下列方法从ϕ_i得到$\overline{\phi}_i$，设

$$\overline{\phi}_i=c_i\cdot\phi_i \tag{4-54}$$

将式(4-54)和式(4-39)代入$[\overline{\phi}_i]^{\mathrm{T}}[m][\overline{\phi}_i]=[I]$，得

$$[\overline{\phi}_i]^{\mathrm{T}}[m][\overline{\phi}_i]=c_i^2\cdot[\phi_i]^{\mathrm{T}}[m][\phi_i]=c_i^2\cdot[m_i^*]=[I] \tag{4-55}$$

取上式矩阵中的系数可得到为

$$c_i^2=\frac{1}{m_i^*} \tag{4-56}$$

将式(4-56)代入式(4-54)中，

$$\overline{\phi}_i=\frac{\phi_i}{\sqrt{m_i^*}} \tag{4-57}$$

对应$\overline{\phi}_i$的主刚度为

$$[\overline{\phi}_i]^{\mathrm{T}}[k][\overline{\phi}_i]=c_i^2\cdot[\phi_i]^{\mathrm{T}}[k][\phi_i]=c_i^2\cdot[k_i^*] \tag{4-58}$$

将式(4-56)和式(4-42)代入式(4-58)，得

$$[\overline{\phi}_i]^{\mathrm{T}}[k][\overline{\phi}_i]=[\Lambda] \tag{4-59}$$

用正则化模态矩阵可对运动方程进行解耦，可以进行如下变换，令

$$[x(t)]=[\overline{\phi}][\zeta(t)] \tag{4-60}$$

将式(4-60)代入式(4-48)，并左乘$[\overline{\phi}]^{\mathrm{T}}$，得

$$[\overline{\phi}]^{\mathrm{T}}[m][\overline{\phi}][\ddot{\zeta}(t)]+[\overline{\phi}]^{\mathrm{T}}[k][\overline{\phi}][\zeta(t)]=[0] \tag{4-61}$$

将式(4-55)和式(4-58)代入式(4-61)，得

$$[I][\ddot{\zeta}(t)]+[\Lambda][\zeta(t)]=[0] \tag{4-62}$$

将式(4-62)展开得

$$\ddot{\zeta}_i(t)+\omega_i^2\zeta_i(t)=0\quad(i=1,2,\cdots,n) \tag{4-63}$$

因此，上述变换不仅使运动方程解耦，而且使广义质量为1。式(4-60)所表示的坐标变换称为正规坐标变换，$[\zeta]$称为正规坐标向量。这种使运动方程解耦的方法叫作模态分析方法。

根据单自由度系统理论，在正规坐标下，式(4-63)的第i阶振型的无阻尼自由振动响应与单自由度无阻尼自由振动的响应类似，即

$$\zeta_i(t)=\zeta_{0i}\cos\omega_i t+\frac{\dot{\zeta}_{0i}}{\omega_i}\sin\omega_i t \tag{4-64}$$

其中，ζ_{0i}为正规坐标下的初始位移；$\dot{\zeta}_{0i}$为正规坐标下的初始速度。关于正规坐标下的初始条件，根据式(4-60)可得

$$[\zeta_0(t)]=[\overline{\phi}]^{-1}[x_0(t)],\quad[\dot{\zeta}_0(t)]=[\overline{\phi}]^{-1}[\dot{x}_0(t)] \tag{4-65}$$

得到ζ_i后，构成正规坐标向量$[\zeta]$，再代入式(4-60)可得到原物理坐标下的响应，即

$$x(t)=\overline{\phi}_1\zeta_1+\overline{\phi}_2\zeta_2+\cdots+\overline{\phi}_n\zeta_n \tag{4-66}$$

由式(4-66)可知，通过正规坐标变换，使原来的运动方程解耦，分别求解每一个正规坐标下的响应，然后按照式(4-66)叠加，即可得到原始坐标所表示的响应，这种方法称为振型叠加法或模态叠加法。

例 4.2.4 如图 4-11 所示，试对图中双自由度系统进行正规坐标变换(正则化后的主质量矩阵和正则化后的主质量矩阵)。

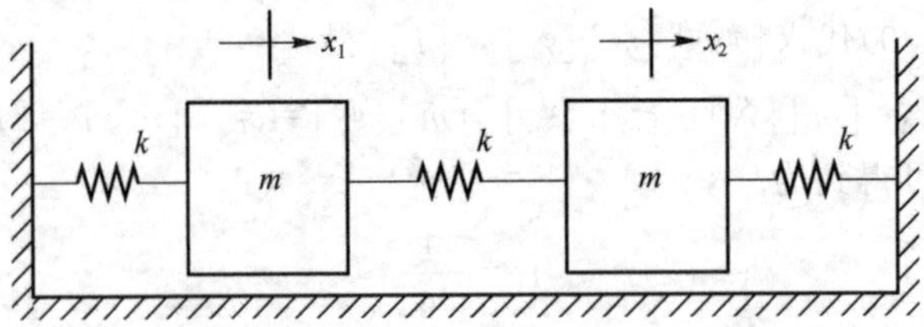

图 4-11 双自由度系统

解 取 x_1 和 x_2 为广义坐标，系统的运动方程可表示为

$$\begin{bmatrix} m & 0 \\ 0 & m \end{bmatrix}\begin{bmatrix} \ddot{x}_1 \\ \ddot{x}_2 \end{bmatrix}+\begin{bmatrix} 2k & -k \\ -k & 2k \end{bmatrix}\begin{bmatrix} x_1 \\ x_2 \end{bmatrix}=\begin{bmatrix} 0 \\ 0 \end{bmatrix}$$

质量矩阵和刚度矩阵分别为

$$[m]=\begin{bmatrix} m & 0 \\ 0 & m \end{bmatrix},\quad [k]=\begin{bmatrix} 2k & -k \\ -k & 2k \end{bmatrix}$$

该双自由度系统的固有频率为

$$\omega_1=\sqrt{\frac{k}{m}},\quad \omega_2=\sqrt{\frac{3k}{m}}$$

因此，归一化模态矩阵可表示为

$$[\phi]=\begin{bmatrix} 1 & 1 \\ 1 & -1 \end{bmatrix}$$

主质量矩阵为

$$[m_i^*]=[\phi_i]^{\mathrm{T}}[m][\phi_i]=\begin{bmatrix} 1 & 1 \\ 1 & -1 \end{bmatrix}\begin{bmatrix} m & 0 \\ 0 & m \end{bmatrix}\begin{bmatrix} 1 & 1 \\ 1 & -1 \end{bmatrix}=\begin{bmatrix} 2m & 0 \\ 0 & 2m \end{bmatrix}$$

主刚度矩阵为

$$[k_i^*]=[\phi_i]^{\mathrm{T}}[k][\phi_i]=\begin{bmatrix} 1 & 1 \\ 1 & -1 \end{bmatrix}\begin{bmatrix} 2k & -k \\ -k & 2k \end{bmatrix}\begin{bmatrix} 1 & 1 \\ 1 & -1 \end{bmatrix}=\begin{bmatrix} 2k & 0 \\ 0 & 6k \end{bmatrix}$$

由 $\bar{\phi}_i=\dfrac{\phi_i}{\sqrt{m_i^*}}$ 可得到各阶正规化振型矩阵，即

$$[\bar{\phi}_1]=\frac{[\phi_1]}{\sqrt{2m}}=\frac{1}{\sqrt{2m}}\begin{bmatrix} 1 \\ 1 \end{bmatrix},\quad [\bar{\phi}_2]=\frac{[\phi_2]}{\sqrt{2m}}=\frac{1}{\sqrt{2m}}\begin{bmatrix} 1 \\ -1 \end{bmatrix}$$

因此，正规化振型矩阵为

$$[\bar{\phi}]=[\bar{\phi}_1\quad \bar{\phi}_2]=\frac{1}{\sqrt{2m}}\begin{bmatrix} 1 & 1 \\ 1 & -1 \end{bmatrix}$$

正规化后主质量矩阵和主刚度矩阵分别为

$$[\overline{m}_i^*]=[\overline{\phi}_i]^{\mathrm T}[m][\overline{\phi}_i]=\frac{1}{\sqrt{2m}}\begin{bmatrix}1&1\\1&-1\end{bmatrix}\begin{bmatrix}m&0\\0&m\end{bmatrix}\frac{1}{\sqrt{2m}}\begin{bmatrix}1&1\\1&-1\end{bmatrix}$$

$$=\frac{1}{2m}\begin{bmatrix}2m&0\\0&2m\end{bmatrix}=\begin{bmatrix}1&0\\0&1\end{bmatrix}$$

$$[\overline{k}_i^*]=[\overline{\phi}_i]^{\mathrm T}[k][\overline{\phi}_i]=\frac{1}{\sqrt{2m}}\begin{bmatrix}1&1\\1&-1\end{bmatrix}\begin{bmatrix}2k&-k\\-k&2k\end{bmatrix}\frac{1}{\sqrt{2m}}\begin{bmatrix}1&1\\1&-1\end{bmatrix}$$

$$=\frac{1}{2m}\begin{bmatrix}2k&0\\0&6k\end{bmatrix}=\begin{bmatrix}\dfrac{k}{m}&0\\0&\dfrac{3k}{m}\end{bmatrix}$$

根据式(4-60),令

$$\begin{bmatrix}x_1\\x_2\end{bmatrix}=[\overline{\phi}_1\quad\overline{\phi}_2]\begin{bmatrix}\zeta_1\\\zeta_2\end{bmatrix}=\frac{1}{\sqrt{2m}}\begin{bmatrix}1&1\\1&-1\end{bmatrix}\begin{bmatrix}\zeta_1\\\zeta_2\end{bmatrix}$$

并将上式代入系统的运动方程再左乘$[\overline{\phi}]^{\mathrm T}$,得

$$\begin{bmatrix}1&0\\0&1\end{bmatrix}\begin{bmatrix}\ddot{\zeta}_1\\\ddot{\zeta}_2\end{bmatrix}+\frac{k}{m}\begin{bmatrix}1&0\\0&3\end{bmatrix}\begin{bmatrix}\zeta_1\\\zeta_2\end{bmatrix}=\begin{bmatrix}0\\0\end{bmatrix}$$

可见,通过正规坐标变换,可得到解耦形式的,质量矩阵为单位矩阵、刚度矩阵为特征值矩阵的运动方程。

4.3　简谐激励下双自由度系统的受迫振动

4.3.1　无阻尼双自由度系统

假设无阻尼双自由度系统的 m_1 上作用一个简谐力 $P_1(t)=P_1\sin\theta t$,而 m_2 上没有外力,则运动方程为

$$\begin{bmatrix}m_1&0\\0&m_2\end{bmatrix}\begin{bmatrix}\ddot{x}_1\\\ddot{x}_2\end{bmatrix}+\begin{bmatrix}k_{11}&k_{12}\\k_{21}&k_{22}\end{bmatrix}\begin{bmatrix}x_1\\x_2\end{bmatrix}=\begin{bmatrix}P_1\sin\theta t\\0\end{bmatrix}\tag{4-67}$$

先求特解,即稳态解。令

$$x_{1p}(t)=x_1\sin\theta t;\quad x_{2p}(t)=x_2\sin\theta t\tag{4-68}$$

将式(4-68)代入式(4-67),得

$$\begin{bmatrix}k_{11}-m_1\theta^2&k_{12}\\k_{21}&k_{22}-m_2\theta^2\end{bmatrix}\begin{bmatrix}x_1\\x_2\end{bmatrix}=\begin{bmatrix}P_1\\0\end{bmatrix}\tag{4-69}$$

求解上式,得

$$x_1=\frac{P_1(k_{22}-m_2\theta^2)}{m_1m_2(\omega_1^2-\theta^2)(\omega_2^2-\theta^2)},\quad x_2=\frac{-k_{21}P_1}{m_1m_2(\omega_1^2-\theta^2)(\omega_2^2-\theta^2)}\tag{4-70}$$

化简式(4-70),得

$$x_1=\frac{-P_1k_{12}}{m_1m_2(\omega_2^2-\omega_1^2)}\left[\frac{1}{\rho_{21}(\omega_1^2-\theta^2)}-\frac{1}{\rho_{22}(\omega_2^2-\theta^2)}\right]$$

$$x_2=\frac{-P_1k_{12}}{m_1m_2(\omega_2^2-\omega_1^2)}\left[\frac{1}{\omega_1^2-\theta^2}-\frac{1}{\omega_2^2-\theta^2}\right] \tag{4-71}$$

其中，$A_{21}=\rho_{21}A_{11}$，$A_{22}=\rho_{22}A_{12}$。由于振型中的振幅仅有相对意义，故可令 $A_{21}^*=1$，$A_{22}^*=1$，则 $A_{11}^*=1/\rho_{21}$，$A_{12}^*=1/\rho_{22}$。于是

$$\begin{aligned}x_{1p}&=x_1\sin\theta t=\frac{-P_1k_{12}}{m_1m_2(\omega_2^2-\omega_1^2)}\left[\frac{A_{11}^*}{\omega_1^2-\theta^2}-\frac{A_{12}^*}{\omega_2^2-\theta^2}\right]\sin\theta t\\x_{2p}&=x_2\sin\theta t=\frac{-P_1k_{12}}{m_1m_2(\omega_2^2-\omega_1^2)}\left[\frac{A_{21}^*}{\omega_1^2-\theta^2}-\frac{A_{22}^*}{\omega_2^2-\theta^2}\right]\sin\theta t\end{aligned} \tag{4-72}$$

式(4-72)写成矩阵形式为

$$\begin{bmatrix}x_{1p}\\x_{2p}\end{bmatrix}=\frac{-P_1k_{12}}{m_1m_2(\omega_2^2-\omega_1^2)}\left[\frac{1}{\omega_1^2-\theta^2}\begin{bmatrix}A_{11}^*\\A_{21}^*\end{bmatrix}-\frac{1}{\omega_2^2-\theta^2}\begin{bmatrix}A_{12}^*\\A_{22}^*\end{bmatrix}\right]\sin\theta t \tag{4-73}$$

从上式可以看出，纯强迫振动可用系统的振型、频率和 $\omega_i^2-\theta^2(i=1,2)$ 来表达。

因此，系统的响应解为特解加上齐次解，即

$$\begin{aligned}\begin{bmatrix}x_1\\x_2\end{bmatrix}&=\begin{bmatrix}x_{1c}\\x_{2c}\end{bmatrix}+\begin{bmatrix}x_{1p}\\x_{2p}\end{bmatrix}\\&=A_{11}\begin{bmatrix}1\\\rho_{21}\end{bmatrix}\sin(\omega_1t+\varphi_1)+A_{12}\begin{bmatrix}1\\\rho_{22}\end{bmatrix}\sin(\omega_2t+\varphi_2)-\\&\quad\frac{P_1k_{12}}{m_1m_2(\omega_2^2-\omega_1^2)}\left[\frac{1}{\omega_1^2-\theta^2}\begin{bmatrix}A_{11}^*\\A_{21}^*\end{bmatrix}-\frac{1}{\omega_2^2-\theta^2}\begin{bmatrix}A_{12}^*\\A_{22}^*\end{bmatrix}\right]\sin\theta t\end{aligned} \tag{4-74}$$

其中，四个待定常数 A_{11}、A_{12}、ϕ_1 和 ϕ_2 由初始条件决定。

对于仅在 m_2 上作用一个简谐力 $P_2(t)=P_2\sin\theta t$，而在 m_1 上没有外力的情况，可用上述相同的方法求解，此时的特解为 $\begin{bmatrix}x_{1p2}\\x_{2p2}\end{bmatrix}$，第一种情况的特解为 $\begin{bmatrix}x_{1p1}\\x_{2p1}\end{bmatrix}$。由于运动方程是线性的，故当 m_1 上作用一个简谐力 $P_1(t)=P_1\sin\theta t$，而在 m_2 上作用一个简谐力 $P_2(t)=P_2\sin\theta t$ 时，其特解为 $\begin{bmatrix}x_{1p}\\x_{2p}\end{bmatrix}=\begin{bmatrix}x_{1p1}\\x_{2p1}\end{bmatrix}+\begin{bmatrix}x_{1p2}\\x_{2p2}\end{bmatrix}$。再加上齐次解 $\begin{bmatrix}x_{1c}\\x_{2c}\end{bmatrix}$，即可得到无阻尼双自由度系统在简谐力 $P_1(t)=P_1\sin\theta t$ 和 $P_2(t)=P_2\sin\theta t$ 作用下的全解：$\begin{bmatrix}x_1\\x_2\end{bmatrix}=\begin{bmatrix}x_{1c}\\x_{2c}\end{bmatrix}+\begin{bmatrix}x_{1p1}\\x_{2p1}\end{bmatrix}+\begin{bmatrix}x_{1p2}\\x_{2p2}\end{bmatrix}$，四个待定常数 A_{11}、A_{12}、φ_1 和 φ_2 由初始条件决定。

4.3.2 有阻尼双自由度系统的稳态解

有阻尼双自由度系统受到简谐力作用，矩阵形式的振动微分方程可表示为

$$\begin{bmatrix}m_{11}&m_{12}\\m_{21}&m_2\end{bmatrix}\begin{bmatrix}\ddot{x}_1\\\ddot{x}_2\end{bmatrix}+\begin{bmatrix}c_{11}&c_{12}\\c_{21}&c_{22}\end{bmatrix}\begin{bmatrix}\dot{x}_1\\\dot{x}_2\end{bmatrix}+\begin{bmatrix}k_{11}&k_{12}\\k_{21}&k_{22}\end{bmatrix}\begin{bmatrix}x_1\\x_2\end{bmatrix}=\begin{bmatrix}P_1(t)\\P_2(t)\end{bmatrix} \tag{4-75}$$

或

$$[m][\ddot{x}(t)]+[c][\dot{x}(t)]+[k][x(t)]=[P(t)] \tag{4-76}$$

简谐力载荷用复数可表示为

$$P_1(t)=P_1e^{i\theta t},\quad P_2(t)=P_2e^{i\theta t} \tag{4-77}$$

假设振动微分方程的稳态解为

$$x_1(t)=X_1\mathrm{e}^{\mathrm{i}\theta t},\quad x_2(t)=X_2\mathrm{e}^{\mathrm{i}\theta t} \tag{4-78}$$

将上式代入式(4-76)，得

$$(-\theta^2[m]+\mathrm{i}\theta[c]+[k])[X]=[P] \tag{4-79}$$

令$[Z(\theta)]=-\theta^2[m]+\mathrm{i}\theta[c]+[k]$，则式(4-79)可化简为

$$[Z(\theta)][X]=[P]\quad 或\quad [X]=[Z(\theta)]^{-1}[P] \tag{4-80}$$

其中，$[Z(\theta)]$为机械阻抗矩阵或动刚度矩阵；$[H(\theta)]=[Z(\theta)]^{-1}$为机械导纳矩阵或动柔度矩阵，也称为频响函数矩阵或传递函数矩阵，其表达式为

$$[H(\theta)]=[Z(\theta)]^{-1}=\frac{1}{|Z(\theta)|}[Z(\theta)]^*=\frac{1}{Z_{11}(\theta)Z_{22}(\theta)-Z_{12}^2(\theta)}\begin{bmatrix}Z_{22}(\theta) & -Z_{21}(\theta)\\ -Z_{12}(\theta) & Z_{11}(\theta)\end{bmatrix}$$

将上式代入式(4-80)，得

$$\begin{bmatrix}X_1(\theta)\\ X_2(\theta)\end{bmatrix}=\frac{1}{Z_{11}(\theta)Z_{22}(\theta)-Z_{12}^2(\theta)}\begin{bmatrix}Z_{22}(\theta) & -Z_{21}(\theta)\\ -Z_{12}(\theta) & Z_{11}(\theta)\end{bmatrix}\begin{bmatrix}P_1\\ P_2\end{bmatrix} \tag{4-81}$$

展开得

$$\begin{cases}X_1(\theta)=\dfrac{Z_{22}(\theta)P_1-Z_{21}(\theta)P_2}{Z_{11}(\theta)Z_{22}(\theta)-Z_{12}^2(\theta)}\\[2ex] X_2(\theta)=\dfrac{-Z_{12}(\theta)P_1+Z_{11}(\theta)P_2}{Z_{11}(\theta)Z_{22}(\theta)-Z_{12}^2(\theta)}\end{cases} \tag{4-82}$$

将式(4-82)代入式(4-78)，所得稳态解为

$$\begin{cases}x_1(t)=\dfrac{Z_{22}(\theta)P_1-Z_{21}(\theta)P_2}{Z_{11}(\theta)Z_{22}(\theta)-Z_{12}^2(\theta)}\mathrm{e}^{\mathrm{i}\theta t}\\[2ex] x_2(t)=\dfrac{-Z_{12}(\theta)P_1+Z_{11}(\theta)P_2}{Z_{11}(\theta)Z_{22}(\theta)-Z_{12}^2(\theta)}\mathrm{e}^{\mathrm{i}\theta t}\end{cases}$$

例 4.3.1　如图 4-12 所示，试对图中双自由度系统在 $P(t)=P_1\mathrm{e}^{\mathrm{i}\theta t}$ 作用下的稳态解。

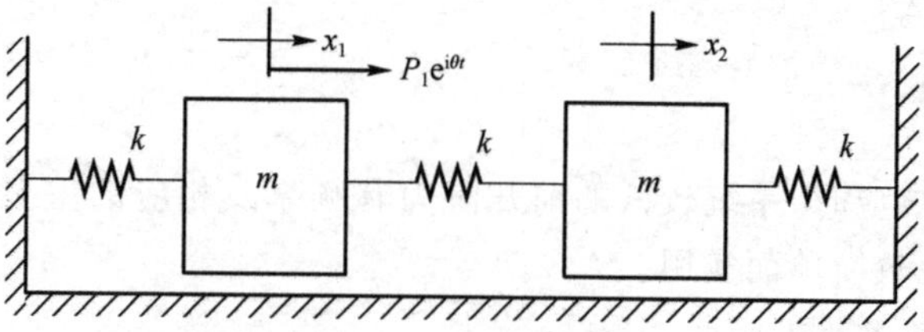

图 4-12　双自由度系统

解　矩阵形式的振动微分方程表示为

$$\begin{bmatrix}m & 0\\ 0 & 2m\end{bmatrix}\begin{bmatrix}\ddot{x}_1\\ \ddot{x}_2\end{bmatrix}+\begin{bmatrix}2k & -k\\ -k & 3k\end{bmatrix}\begin{bmatrix}x_1\\ x_2\end{bmatrix}=\begin{bmatrix}P_1\mathrm{e}^{\mathrm{i}\theta t}\\ 0\end{bmatrix}$$

假设系统振动微分方程的稳态解为

$$x_1(t)=X_1\mathrm{e}^{\mathrm{i}\theta t},\quad x_2(t)=X_2\mathrm{e}^{\mathrm{i}\theta t}$$

令

$$[Z(\theta)]=-\theta^2[m]+[k]=\begin{bmatrix}2k-m\theta^2 & -k\\ -k & 3k-2m\theta^2\end{bmatrix}$$

将其代入式(4-82)，所得稳态解的系数 $X_1(\theta)$和 $X_2(\theta)$分别为

$$\begin{cases} X_1(\theta)=\dfrac{(3k-2m\theta^2)P_1}{(2k-m\theta^2)(3k-2m\theta^2)-k^2}=\dfrac{(3k-2m\theta^2)P_1}{(m\theta^2-k)(2m\theta^2-5k)} \\ X_2(\theta)=\dfrac{kP_1}{(2k-m\theta^2)(3k-2m\theta^2)-k^2}=\dfrac{kP_1}{(m\theta^2-k)(2m\theta^2-5k)} \end{cases}$$

系统的固有频率表达式为

$$\begin{vmatrix} 2k-m\omega^2 & -k \\ -k & 3k-2m\omega^2 \end{vmatrix}=(m\omega^2-k)(2m\omega^2-5k)=0$$

系统的固有频率为

$$\omega_1^2=\frac{k}{m},\quad \omega_2^2=\frac{5k}{2m}$$

将固有频率分别代入 X_1 和 X_2 中，则系统振动微分方程的稳态解为

$$\begin{cases} x_1(t)=\dfrac{2P_1\left[\dfrac{3}{2}-\left(\dfrac{\theta}{\omega_1}\right)^2\right]}{5k\left[1-\left(\dfrac{\theta}{\omega_1}\right)^2\right]\left[1-\left(\dfrac{\theta}{\omega_2}\right)^2\right]}e^{i\theta t} \\ x_2(t)=\dfrac{P_1}{5k\left[1-\left(\dfrac{\theta}{\omega_1}\right)^2\right]\left[1-\left(\dfrac{\theta}{\omega_2}\right)^2\right]}e^{i\theta t} \end{cases}$$

4.4 多自由度系统振动的近似解法

在多自由度系统自由振动中，计算固有频率和主振型时，是通过系统的特征方程直接求根得到特征值，然后再求出主振型。这种计算方法对于自由度很多的工程结构系统来说，计算工作量较大。因此，在工程分析中可以寻求近似解法，包括矩阵迭代法、Rayleigh 法、Rayleigh-Ritz 法和子空间迭代法。

4.4.1 矩阵迭代法

求解系统的动力响应时，系统较低的前几阶固有频率及相应的主振型占有比较重要的地位，采用矩阵迭代法比较简单而实用。

(1) 第一阶固有频率及主振型

记 n 阶方阵 $[A]$ 为系统的动力矩阵，其定义为

$$[A]=[k]^{-1}[m] \tag{4-83}$$

根据式(4-27)所示的矩阵特征值问题，将式(4-83)代入其中，可得到

$$[A][\phi_i]=\frac{1}{\omega_i^2}[\phi_i]=\lambda_i[\phi_i] \tag{4-84}$$

若将上式左端看作新向量，则上式表示：对于精确的主振型，新向量 $[A][\phi_i]$ 与原来向量 $[\phi_i]$ 的各个对应元素之间都差同一倍数，这个倍数即特征值 λ_i。

记 $[X_1]$ 为初始迭代向量，$[X_1]$ 可表示为

$$[X_1]=a_1[\phi_1]+a_2[\phi_2]+\cdots+a_n[\phi_n]=\sum_{i=1}^{n}a_i[\phi_i]=[\phi][a] \tag{4-85}$$

其中，$[\phi]=[\phi_1\quad \phi_2\quad \cdots\quad \phi_n]$ 为模态矩阵；$[a]=[a_1\quad a_2\quad \cdots\quad a_n]^T$。

式(4-85)左乘矩阵$[A]$,第一次迭代后所得的向量为

$$\begin{aligned}[X_2]&=[A][X_1]=a_1\lambda_1[\phi_1]+a_2\lambda_2[\phi_2]+\cdots+a_n\lambda_n[\phi_n]\\&=\lambda_1\left(a_1[\phi_1]+a_2\frac{\lambda_2}{\lambda_1}[\phi_2]+\cdots+a_n\frac{\lambda_n}{\lambda_1}[\phi_n]\right)\\&=\lambda_1\left(a_1[\phi_1]+\sum_{i=2}^{n}a_2\frac{\lambda_i}{\lambda_1}[\phi_i]\right)\end{aligned}\tag{4-86}$$

如果特征值λ_1不是特征方程的重根,那么式(4-86)中的$\frac{\lambda_2}{\lambda_1}$、…、$\frac{\lambda_n}{\lambda_1}$都小于1,因此相比其他主振型,第一阶主振型$[\phi_1]$在$[X_2]$内占的比重相对比在$[X_1]$中占的比重大。用矩阵$[A]$迭代计算一次后,扩大了迭代向量中第一阶主振型的优势。经过第二次迭代后,得

$$\begin{aligned}[X_3]&=[A][X_2]=[A^2][X_1]=\lambda_1^2\left[a_1[\phi_1]+a_2\left(\frac{\lambda_2}{\lambda_1}\right)^2[\phi_2]+\cdots+a_n\left(\frac{\lambda_n}{\lambda_1}\right)^2[\phi_n]\right]\\&=\lambda_1^2\left[a_1[\phi_1]+\sum_{i=2}^{n}a_i\left(\frac{\lambda_i}{\lambda_1}\right)^2[\phi_i]\right]\end{aligned}\tag{4-87}$$

同理,第$(r-1)$次迭代后的结果为

$$[X_r]=[A][X_{r-1}]=\lambda_1^{r-1}\left[a_1[\phi_1]+\sum_{i=2}^{n}a_i\left(\frac{\lambda_i}{\lambda_1}\right)^{r-1}[\phi_i]\right]\tag{4-88}$$

由于$\frac{\lambda_i}{\lambda_1}<1$,可见随着迭代次数的增加,第一阶主振型的优势越来越大,当迭代次数充分大时,式(4-88)近似得到

$$[X_r]=\lambda_1^{r-1}a_1[\phi_1]\tag{4-89}$$

这时再迭代一次,得

$$[X_{r+1}]=[A][X_r]=\lambda_1[X_r]=\lambda_1^r\left[a_1[\phi_1]+\sum_{i=2}^{n}a_i\left(\frac{\lambda_i}{\lambda_1}\right)^r[\phi_i]\right]\approx\lambda_1^r a_1[\phi_1]\tag{4-90}$$

由此可以看到,迭代后的新向量$[X_{r+1}]$与原来向量$[X_r]$的各个对应元素之间都相差一个倍数λ_1,所以$[X_r]$或$[X_{r+1}]$就是对应于λ_1的第一阶主振型,而特征值λ_1可以计算得到。

$$\lambda_1=\frac{(X_{r+1})_l}{(X_r)_l}\quad(l=1,2,\cdots,n)\tag{4-91}$$

其中,$(X_r)_l$表示向量$[X_r]$的第l个元素。为了防止迭代过程中迭代向量的元素变得过大或者过小,每次迭代后需要使向量归一化。因此矩阵迭代法的主要计算步骤为:

① 选取初始迭代向量$[X_1]$,使其最后一个元素为1;

② 对$[X_1]$作矩阵迭代,并使新向量$[Y_1]$归一化,即

$$[Y_1]=[A][X_1],\quad[X_2]=\frac{1}{(Y_1)_n}[Y_1]\tag{4-92}$$

其中,$(Y_1)_n$表示向量$[Y_1]$的第n个元素。

③ 重复步骤②,第r次的迭代结果为

$$[Y_r]=[A][X_r],\quad[X_{r+1}]=\frac{1}{(Y_r)_n}[Y_r]\tag{4-93}$$

④ 若在误差允许的范围内有$[X_{r+1}]\approx[X_r]$,则将$[X_{r+1}]$或$[X_r]$取作第一阶主振型,由式(4-91)得

$$\lambda_1=\frac{([A][X_{r+1}])_n}{(X_r)_n}=\frac{(Y_{r+1})_n}{(X_r)_n}=\frac{(Y_r)_n}{1}\tag{4-94}$$

因而第一阶固有频率为

$$\omega_1=\frac{1}{\sqrt{(Y_r)_n}} \tag{4-95}$$

由式(4-88)可以看出,矩阵迭代法计算 ω_1 和 ϕ_1 的收敛速度取决于比值 $\left(\frac{\lambda_2}{\lambda_1}\right)=\left(\frac{\omega_1}{\omega_2}\right)^2$,$\frac{\omega_1}{\omega_2}$ 越小,收敛的越快。

例 4.4.1 如图 4-13 所示,试用矩阵迭代法计算三自由度系统的第一阶固有频率和主振型。

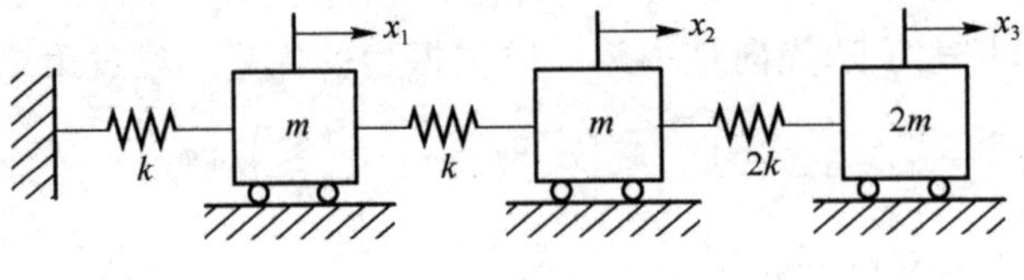

图 4-13 三自由度系统

解 三自由度系统的质量矩阵和刚度矩阵分别表示为

$$[m]=\begin{bmatrix} m & 0 & 0\\ 0 & m & 0\\ 0 & 0 & 2m\end{bmatrix},\quad [k]=\begin{bmatrix} 2k & -k & 0\\ -k & 3k & -2k\\ 0 & -2k & 2k\end{bmatrix}$$

算出的$[k]$的逆矩阵及系统的动力矩阵分别为

$$[k]^{-1}=\frac{1}{k}\begin{bmatrix} 1 & 1 & 1\\ 1 & 2 & 2\\ 1 & 2 & 2.5\end{bmatrix},\quad [A]=[k]^{-1}[m]=\frac{m}{k}\begin{bmatrix} 1 & 1 & 2\\ 1 & 2 & 4\\ 1 & 2 & 5\end{bmatrix}$$

若选取初始迭代矩阵为$[X_1]=[1\quad 1\quad 1]^{\mathrm{T}}$,则第一次迭代后,得

$$[Y_1]=[A][X_1]=\frac{m}{k}\begin{bmatrix} 4\\ 7\\ 8\end{bmatrix},\quad [X_2]=\frac{1}{(Y_1)_3}[Y_1]=\begin{bmatrix} 0.500\,000\\ 0.875\,000\\ 1.000\,000\end{bmatrix}$$

第二次迭代后,得

$$[Y_2]=[A][X_2]=\frac{m}{k}\begin{bmatrix} 1 & 1 & 2\\ 1 & 2 & 4\\ 1 & 2 & 5\end{bmatrix}\begin{bmatrix} 0.500\,000\\ 0.875\,000\\ 1.000\,000\end{bmatrix}=\frac{m}{k}\begin{bmatrix} 3.375\\ 6.250\\ 7.250\end{bmatrix}$$

$$[X_3]=\frac{1}{(Y_2)_3}[Y_2]=\begin{bmatrix} 0.465\,517\\ 0.862\,069\\ 1.000\,000\end{bmatrix}$$

第三次迭代,得

$$[Y_3]=[A][X_3]=\frac{m}{k}\begin{bmatrix} 1 & 1 & 2\\ 1 & 2 & 4\\ 1 & 2 & 5\end{bmatrix}\begin{bmatrix} 0.465\,517\\ 0.862\,069\\ 1.000\,000\end{bmatrix}=\frac{m}{k}\begin{bmatrix} 3.327\,6\\ 6.189\,7\\ 7.189\,7\end{bmatrix}$$

$$[X_4]=\frac{1}{(Y_3)_3}[Y_3]=\begin{bmatrix} 0.462\,830\\ 0.860\,911\\ 1.000\,000\end{bmatrix}$$

重复上述步骤,各次的迭代结果如表 4－1 所列。由表可以看出,经过 6 次迭代,已有 $[X_7]=[X_6]$。

$$[Y_7]=[A][X_7]=\frac{m}{k}\begin{bmatrix}1&1&2\\1&2&4\\1&2&5\end{bmatrix}\begin{bmatrix}0.462\,598\\0.860\,806\\1.000\,000\end{bmatrix}=\frac{m}{k}\begin{bmatrix}3.323\,404\\6.184\,210\\7.184\,210\end{bmatrix}$$

$$[\phi_1]=[X_7]=\begin{bmatrix}0.462\,598\\0.860\,806\\1.000\,000\end{bmatrix}$$

根据 $[A][X_7]=\lambda_1[X_7]$,利用系数最后一个元素计算第一阶固有频率,结果为

$$\lambda_1=7.184\,210\,\frac{m}{k},\quad \omega_1=\frac{1}{\sqrt{\lambda_1}}=\frac{1}{\sqrt{7.184\,210\,\frac{m}{k}}}=0.373\,087\sqrt{\frac{k}{m}}$$

根据式(4－39)计算得到

$$[m_1*]=[\phi_1]^{\mathrm{T}}[m][\phi_1]=[0.462\,598\quad 0.860\,806\quad 1.000\,000]\begin{bmatrix}m&0&0\\0&m&0\\0&0&2m\end{bmatrix}\begin{bmatrix}0.462\,598\\0.860\,806\\1.000\,000\end{bmatrix}$$

$$=2.954\,984\,m$$

正则化的第一阶主振型为

$$\bar{\phi}_1=\frac{\phi_1}{\sqrt{m_1^*}}=\frac{1}{\sqrt{m}}\begin{bmatrix}0.269\,107\\0.500\,756\\0.581\,730\end{bmatrix}$$

表 4－1　第一阶主振型的迭代

r	1	2	3	4	5	6	7
X_r	1	0.500 000	0.465 517	0.462 830	0.462 617	0.462 598	0.462 598
		0.875 000	0.862 069	0.860 911	0.860 814	0.860 806	0.860 806
		1.000 000	1.000 000	1.000 000	1.000 000	1.000 000	1.000 000
$\frac{k}{m}\lambda_1$	8	7.250 000	7.189 655	7.184 652	7.184 245	7.184 210	—

(2) 较高阶固有频率及主振型

如前所述,每一次矩阵迭代总是扩大迭代向量 $[X_r]$ 内第一阶主振型 ϕ_1 的比重,如果在每次使用的 $[X_r]$ 中剔除掉 ϕ_1 的成分,那么迭代就会收敛到第二阶主振型 ϕ_2 及固有频率 ω_2。同理,求解第三阶主振型 ϕ_3 及固有频率 ω_3,需要剔除掉 ϕ_1 和 ϕ_2 的成分。

对式(4－85)左乘矩阵 $[\phi_1]^{\mathrm{T}}[m]$,由正交性得知 ϕ_1 的系数为

$$a_1=\frac{1}{[m_i^*]}[\phi_1]^{\mathrm{T}}[m][X_1]\tag{4-96}$$

根据式(4－86),如果取第一次迭代后所得的向量为

$$[X_2]=[A][X_1]-a_1\lambda_1[\phi_1]=\sum_{i=2}^{n}a_i\lambda_i[\phi_i]$$

$$= \lambda_2 \left(a_2 [\phi_2] + \sum_{i=3}^{n} a_i \frac{\lambda_i}{\lambda_2} [\phi_i] \right) \tag{4-97}$$

那么，$[X_2]$内就不包含 ϕ_1 的成分，结合式(4－96)，式(4－97)可写为

$$[X_2] = [A][X_1] - \lambda_1 [\phi_1] a_1 = \left([A] - \frac{\lambda_1}{[m_i^*]} [\phi_1][\phi_1]^{\mathrm{T}} [m] \right) [X_1]$$
$$= \sum_{i=2}^{n} a_i \lambda_i [\phi_i] \tag{4-98}$$

令算子矩阵为$[A_1] = [A] - \frac{\lambda_1}{[m_i^*]} [\phi_1][\phi_1]^{\mathrm{T}} [m]$，则$[X_2]$可表示为

$$[X_2] = [A_1][X_1] = \sum_{i=2}^{n} a_i \lambda_i [\phi_i] = \lambda_2 \left(a_2 [\phi_2] + \sum_{i=3}^{n} a_i \frac{\lambda_i}{\lambda_2} [\phi_i] \right) \tag{4-99}$$

对式(4－99)左乘矩阵$[A_1] = [A] - \frac{\lambda_1}{[m_i^*]} [\phi_1][\phi_1]^{\mathrm{T}} [m]$，结合正交性，得到第二次迭代后所得的向量$[X_3]$可表示为

$$[X_3] = \left([A] - \frac{\lambda_1}{[m_i^*]} [\phi_1][\phi_1]^{\mathrm{T}} [m] \right) \sum_{i=2}^{n} a_i \lambda_i [\phi_i]$$
$$= \sum_{i=2}^{n} a_i \lambda_i^2 [\phi_i] = \lambda_2^2 \left[a_2 [\phi_2] + \sum_{i=3}^{n} a_i \left(\frac{\lambda_i}{\lambda_2} \right)^2 [\phi_i] \right] \tag{4-100}$$

同理，第$(r+1)$次迭代后的结果为

$$[X_{r+1}] = \lambda_2^r \left[a_2 [\phi_2] + \sum_{i=3}^{n} a_i \left(\frac{\lambda_i}{\lambda_2} \right)^r [\phi_i] \right] \approx \lambda_2^r a_2 [\phi_2] \tag{4-101}$$

即得到矩阵迭代收敛到 ϕ_2 和 ω_2。同样地，为了防止迭代过程中迭代向量的元素变得过大或者过小，每次迭代后需要使向量归一化。

因此，归纳得出，求第 s 阶固有频率和主振型对应的算子矩阵为

$$[A_{s-1}] = [A_{s-2}] - \frac{\lambda_{s-1}}{[m_i^*]} [\phi_{s-1}][\phi_{s-1}]^{\mathrm{T}} [m] \quad s = (2, 3, \cdots, n)$$

例 4.4.2 求例 4.4.1 中三自由度系统的高阶固有频率和主振型。

解 第一阶的主质量矩阵为

$$[m_1^*] = [\phi_i]^{\mathrm{T}} [m][\phi_i] = 2.954\,984m$$

第二阶固有频率和主振型对应的算子矩阵为

$$[A_1] = [A] - \frac{\lambda_1}{[m_i^*]} [\phi_1][\phi_1]^{\mathrm{T}} [m] = \frac{m}{k} \begin{bmatrix} 0.479\,727 & 0.031\,870 & -0.249\,355 \\ 0.031\,870 & 0.198\,495 & -0.185\,614 \\ -0.124\,674 & -0.092\,803 & 0.137\,569 \end{bmatrix}$$

一般人们期望模态有个节点，因此选取初始迭代向量为$[X_1] = [1 \quad 1 \quad -1]^{\mathrm{T}}$，第一次迭代后，得

$$[Y_1] = [A_1][X_1] = \frac{m}{k} \begin{bmatrix} 0.479\,727 & 0.031\,870 & -0.249\,355 \\ 0.031\,870 & 0.198\,495 & -0.185\,614 \\ -0.124\,674 & -0.092\,803 & 0.137\,569 \end{bmatrix} \begin{bmatrix} 1 \\ 1 \\ -1 \end{bmatrix}$$
$$= \frac{m}{k} \begin{bmatrix} 0.760\,952 \\ 0.415\,979 \\ -0.355\,046 \end{bmatrix}$$

归一化模态向量表示为

$$[X_2]=\begin{bmatrix}-2.143\,249\\-1.171\,620\\1.000\,000\end{bmatrix}$$

第二次迭代后，得

$$[Y_2]=[A_1][X_2]=\frac{m}{k}\begin{bmatrix}0.479\,727 & 0.031\,870 & -0.249\,355\\0.031\,870 & 0.198\,495 & -0.185\,614\\-0.124\,674 & -0.092\,803 & 0.137\,569\end{bmatrix}\begin{bmatrix}-2.143\,249\\-1.171\,620\\1.000\,000\end{bmatrix}$$

$$=\frac{m}{k}\begin{bmatrix}-1.314\,869\\-0.486\,480\\0.513\,506\end{bmatrix}$$

归一化模态向量表示为

$$[X_3]=\begin{bmatrix}-2.560\,572\\-0.947\,370\\1.000\,000\end{bmatrix}$$

迭代 16 次后，得

$$[Y_{16}]=[A_1][X_{16}]=\frac{m}{k}\begin{bmatrix}0.479\,727 & 0.031\,870 & -0.249\,355\\0.031\,870 & 0.198\,495 & -0.185\,614\\-0.124\,674 & -0.092\,803 & 0.137\,569\end{bmatrix}\begin{bmatrix}-2.935\,492\\-0.745\,892\\1.000\,000\end{bmatrix}$$

$$=\frac{m}{k}\begin{bmatrix}-1.681\,361\\-0.427\,224\\0.572\,770\end{bmatrix}$$

归一化模态向量表示为

$$[\phi_2]=[X_{17}]=\begin{bmatrix}-2.935\,491\\-0.745\,891\\1.000\,000\end{bmatrix}$$

根据$[A_1][X_{16}]=\lambda_1[X_{16}]$，利用系数最后一个元素计算第二阶固有频率，结果为

$$\lambda_2=0.572\,770\,\frac{m}{k},\quad \omega_2=\frac{1}{\sqrt{\lambda_2}}=\frac{1}{\sqrt{0.572\,770\,\dfrac{m}{k}}}=1.321\,325\sqrt{\frac{k}{m}}$$

根据式(4－39)计算得到

$$[m_2^*]=[\phi_2]^{\mathrm T}[m][\phi_2]$$

$$=[-2.935\,491\quad -0.745\,891\quad 1.000\,000]\begin{bmatrix}m & 0 & 0\\0 & m & 0\\0 & 0 & 2m\end{bmatrix}\begin{bmatrix}-2.935\,491\\-0.745\,891\\1.000\,000\end{bmatrix}$$

$$=11.173\,461\ \mathrm{m}$$

正则化的第二阶主振型为

$$\bar{\phi}_2=\frac{\phi_2}{\sqrt{m_2^*}}=\frac{1}{\sqrt{m}}\begin{bmatrix}-0.878\,187\\-0.223\,142\\0.299\,162\end{bmatrix}$$

若要求第三阶固有频率和主振型，对应的算子矩阵为

$$[A_2]=[A_1]-\frac{\lambda_2}{[m_2^*]}[\phi_2][\phi_2]^{\mathrm{T}}[m]=\frac{m}{k}\begin{bmatrix}0.037\,997 & -0.080\,371 & 0.051\,603\\ -0.080\,371 & 0.169\,975 & -0.109\,142\\ 0.025\,805 & -0.054\,567 & 0.035\,045\end{bmatrix}$$

一般人们期望模态有个节点，因此选取初始迭代向量为 $[X_1]=[1\quad -1\quad 1]^{\mathrm{T}}$，迭代 4 次后，得

$$[Y_4]=[A_2][X_4]=\frac{m}{k}\begin{bmatrix}0.037\,997 & -0.080\,371 & 0.051\,603\\ -0.080\,371 & 0.169\,975 & -0.109\,142\\ 0.025\,805 & -0.054\,567 & 0.035\,045\end{bmatrix}\begin{bmatrix}1.472\,763\\ -3.114\,824\\ 1.000\,000\end{bmatrix}$$

$$=\frac{m}{k}\begin{bmatrix}0.357\,905\\ -0.756\,952\\ 0.243\,016\end{bmatrix}$$

归一化模态向量表示为

$$[X_5]=\begin{bmatrix}1.472\,763\\ -3.114\,824\\ 1.000\,000\end{bmatrix}$$

根据 $[A_2][X_{14}]=\lambda_3[X_{14}]$，利用系数最后一个元素计算第三阶固有频率，结果为

$$\lambda_3=0.243\,016\,\frac{m}{k},\quad \omega_3=\frac{1}{\sqrt{\lambda_3}}=\frac{1}{\sqrt{0.243\,016\,\frac{m}{k}}}=2.028\,509\sqrt{\frac{k}{m}}$$

正则化的第三阶主振型为

$$\bar{\phi}_3=\frac{\phi_3}{\sqrt{m_3^*}}=\frac{1}{\sqrt{m}}\begin{bmatrix}0.395\,440\\ -0.836\,328\\ 0.268\,514\end{bmatrix}$$

4.4.2 Rayleigh 法

第 2 章中介绍的能量法也适用于多自由度系统，当无阻尼多自由度系统以某一特定的固有频率 ω_r 做主振动时，系统的各点在平衡位置附近以 ω_r 做简谐振动，可表示为

$$[x]=[\phi_r]\sin(\omega_r t+\varphi_r)\tag{4-102}$$

其中，ϕ_r 和 φ_r 为振型和相位角。相应的最大动能和最大势能可写为

$$\begin{aligned}T_{\max}&=\frac{1}{2}[\ddot{x}]^{\mathrm{T}}[m][\ddot{x}]=\frac{1}{2}\omega_r^2\,[\phi_r]^{\mathrm{T}}[m][\phi_r],\\ U_{\max}&=\frac{1}{2}[x]^{\mathrm{T}}[k][x]=\frac{1}{2}[\phi_r]^{\mathrm{T}}[k][\phi_r]\end{aligned}\tag{4-103}$$

对于保守系统有 $T_{\max}=U_{\max}$，从而得到

$$R(\phi_r)=\frac{[\phi_r]^{\mathrm{T}}[k][\phi_r]}{[\phi_r]^{\mathrm{T}}[m][\phi_r]}=\frac{k_i^*}{m_i^*}=\omega_r^2\tag{4-104}$$

式(4-104)表明，只要能得到第 r 阶主振型 $[\phi_r]$，并代入式(4-104)即可得到该振型对应

的固有频率 ω_r，但由于 $[\phi_r]$ 是未知的，因此可假设一个很接近 $[\phi_r]$ 的振型 $[\psi]$，代入式(4-104)得

$$R(\psi)=\frac{[\psi]^{\mathrm{T}}[k][\psi]}{[\psi]^{\mathrm{T}}[m][\psi]} \tag{4-105}$$

其中，$R(\psi)$ 为 Rayleigh 商，它不仅取决于 $[k]$ 和 $[m]$，而且取决于假设的振型 $[\psi]$。式(4-105)正是第 r 阶主振动中机械能守恒的反映。如果 $[\psi]$ 与某一振型接近，此时 Rayleigh 商就是相应固有频率二次方的近似值，故由式(4-105)可计算出 ω_r 的近似值。当 $[\psi]$ 为一般向量时，$[\psi]$ 可以展开为 n 个正则振型 $\overline{\phi}_i(i=1,2,\cdots,n)$ 的线性组，即

$$[\psi]=a_1[\overline{\phi}_1]+a_2[\overline{\phi}_2]+\cdots+a_n[\overline{\phi}_n]=[\overline{\phi}][a] \tag{4-106}$$

其中，$[a]$ 是由不全为零常数 a_1、a_2、…、a_n 组成的列向量，$[\overline{\phi}_i](i=1,2,\cdots,n)$ 为正则振型，将式(4-106)、式(4-55)和式(4-59)代入式(4-105)，得

$$R(\psi)=\frac{[a]^{\mathrm{T}}\ [\overline{\phi}]^{\mathrm{T}}[k][\overline{\phi}][a]}{[a]^{\mathrm{T}}\ [\overline{\phi}]^{\mathrm{T}}[m][\overline{\phi}][a]}=\frac{[a]^{\mathrm{T}}[\Lambda][a]}{[a]^{\mathrm{T}}[I][a]}=\frac{\sum\limits_{i=1}^{n}\omega_i^2 a_i^2}{\sum\limits_{i=1}^{n}a_i^2} \tag{4-107}$$

式(4-107)的 Rayleigh 商可写成所有 $\omega_i^2(i=1,2,\cdots,n)$ 的加权平均，加权因子是 $a_i^2(i=1,2,\cdots,n)$。若 $[\psi]$ 很接近第一阶主振型 $[\phi_1]$，则式(4-107)的分子、分母除以 a_1^2，得

$$R(\psi)=\frac{\omega_1^2+\sum\limits_{i=2}^{n}\omega_i^2\left(\dfrac{a_i}{a_1}\right)^2}{1+\sum\limits_{i=2}^{n}\left(\dfrac{a_i}{a_1}\right)^2}=\frac{\omega_1^2+\sum\limits_{i=2}^{n}\omega_i^2\varepsilon_i^2}{1+\sum\limits_{i=2}^{n}\varepsilon_i^2}=\omega_1^2[1+O(\varepsilon^2)] \tag{4-108}$$

其中，$O(\varepsilon^2)$ 是 ε 的二阶表达式，其值接近零。因此，式(4-108)可表示为 $R(\psi)\approx\omega_1^2$。同理，当 $[\psi]$ 接近于 $[\phi_r]$ 时，$R(\psi)\approx\omega_r^2$。

通常情况下，$\omega_i^2>\omega_1^2(i=2,3,\cdots,n)$，由式(4-108)可知，Rayleigh 商的极小值等于 ω_1^2。但是，如果所取的 $[\psi]$ 正好与第一阶振型 $[\overline{\phi}_1]$ 正交，则 $[\overline{\phi}_1]^{\mathrm{T}}[\psi]=[0]$，故有 $a_1=0$。同理，当 $[\psi]$ 与第二阶振型 $[\overline{\phi}_2]$ 正交时，可得到 Rayleigh 商的极小值等于 ω_2^2。以此类推，当 $[\psi]$ 与第 r 阶振型 $[\overline{\phi}_2]$ 正交时，可得到 Rayleigh 商的极小值等于 ω_r^2。Rayleigh 商的这种极值特性，从物理意义上可以理解为：若选取的振型 $[\psi]$ 与系统固有振型不完全相同，就相当于给系统施加某种附加约束，使系统刚度增加，导致计算机的固有频率高于系统的固有频率。因此，一般使用 Rayleigh 法求系统的第一阶固有频率。

4.4.3　Rayleigh-Ritz 法

Rayleigh-Ritz 法是在 Rayleigh 法基础上改进的一种缩减系统自由度的近似解法，它对选取的假设振型 $[\psi]$ 的假设更为合理。假设有一个 n 自由度系统，是用有限的 s 个独立矢量 ϕ_1、ϕ_2、…、ϕ_s 的线性组合来表示 n 自由度系统的假设振型 $[\psi]$ 的，即令

$$[\psi]=[\phi][\alpha]=[\phi_1\quad\phi_2\quad\cdots\quad\phi_s]\begin{bmatrix}a_1\\a_2\\\vdots\\a_s\end{bmatrix} \tag{4-109}$$

其中，$[\phi]$为变换矩阵，为$n\times s$阶；$[\alpha]$为待定系数矩阵，其分量a_1、a_2、…、a_n为待定系数，可由Rayleigh商的极值性质决定，为s×1阶。

这样系统的自由度数就由n缩减为s。系统采用新的广义坐标后，仍可以采用拉格朗日方程式建立它的运动方程，计算系统的动能和势能，并应用于式(4－105)。将式(4－109)代入式(4－105)，得

$$R(\alpha)=\frac{[\alpha]^{\mathrm{T}}\ [\phi]^{\mathrm{T}}\ [k]\ [\phi]\ [\alpha]}{[\alpha]^{\mathrm{T}}\ [\phi]^{\mathrm{T}}\ [m]\ [\phi]\ [\alpha]}=\frac{[\alpha]^{\mathrm{T}}\ [k_R]\ [\alpha]}{[\alpha]^{\mathrm{T}}\ [m_R]\ [\alpha]}=\frac{N_R(\alpha)}{D_R(\alpha)} \tag{4-110}$$

其中，$[k_R]=[\phi]^{\mathrm{T}}\ [k]\ [\phi]$为广义刚度；$[m_R]=[\phi]^{\mathrm{T}}\ [m]\ [\phi]$为广义质量。式(4－110)使Rayleigh商以α为参变量。若ω^2是$R(\alpha)$的极小值，则有

$$\omega^2=\left(\frac{N_R}{D_R}\right)_{\min} \tag{4-111}$$

利用Rayleigh商的极值性质，令

$$\frac{\partial R(\alpha)}{\partial \alpha_i}=0 \quad (i=1,2,\cdots,n) \tag{4-112}$$

将式(4－110)代入式(4－112)，并考虑式(4－111)，得

$$\frac{\partial R(\alpha)}{\partial \alpha_i}=\frac{1}{D_R^2}\left(D_R\ \frac{\partial N_R}{\partial \alpha_i}-N_R\ \frac{\partial D_R}{\partial \alpha_i}\right)=0 \quad (i=1,2,\cdots,n) \tag{4-113}$$

再将式(4－111)代入式(4－113)得

$$\frac{\partial N_R}{\partial \alpha_i}-\omega^2\ \frac{\partial D_R}{\partial \alpha_i}=0 \quad (i=1,2,\cdots,n) \tag{4-114}$$

根据式(4－110)给出的关于N_R和D_R的定义，考虑a_i为待定系数，得

$$\begin{cases}\dfrac{\partial N_R}{\partial \alpha_i}=\dfrac{\partial[\alpha]^{\mathrm{T}}}{\partial \alpha_2}\ [k_R]\ [\alpha]+[\alpha]^{\mathrm{T}}\ [k_R]\dfrac{\partial[\alpha]}{\partial \alpha_i}=2\ \dfrac{\partial[\alpha]^{\mathrm{T}}}{\partial \alpha_2}\ [k_R]\ [\alpha]=2\boldsymbol{e}_i^{\mathrm{T}}\ [k_R]\ [\alpha] \quad (i=1,2,\cdots,n) \\ \dfrac{\partial D_R}{\partial \alpha_i}=2\ \dfrac{\partial[\alpha]^{\mathrm{T}}}{\partial \alpha_2}\ [m_R]\ [\alpha]=2\boldsymbol{e}_i^{\mathrm{T}}\ [m_R]\ [\alpha] \quad (i=1,2,\cdots,n)\end{cases} \tag{4-115}$$

其中，$\boldsymbol{e}_i$是s阶单位矩阵$[I]_s$的第i列。

式(4－114)可表示为

$$\boldsymbol{e}_i^{\mathrm{T}}\ [k_R]\ [\alpha]-\omega^2\boldsymbol{e}_i^{\mathrm{T}}\ [m_R]\ [\alpha]=0 \quad (i=1,2,\cdots,n) \tag{4-116}$$

将上面s个方程组合写为矩阵方程：

$$([k_R]-\omega^2\ [m_R])\ [\alpha]=0 \tag{4-117}$$

式(4－117)为以α为未知数的s元齐次方程组。由非零解条件得到频率方程为

$$\left|\ [k_R]-\omega^2\ [m_R]\ \right|=0 \tag{4-118}$$

式(4－118)是通过Rayleigh-Ritz法把n自由度的系统缩减为用s个广义坐标及相应假设振型表示的s个自由度系统。由上式求出原系统s个固有频率后，利用$[k_R]-\omega^2\ [m_R]$的伴随矩阵可求出相应的特征向量$[\alpha]_i$。再利用式(4－109)求出n自由度系统的前s阶近似主振型$[\psi]$。由于s一般远小于n，故求解工作量大为降低。

例4.4.3 用Rayleigh-Ritz法求例4.4.1中三自由度系统的前二阶固有频率和主振型。

解　将假设的振型选为

$$[\phi]=[\phi_1\quad\phi_2]=\begin{bmatrix}1 & 1\\2 & 2\\3 & -1\end{bmatrix}$$

根据$[k_R]=[\phi]^T[k][\phi]$和$[m_R]=[\phi]^T[m][\phi]$得

$$[k_R]=[\phi]^T[k][\phi]=\begin{bmatrix}1 & 2 & 3\\1 & 2 & -1\end{bmatrix}\begin{bmatrix}2k & -k & 0\\-k & 3k & -2k\\0 & -2k & 2k\end{bmatrix}\begin{bmatrix}1 & 1\\2 & 2\\3 & -1\end{bmatrix}=\begin{bmatrix}4k & -4k\\-4k & 20k\end{bmatrix}$$

$$[m_R]=[\phi]^T[m][\phi]=\begin{bmatrix}1 & 2 & 3\\1 & 2 & -1\end{bmatrix}\begin{bmatrix}m & 0 & 0\\0 & m & 0\\0 & 0 & 2m\end{bmatrix}\begin{bmatrix}1 & 1\\2 & 2\\3 & -1\end{bmatrix}=\begin{bmatrix}23m & -m\\-m & 7m\end{bmatrix}$$

将其代入式(4-117),得

$$\begin{bmatrix}4k-32m\omega^2 & -4k+m\omega^2\\-4k+m\omega^2 & 20k-7m\omega^2\end{bmatrix}\begin{bmatrix}\alpha_1\\\alpha_2\end{bmatrix}=\begin{bmatrix}0\\0\end{bmatrix}$$

由上式解出

$$\omega_1=0.373\,969\sqrt{\frac{k}{m}},\quad \omega_2=1.691\,197\sqrt{\frac{k}{m}}$$

由此算出

$$[\alpha_1]=[4.927\,547\quad 1.000\,000]^T,\quad [\alpha_2]=[-0.018\,449\quad 1.000\,000]^T$$

由式(4-109)得到的前两阶主振型为

$$[\psi_1]=[\phi][\alpha_1]=\begin{bmatrix}1 & 1\\2 & 2\\3 & -1\end{bmatrix}\begin{bmatrix}4.927\,547\\1.000\,000\end{bmatrix}=\beta_1\begin{bmatrix}0.430\,073\\0.860\,147\\1.000\,000\end{bmatrix}$$

$$[\psi_2]=[\phi][\alpha_2]=\begin{bmatrix}1 & 1\\2 & 2\\3 & -1\end{bmatrix}\begin{bmatrix}-0.018\,449\\1.000\,000\end{bmatrix}=\beta_2\begin{bmatrix}-0.930\,074\\-1.860\,148\\1.000\,000\end{bmatrix}$$

其中,$\beta_1=13.782\,641$,$\beta_2=-1.055\,347$,它们是主振型归一化时得到的常数。

4.4.4　子空间迭代法

将前面的矩阵迭代法与 Rayleigh-Ritz 法结合起来,可以得到一种新的计算方法,即子空间迭代法,它对求解自由度较大的系统较低的前若干固有频率及主振型非常有效。子空间迭代法的计算步骤如下:

① 选取初始迭代矩阵$[D_0]=[\phi_1\quad\phi_2\quad\cdots\quad\phi_s]$;

② 作矩阵迭代$[P]=[m][D_0]$,求出 $n\times s$ 阶矩阵$[P]$;

③ 根据方程$[D_1]=[k]^{-1}[P]$,求解,$n\times s$ 阶矩阵$[D_1]$;

④ 根据方程$[Q]=[m][D_1]$,求解 $n\times s$ 阶矩阵$[Q]$;

⑤ 计算自由度数缩减后的刚度矩阵$[\bar{k}]=[D_1]^T[P]$和质量矩阵$[\bar{m}]=[D_1]^T[Q]$;

⑥ 求解矩阵特征值$[\bar{k}][\alpha]=\bar{\omega}^2[\bar{m}][\alpha]$，得到全部 s 个特征值 $\bar{\omega}_i^2(i=1,2,\cdots,s)$和相应的特征向量 $\alpha_i(i=1,2,\cdots,s)$，记为 $[\bar{\Lambda}]=\begin{bmatrix}\bar{\omega}_1^2 & & & \\ & \bar{\omega}_2^2 & & \\ & & \ddots & \\ & & & \bar{\omega}_s^2\end{bmatrix}$，　$[\bar{\phi}]=[\alpha_1\quad \alpha_2\quad \cdots\quad \alpha_s]$；

⑦ 如果各个特征值 $\bar{\omega}_i^2\ (i=1,2,\cdots,s)$满足精度要求，则取 $[\bar{\Lambda}_L]=[\bar{\Lambda}]$，　$[\bar{\phi}_L]=[D_1][\bar{\phi}]$，其中，$[\bar{\Lambda}_L]=\begin{bmatrix}\bar{\omega}_1^2 & & & \\ & \bar{\omega}_2^2 & & \\ & & \ddots & \\ & & & \bar{\omega}_s^2\end{bmatrix}$，　$[\bar{\phi}_L]=[\phi_1\quad \phi_2\quad \cdots\quad \phi_s]$；否则就计算 $[P]=[Q][\bar{\phi}]$，并返回步骤③继续计算。

实际上，上述计算步骤可分为两部分，②和③是矩阵迭代法，④、⑤和⑥是Rayleigh-Ritz法。但是，这里的矩阵迭代法可以采用两种方法：一种是直接形成动力矩阵($[k^{-1}][m]$)，然后作矩阵迭代$[D_1]=[k]^{-1}[m][D_0]$，这种方法存在一定的缺点，这是因为结构动力分析中得到的$[k]$和$[m]$一般是对称、稀疏和带状矩阵，而通过矩阵相乘得到的动力矩阵将丧失这些有利于计算的特点，所以该方法一般应用于阶数较少的矩阵计算；另一种是计算新的迭代矩阵$[D_0]=[D_1][\bar{\phi}]$，再返回步骤②，或者是计算新的矩阵$[P]=[Q][\bar{\phi}]$，并返回步骤③，也可写为$[P]=[Q][\bar{\phi}]=[m][D_1][\bar{\phi}]=[m]([D_1][\bar{\phi}])$。

例 4.4.4　用子空间迭代法求例 4.4.1 中三自由度系统的前二阶固有频率和主振型。

解　假设初始迭代矩阵$[D_0]$选为

$$[D_0]=\begin{bmatrix}1 & 1\\ 2 & 2\\ 3 & -1\end{bmatrix}$$

上式采用归一法使向量的最后一个数变为 1，则$[D_0]$可写为

$$[D_0]=\begin{bmatrix}0.333\,333 & -1\\ 0.666\,667 & -2\\ 1.000\,000 & 1\end{bmatrix}$$

结合步骤②和③，可得到

$$[k]^{-1}[m]=\frac{m}{k}\begin{bmatrix}1 & 1 & 2\\ 1 & 2 & 4\\ 1 & 2 & 5\end{bmatrix}$$

于是得

$$[D_1]=[k]^{-1}[m][D_0]=\frac{m}{k}\begin{bmatrix}3.000\,000 & -1\\ 5.666\,667 & -1\\ 6.666\,667 & 0\end{bmatrix}$$

由$[D_1]$计算得到

$$[\overline{k}]=[D_1]^{\mathrm{T}}[P]=[D_1]^{\mathrm{T}}[k][D_1]=k\begin{bmatrix}0.407\,500 & -0.150\,000\\ -0.150\,000 & 3.000\,000\end{bmatrix}$$

$$[\overline{m}]=[D_1]^{\mathrm{T}}[Q]=[D_1]^{\mathrm{T}}[\overline{m}][D_1]=m\begin{bmatrix}2.925\,000 & -1.300\,000\\ -1.300\,000 & 2.000\,000\end{bmatrix}$$

求解矩阵特征值问题$([\overline{k}]-\overline{\omega}^2[\overline{m}])[\alpha]=0$，得

$$[\overline{\phi}]=[\alpha_1\quad\alpha_2]=\begin{bmatrix}2.721\,608 & -1.144\,686\\ -0.030\,955 & -2.544\,046\end{bmatrix}$$

$$[\overline{\Lambda}]=\begin{bmatrix}\overline{\omega}_1^2 & 0\\ 0 & \overline{\omega}_2^2\end{bmatrix}=\frac{k}{m}\begin{bmatrix}0.139\,196 & 0\\ 0 & 2.072\,343\end{bmatrix}$$

新的迭代矩阵$[D_0]$为

$$[D_0]=[D_1][\overline{\phi}]=\begin{bmatrix}1.255\,679 & 2.028\,937\\ 2.344\,322 & 1.571\,063\\ 2.721\,608 & -1.141\,686\end{bmatrix}$$

各列归一化后，$[D_0]$变为

$$[D_0]=\begin{bmatrix}0.461\,374 & -1.772\,483\\ 0.861\,374 & -1.372\,484\\ 1.000\,000 & 1.000\,000\end{bmatrix}$$

上式中的两个列即近似的系统前二阶主振型，由$[\overline{\Lambda}]$得到

$$\overline{\omega}_1=\sqrt{\overline{\omega}_1^2}=0.373\,090\sqrt{\frac{k}{m}}$$

$$\overline{\omega}_2=\sqrt{\overline{\omega}_2^2}=1.439\,563\sqrt{\frac{k}{m}}$$

可见，一次子空间迭代后，已得到精度较好的第一阶固有频率和主振型。

继续做第二次子空间迭代，由$[D_0]$得

$$[D_1]=[k]^{-1}[m][D_0]=\frac{m}{k}\begin{bmatrix}3.322\,748 & -1.144\,967\\ 6.184\,122 & -0.517\,451\\ 7.184\,122 & 0.482\,549\end{bmatrix}$$

归一化后，$[D_1]$变为

$$[D_1]=\begin{bmatrix}0.462\,513 & -2.372\,748\\ 0.860\,804 & -1.072\,328\\ 1.000\,000 & 1.000\,000\end{bmatrix}$$

由$[D_1]$计算得到

$$[\overline{k}]=[D_1]^{\mathrm{T}}[P]=[D_1]^{\mathrm{T}}[k][D_1]=k\begin{bmatrix}0.411\,305 & -0.002\,562\\ -0.002\,562 & 15.910\,112\end{bmatrix}$$

$$[\overline{m}]=[D_1]^{\mathrm{T}}[Q]=[D_1]^{\mathrm{T}}[\overline{m}][D_1]=m\begin{bmatrix}2.954\,902 & -0.020\,491\\ -0.020\,491 & 8.779\,820\end{bmatrix}$$

求解矩阵特征值问题$([\overline{k}]-\overline{\omega}^2[\overline{m}])[\alpha]=0$，得

$$[\overline{\phi}]=[\alpha_1\quad\alpha_2]=\begin{bmatrix}14.688\,014 & -0.000\,239\\ -0.000\,290 & -0.034\,571\end{bmatrix}$$

$$[\overline{\Lambda}]=\begin{bmatrix}\overline{\omega}_1^2 & 0\\ 0 & \overline{\omega}_2^2\end{bmatrix}=\frac{k}{m}\begin{bmatrix}0.139\,194 & 0\\ 0 & 1.812\,150\end{bmatrix}$$

新的迭代矩阵$[D_0]$为

$$[D_0]=[D_1][\overline{\phi}]=\begin{bmatrix}6.794\,086 & 0.081\,789\\ 12.643\,812 & 0.036\,866\\ 14.687\,724 & -0.034\,810\end{bmatrix}$$

各列归一化后，$[D_0]$变为

$$[D_0]=\begin{bmatrix}0.462\,569 & -2.349\,584\\ 0.860\,842 & -1.059\,064\\ 1.000\,000 & 1.000\,000\end{bmatrix}$$

上式即经过两次子空间迭代后得到的系统前两阶主振型，前两阶固有频率取

$$\overline{\omega}_1=\sqrt{\overline{\omega}_1^2}=0.373\,087\sqrt{\frac{k}{m}}$$

$$\overline{\omega}_2=\sqrt{\overline{\omega}_2^2}=1.346\,161\sqrt{\frac{k}{m}}$$

上式与精确解相比，第一阶固有频率的精度进一步提高，第二阶固有频率也有较大改善。

本章习题

4.1 如图 4-14 所示，双自由度系统，质量分别为 $m_1=m$， $m_2=2m$，弹簧刚度分别为 $k_1=k$， $k_2=3k$， $k_3=2k$。求：

① 系统的固有频率和归一化模态矩阵(振型矩阵)。

② 绘制主振型图(如有节点，请标出节点位置)。

③ 画出物理意义等效模型图。

④ 试对图中系统进行正规坐标变换(正则化后的主质量矩阵和正则化后的主质量矩阵)。

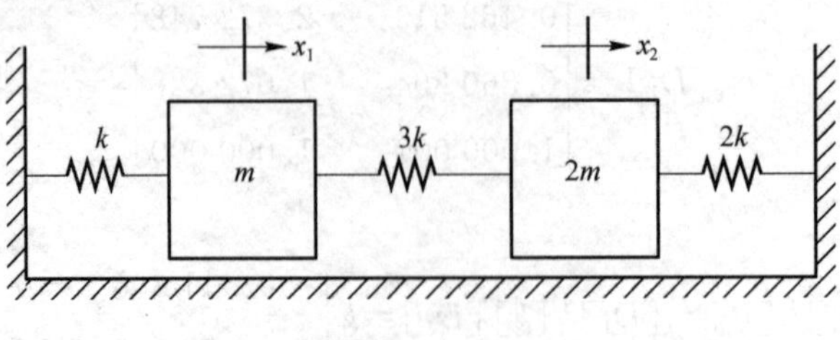

图 4-14

4.2 如图 4-15 所示的双自由度系统，求：

① 系统的固有频率和归一化模态矩阵(振型矩阵)。

② 绘制主振型图(如有节点,请标出节点位置)。

③ 画出物理意义等效模型图。

④ 试对图中系统进行正规坐标变换(正则化后的主质量矩阵和正则化后的主质量矩阵)。

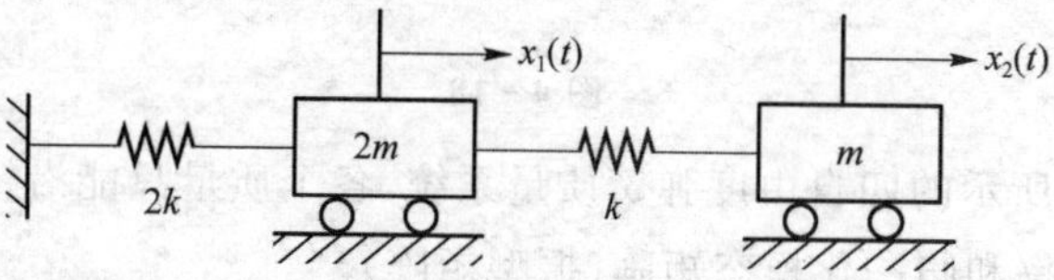

图 4－15

4.3　如图 4－16 所示的多自由度系统,求:

① 系统的固有频率和归一化模态矩阵(振型矩阵)。

② 绘制主振型图(如有节点,请标出节点位置)。

③ 画出物理意义等效模型图。

④ 试对图中系统进行正规坐标变换(正则化后的主质量矩阵和正则化后的主质量矩阵)。

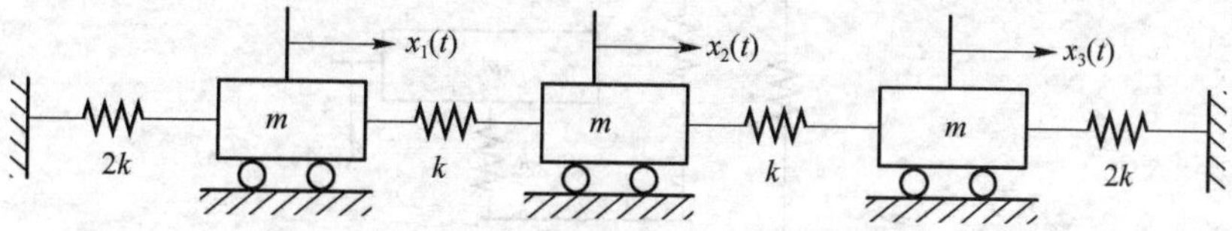

图 4－16

4.4　如图 4－17 所示的双自由度系统,试对图中系统进行正规坐标变换(正则化后的主质量矩阵和正则化后的主质量矩阵)。

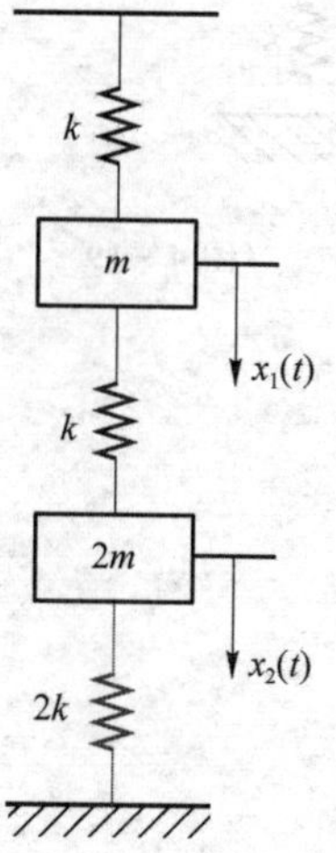

图 4－17

4.5　用 Rayleigh 法求例 4.4.1 中三自由度系统的第一阶固有频率和主振型。

4.6　如图 4－18 所示,四个相等质量 m 及四个刚度 k 的弹簧组成的四自由度系统,用

Rayleigh-Ritz 法求解系统的前二阶固有频率和主振型。

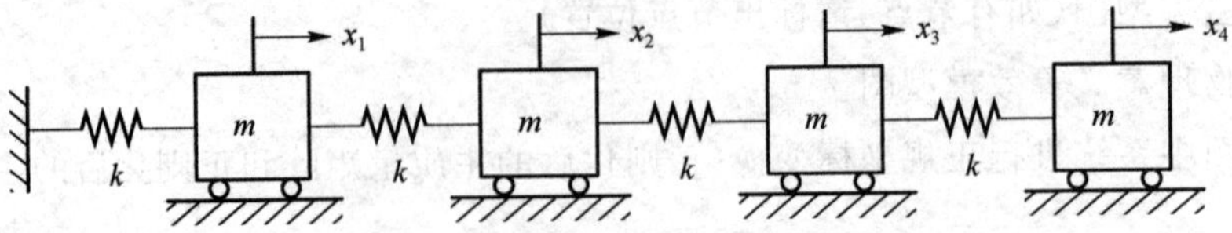

图 4-18

4.7 如图 4-19 所示的四自由度弹簧质量系统,各个质量只能沿铅锤方向运动,求:

① 系统的固有频率和归一化模态矩阵(振型矩阵)。

② 用子空间迭代法求解系统的前二阶固有频率和主振型。

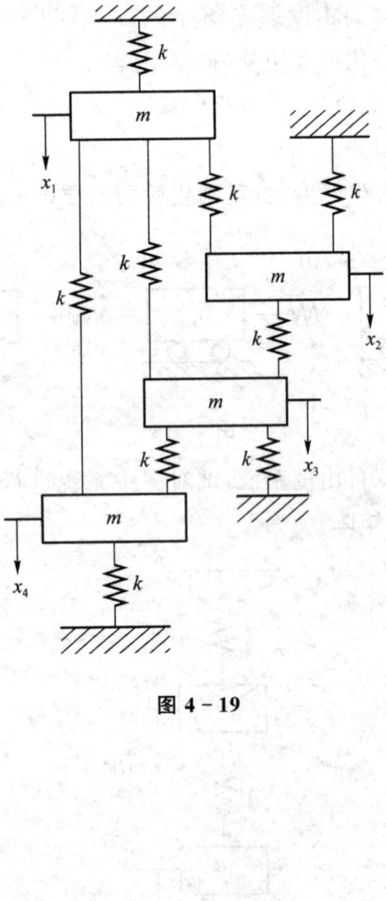

图 4-19

第 5 章　连续弹性体系统的振动

在工程实际中，飞行器结构都是由质量和刚度连续分布的弹性体组成的。将质量、刚度和阻尼都是连续分布的结构动力系统称为连续弹性体系统。连续弹性体系统的变形是连续的，确定系统中无穷多个质点的位置需要无穷多个广义坐标，因此，连续弹性体系统具有无穷多个自由度。在数学上，需要用空间和时间的函数来描述连续系统的运动状态，因此，质点的位置既是广义坐标的连续函数，也是时间的函数。在材料力学的基础上得到系统的运动方程为偏微分方程。

本章主要介绍如何建立各种弹性构件的振动微分方程，并寻求方程的解，讨论其振动的基本规律。本章只讨论线性连续体模型在稳定平衡附近做微幅振动，其必须满足以下条件：

① 材料是连续、均匀和各向同性的；

② 在所有情况下，应力都不超过弹性极限，满足胡克定律；

③ 变形是微小的，满足连续条件。

5.1　杆的纵向振动

5.1.1　纵向振动微分方程

细长的只能承受轴向力的构件称为杆。假设杆的横截面在振动中始终保持平面，并且忽略杆纵向伸缩引起的横向变形。如图 5－1 所示的均匀直杆，其弹性模量为 E，横截面为 A，材料密度为 ρ。

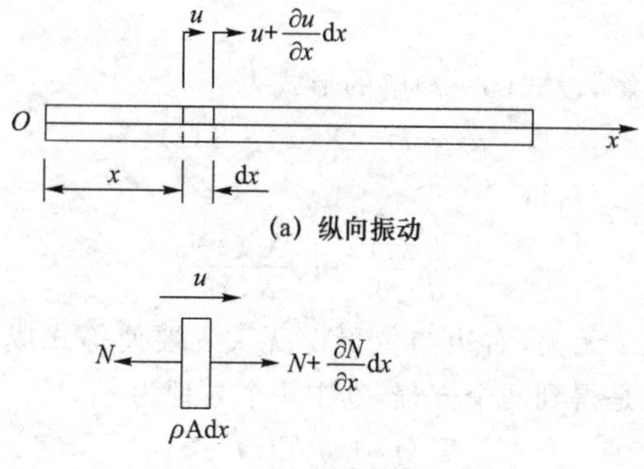

(a) 纵向振动

(b) 受力情况

图 5－1　均匀直杆的纵向振动和受力情况

由于轴向力作用，沿杆的轴线方向将产生位移 u，它是位置 x 和时间 t 的函数，记 $u(x,t)$。取杆上的微元段 $\mathrm{d}x$，设在瞬时 t，在杆位置 x 和 $x+\mathrm{d}x$ 处的轴向位移分别为 u 及 $u+\frac{\partial u}{\partial x}\mathrm{d}x$，对

应于这两个截面的轴向内力为 N 和 $N+\frac{\partial N}{\partial x}\mathrm{d}x$。

因此,微元段 $\mathrm{d}x$ 的轴向应变为

$$\varepsilon=\frac{\left(u+\frac{\partial u}{\partial x}\mathrm{d}x\right)-u}{\mathrm{d}x}=\frac{\partial u}{\partial x} \tag{5-1}$$

根据式(5-1)和胡克定律 $\sigma=E\varepsilon$,得微元段 $\mathrm{d}x$ 在 x 处的轴向力为

$$N=E\varepsilon A=AE\frac{\partial u}{\partial x} \tag{5-2}$$

考虑微元段 $\mathrm{d}x$ 在轴向力和惯性力作用下的平衡,根据牛顿第二定律建立平衡方程,得

$$\mathrm{d}m\cdot\frac{\partial^2 u}{\partial t^2}=\left(N+\frac{\partial N}{\partial x}\mathrm{d}x\right)-N \tag{5-3}$$

其中,$\mathrm{d}m$ 为微元体的质量,有 $\mathrm{d}m=\rho A\mathrm{d}x$,将式(5-2)代入式(5-3),得

$$\rho A\frac{\partial^2 u}{\partial t^2}=\frac{\partial}{\partial x}\left(AE\frac{\partial u}{\partial x}\right) \tag{5-4}$$

若杆为均匀直杆,则式(5-4)化简为

$$\rho\frac{\partial^2 u}{\partial t^2}=E\frac{\partial^2 u}{\partial x^2} \tag{5-5}$$

若杆为非均匀变截面杆,则横截面 A 和材料密度为 ρ 为 x 的函数,记为 $A(x)$ 和 $\rho(x)$,则式(5-4)表示为

$$\rho(x)A(x)\frac{\partial^2 u}{\partial t^2}=E\cdot\frac{\partial}{\partial x}\left(A(x)\frac{\partial u}{\partial x}\right) \tag{5-6}$$

令 $a=\sqrt{\frac{E}{\rho}}$ 为弹性纵波沿杆 x 轴的传播速度,则式(5-5)化简为

$$\frac{\partial^2 u}{\partial t^2}=a^2\frac{\partial^2 u}{\partial x^2} \tag{5-7}$$

式(5-7)称为杆的纵向自由振动微分方程或波动方程,该方程为一个二阶齐次偏微分方程。

采用分离变量方法求解,设式(5-7)解的形式为

$$u(x,t)=X(x)\cdot T(t) \tag{5-8}$$

将式(5-8)代入式(5-7),得

$$\frac{T''(t)}{T(t)}=a^2\frac{X''(x)}{X(x)} \tag{5-9}$$

式(5-9)左边与时间 t 无关,右边与位置 x 无关。要使等式成立,两边应等于同一个常数,假设该常数为 $-\omega^2$,于是得到两个方程,其中一个方程为

$$T''(t)+\omega^2 T(t)=0 \tag{5-10}$$

式(5-10)为单自由度系统自由振动微分方程,其解为

$$T(t)=C_1\sin\omega t+C_2\cos\omega t=C_3\sin(\omega t+\varphi) \tag{5-11}$$

其中,参数 C_1、C_2、C_3 和 φ 由初始条件确定;$\varphi=\arctan\frac{C_2}{C_1}$ 为相位角;$C_3=\sqrt{C_1^2+C_2^2}$ 为振幅;ω 为直杆的固有频率。

另一个方程为

$$X''(x)+\frac{\omega^2}{a^2}X(x)=0 \tag{5-12}$$

其解为

$$X(x)=C_4\sin\frac{\omega x}{a}+C_5\cos\frac{\omega x}{a} \tag{5-13}$$

其中，参数 C_4、C_5 和 ω 由边界条件确定；$X(x)$ 是 x 的函数，称为特征函数或振型函数。

因此，联立式(5-8)、式(5-11)和式(5-13)，可得到整个方程的解，即

$$u(x,t)=\left(C_4\sin\frac{\omega x}{a}+C_5\cos\frac{\omega x}{a}\right)\cdot C_3\sin(\omega t+\varphi)=\left(A\sin\frac{\omega x}{a}+B\cos\frac{\omega x}{a}\right)\cdot\sin(\omega t+\varphi) \tag{5-14}$$

其中，$A=C_3C_4$，　$B=C_3C_5$，参数 A、B、ω 和 φ 由初始条件和边界条件确定。

杆的边界条件是杆两端对变形和轴向力的约束条件，又称作几何边界条件和动力边界条件。表 5-1 所列为杆的边界条件。杆的纵向振动的边界条件主要分为以下几种情况：

① 对于两端固定的杆，其边界条件为：两端的位移等于 0，即

$$u(0,t)=u(l,t)=0$$

② 对于两端自由的杆，其边界条件为：两端的应力(应变)等于 0，即

$$\frac{\partial u(0,t)}{\partial x}=\frac{\partial u(l,t)}{\partial x}=0$$

③ 杆的一端是弹性载荷，设为右端，此处轴向内力等于弹性力，二者方向相反。其左右的边界条件分别为

$$u(0,t)=0,\quad EA\frac{\partial u(l,t)}{\partial x}=-ku(l,t)$$

④ 杆的一端是惯性载荷，设为右端，此处轴向内力等于惯性力，二者方向相反。其左右的边界条件分别为

$$u(0,t)=0,\quad EA\frac{\partial u(l,t)}{\partial x}=-m\frac{\partial u^2(l,t)}{\partial t^2}$$

表 5-1　杆的边界条件

类型	左端边界条件	右端边界条件	示意图
两端固定	$u(0,t)=0$	$u(l,t)=0$	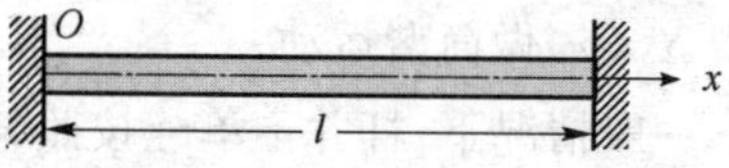
两端自由	$\frac{\partial u(0,t)}{\partial x}=0$	$\frac{\partial u(l,t)}{\partial x}=0$	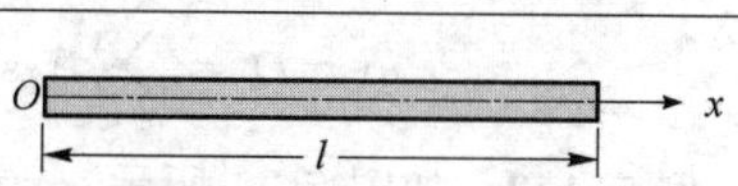
左端固定，右端是弹性支撑	$u(0,t)=0$	$EA\frac{\partial u(l,t)}{\partial x}=-ku(l,t)$	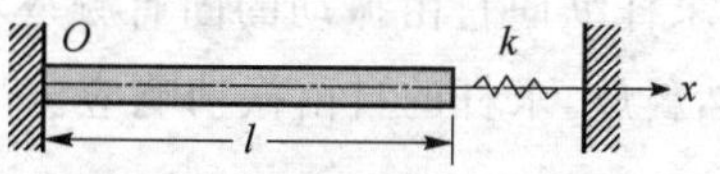
左端固定，右端是惯性载荷	$u(0,t)=0$	$EA\frac{\partial u(l,t)}{\partial x}=-m\frac{\partial u^2(l,t)}{\partial t^2}$	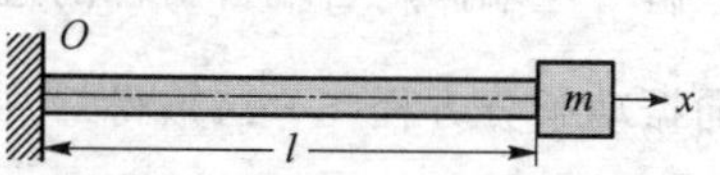

例 5.1.1 如图 5-2 所示，长为 l 的均匀直杆，两端刚性固定，求杆纵向自由振动的固有频率和振动响应。

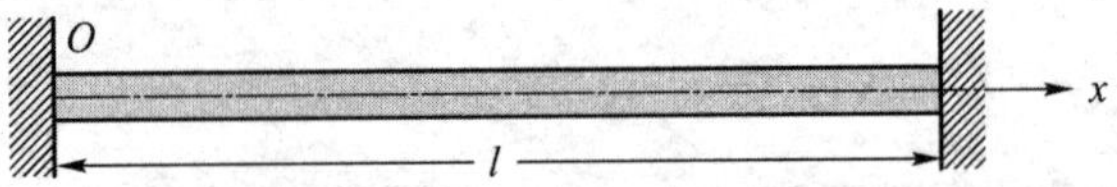

图 5-2 两端固定杆的纵向振动

解 两端固定的杆，其边界条件为：两端的位移等于 0，即 $u(0,t)=u(l,t)=0$，将边界条件代入杆的纵向自由振动微分方程(5-14)，得

$$B=0,\quad A\cdot\sin\frac{\omega l}{a}\cdot\sin(\omega t+\varphi)=0$$

在 $B=0$ 的情况下，A 不应等于 0，则有 $\sin\frac{\omega l}{a}=0$，满足该方程的解为

$$\frac{\omega l}{a}=n\pi\quad(n=1,2,\cdots)$$

因此，两端固定的杆的纵向自由振动的多阶固有频率为

$$\omega_n=\frac{n\pi a}{l}=\frac{n\pi}{l}\sqrt{\frac{E}{\rho}}\quad(n=1,2,\cdots)$$

对应于各阶固有频率，可得到各阶主振型，其为

$$X_n(x)=A_n\sin\frac{\omega_n x}{a}=A_n\sin\left(\frac{n\pi x}{l}\right)\quad(n=1,2,\cdots)$$

两端固定杆纵向振动的前三阶主振型如图 5-3 所示。$X_n(x)$ 上振幅为零的点为节点(边界点除外)。随着固有振型阶数的增加，节点数也增加，振型增高一阶，节点增加一个，而且相邻数振型的节点是相互交错分布的。这个结论对各种边界条件都成立。因此，各阶主振动方程为

$$u_n(x,t)=A_n\sin\left(\frac{n\pi x}{l}\right)\cdot\sin(\omega_n t+\varphi_n)\quad(n=1,2,\cdots)$$

其中，待定系数 A_n 和 φ_n 可由初始条件确定。整个杆以同一频率 ω_n 及相同的初相位 φ_n 按固有振型 $X_n(x)$ 做简谐运动。

一般情况下，杆并不单纯按照某一主振型振动，其振动是各阶主振动的叠加，即

$$u(x,t)=\sum_{n=1}^{\infty}A_n\sin\left(\frac{n\pi x}{l}\right)\cdot\sin(\omega_n t+\varphi_n)\quad(n=1,2,\cdots)$$

例 5.1.2 如图 5-4 所示，长为 l，密度为 ρ，弹性模量为 E 的均匀直杆，左端固定右端自由，求杆纵向自由振动的固有频率和振动响应。假定杆的自由端作用有轴向力 P，在 $t=0$ 时突然释放，求杆的自由振动响应。

解 左端固定右端自由杆的边界条件为：$u(0,t)=0$ 和 $\frac{\partial u(l,t)}{\partial x}=0$。将边界条件代入杆的纵向振动微分方程(5-14)，得

$$B=0;\quad A\frac{\omega}{a}\cdot\cos\frac{\omega l}{a}\cdot\sin(\omega t+\varphi)=0$$

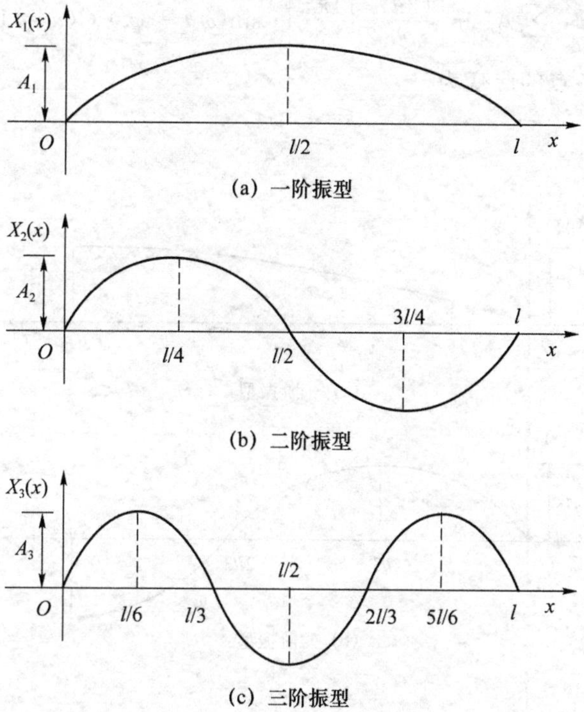

图 5-3　两端固定杆纵向振动的前三阶主振型

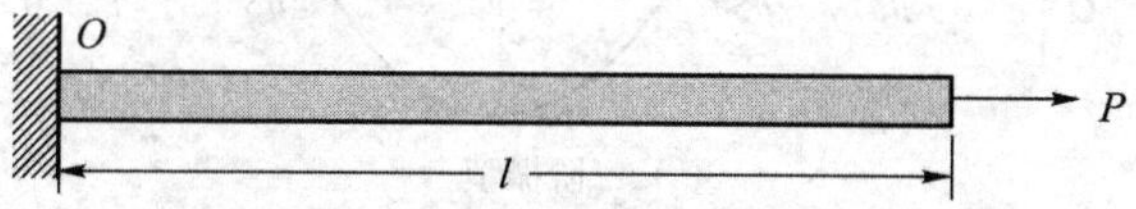

图 5-4　一端固定一端自由杆的纵向振动

在 $B=0$ 的情况下，A 不应等于 0，则有 $\cos\frac{\omega l}{a}=0$，满足该方程的解为

$$\frac{\omega l}{a}=\frac{(2n-1)\pi}{2}\quad(n=1,2,\cdots)$$

因此，左端固定右端自由杆的纵向自由振动的多阶固有频率为

$$\omega_n=\frac{(2n-1)\pi a}{2l}=\frac{(2n-1)\pi}{2l}\sqrt{\frac{E}{\rho}}\quad(n=1,2,\cdots)$$

对应于各阶固有频率，可得到各阶主振型，其为

$$X_n(x)=A_n\sin\frac{\omega_n x}{a}=A_n\sin\left[\frac{(2n-1)\pi x}{2l}\right]\quad(n=1,2,\cdots)$$

左端固定右端自由杆纵向振动的前三阶主振型如图 5-5 所示。因此，各阶主振动为

$$u_n(x,t)=A_n\sin\left[\frac{(2n-1)\pi x}{2l}\right]\cdot\sin(\omega_n t+\varphi_n)\quad(n=1,2,\cdots)$$

其中，待定系数 A_n 和 φ_n 可由初始条件确定。一般情况下，杆并不单纯按照某一主振型振动，其振动是各阶主振动的叠加，即

$$u(x,t)=\sum_{n=1}^{\infty}A_n\sin\left[\frac{(2n-1)\pi x}{2l}\right]\cdot\sin(\omega_n t+\varphi_n)\quad(n=1,2,\cdots)$$

当 $t=0$ 时，杆上各点的应变为

$$\varepsilon=\frac{P}{EA}$$

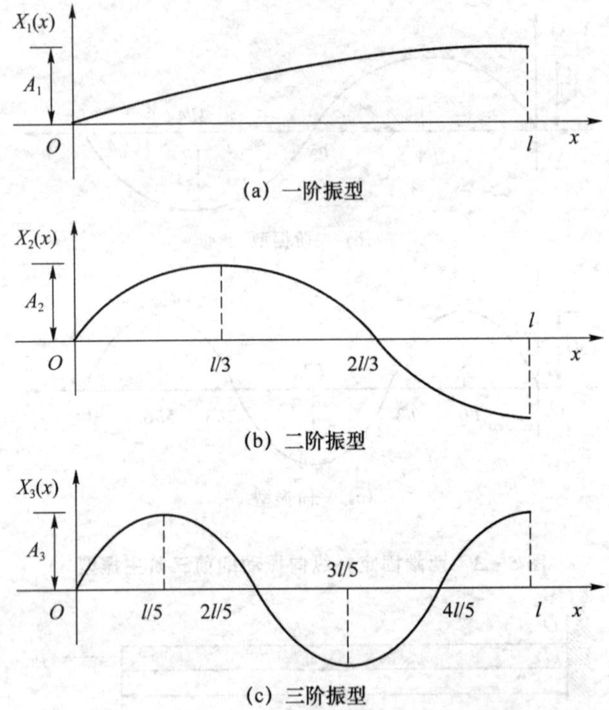

图 5-5　左端固定右端自由杆纵向振动的前三阶主振型

杆上各点的初始应变均匀变化，初始条件为：$u(x,0)=\varepsilon x=\dfrac{Px}{EA}$；因在 $t=0$ 时释放 P，所以初始速度为零，初始条件为：$\dfrac{\partial u(x,0)}{\partial t}=0$。将初始条件代入杆的纵向振动方程的解中，得

$$\begin{cases}u(x,0)=\sum\limits_{n=1}^{\infty}A_n\sin\left[\dfrac{(2n-1)\pi x}{2l}\right]\cdot\sin\varphi_n=\dfrac{Px}{EA} & \text{(a)}\\[2ex] \dfrac{\partial u(x,0)}{\partial t}=\sum\limits_{n=1}^{\infty}A_n\,\omega_n\sin\left[\dfrac{(2n-1)\pi x}{2l}\right]\cdot\cos\varphi_n=0 & \text{(b)}\end{cases}$$

得到的方程(b)满足 $\cos\varphi_n=0$，则 $\sin\varphi_n=1$，因此

$$\sum_{n=1}^{\infty}A_n\sin\left[\frac{(2n-1)\pi x}{2l}\right]=\frac{Px}{EA}$$

用 $\sin\left[\dfrac{(2m-1)\pi x}{2l}\right]$ 乘以上式的两边，考虑到三角函数的正交性，在 $0\leqslant x\leqslant l$ 上积分，可得到 A_n 的值，则

$$\sum_{n=1}^{\infty}\int_0^l A_n\sin\left[\frac{(2n-1)\pi x}{2l}\right]\sin\left[\frac{(2m-1)\pi x}{2l}\right]\mathrm{d}x=\int_0^l\frac{Px}{EA}\sin\left[\frac{(2m-1)\pi x}{2l}\right]\mathrm{d}x$$

考虑三角函数的正交性,有

$$\int_0^l \sin\left[\frac{(2n-1)\pi x}{2l}\right]\sin\left[\frac{(2m-1)\pi x}{2l}\right]\mathrm{d}x = \begin{cases} 0, & (m \neq n) \\ \dfrac{l}{2}, & (m = n) \end{cases}$$

则 A_n 表示为

$$\begin{aligned} A_n &= \frac{2}{l}\,\frac{P}{EA}\int_0^l x\sin\left[\frac{(2n-1)\pi x}{2l}\right]\mathrm{d}x \\ &= \frac{2}{l}\,\frac{P}{EA}\left\{\frac{2l}{(2n-1)\pi}\left[-x\cos\left[\frac{(2n-1)\pi x}{2l}\right]\Bigg|_0^l + \int_0^l \cos\left[\frac{(2n-1)\pi x}{2l}\right]\mathrm{d}x\right]\right\} \\ &= \frac{2}{l}\,\frac{P}{EA}\,\frac{4l^2}{(2n-1)^2\pi^2}(-1)^{n-1} \\ &= \frac{P}{EA}\,\frac{8l}{(2n-1)^2\pi^2}(-1)^{n-1} \end{aligned}$$

将 A_n 代入左端固定右端自由杆的纵向振动方程的解中,得

$$u(x,t) = \frac{8lP}{EA\pi^2}\sum_{n=1}^{\infty}\frac{(-1)^{n-1}}{(2n-1)^2}\sin\left[\frac{(2n-1)\pi x}{2l}\right]\cdot\cos\left[\frac{(2n-1)\pi a}{2l}t\right] \quad (n = 1,2,\cdots)$$

杆在自由端 $x=l$ 处振幅最大,即

$$\begin{aligned} u_{\max}(l,0) &= \frac{8lP}{EA\pi^2}\sum_{n=1}^{\infty}\frac{(-1)^{n-1}}{(2n-1)^2}\sin\left[\frac{(2n-1)\pi}{2}\right] = \frac{8lP}{EA\pi^2}\left(1+\frac{1}{9}+\frac{1}{25}+\cdots\right) \\ &= \frac{8lP}{EA\pi^2}\,\frac{\pi^2}{8} = \frac{Pl}{EA} \end{aligned}$$

这正是左端固定右端自由杆在静拉力 P 作用下自由端的位移。

例 5.1.3　如图 5-6 所示,长为 l,密度为 ρ,弹性模量为 E 的均匀直杆,左端固定、右端连接有刚度系数为 k 的理想弹簧,求杆纵向自由振动的固有频率和振动响应。

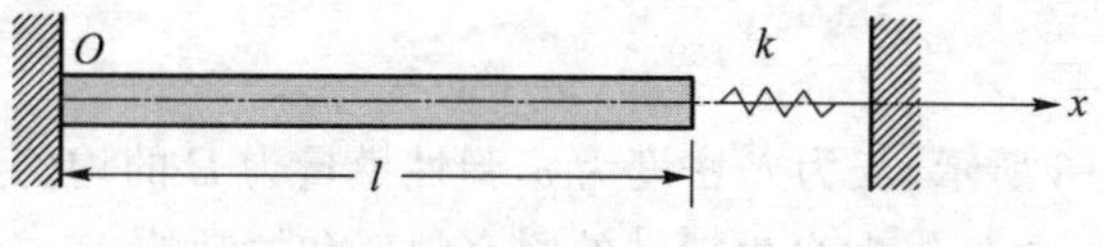

图 5-6　左端固定、右端受弹性载荷的均匀直杆的纵向振动

解　左端固定,右端受弹性载荷的均匀直杆,其边界条件为:$u(0,t)=0$ 和 $EA\,\dfrac{\partial u(l,t)}{\partial x} = -ku(l,t)$,将边界条件代入杆的纵向自由振动微分方程(5-14)中,得

$$B=0;\quad EA\,\frac{\omega}{a}\cdot\cos\frac{\omega l}{a} = -k\sin\frac{\omega l}{a}$$

第二个式子就是杆的固有频率方程,该方程为超越方程,可化简为

$$\frac{\tan\dfrac{\omega l}{a}}{\left(\dfrac{\omega l}{a}\right)} = -\frac{EA}{kl}$$

令 $\beta=\dfrac{\omega l}{a}$ 和 $\alpha=-\dfrac{EA}{kl}$,其中,$\dfrac{EA}{l}$ 为在 $x=l$ 处,杆的抗压刚度;α 为刚度比。则

$$\frac{\tan\beta}{\beta} = \alpha$$

用图解法确定杆的固有频率,如图 5-7 所示。对于给定的 α,在(β,γ)平面内作曲线 $\gamma=\tan\beta$ 和 $\gamma=\alpha\beta$,两曲线交点的横坐标 β_n,即为上述超越方程的解,将解代入 $\beta=\dfrac{\omega l}{a}$中,可得到固有频率 $\omega_n=\dfrac{a\beta_n}{l}$。图 5-7 显示了当刚度比 $\alpha=1$ 时,方程最小的几个根,由此得出 $\omega_1=0$、$\omega_2\approx 4.494\,a/l$和 $\omega_3\approx 7.722\,a/l$。

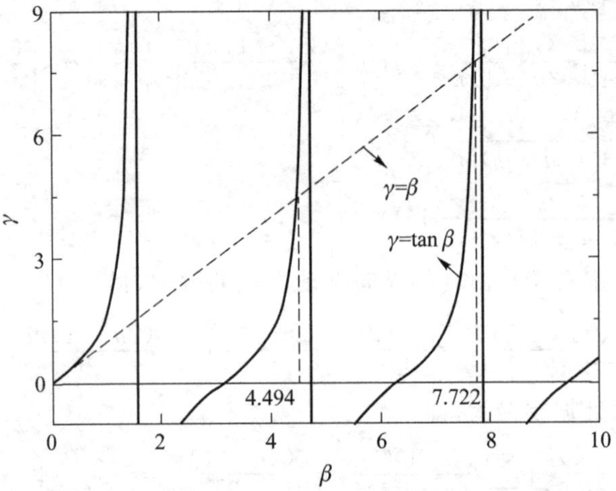

图 5-7 用图解法确定杆的固有频率($\alpha=1$)

现对该系统进一步分析:

① 当弹簧的刚度系数 k 趋于零时,右端连接相当于自由端,固有频率方程为 $\sin\dfrac{\omega l}{a}=0$。

② 当弹簧的刚度系数 k 趋于无限大时,右端连接相当于固定端,固有频率方程为 $\cos\dfrac{\omega l}{a}=0$。

例 5.1.4 如图 5-8 所示,长为 l,密度为 ρ,弹性模量为 E 的均匀直杆,左端固定,右端连接有质量为 m 的质量体,求杆纵向自由振动的固有频率和振动响应。

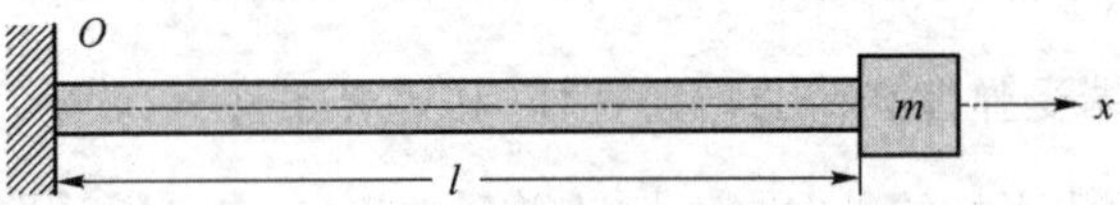

图 5-8 左端固定、右端受惯性载荷的均匀直杆的纵向振动

解 左端固定、右端受惯性载荷杆的边界条件为:$u(0,t)=0$ 和 $EA\dfrac{\partial u(l,t)}{\partial x}=-m\dfrac{\partial u^2(l,t)}{\partial t^2}$。将边界条件代入杆的纵向振动微分方程(5-14),得

$$B=0;\quad EA\frac{\omega}{a}\cdot\cos\frac{\omega l}{a}=m\omega^2\sin\frac{\omega l}{a}$$

第二个式子就是杆的固有频率方程,该方程为超越方程,可化简为

$$\frac{\omega l}{a}\tan\frac{\omega l}{a}=\frac{\rho Al}{m}$$

令 $\beta=\frac{\omega l}{a}$ 和 $\alpha=\frac{\rho Al}{m}$，其中，ρAl 为杆的质量；α 为质量比。则

$$\beta\tan\beta=\alpha$$

用图解法确定杆的固有频率，如图 5－9 所示。对于给定的 α，在(β,γ)平面内作曲线 $\gamma=\tan\beta$ 和 $\gamma=\frac{\alpha}{\beta}$，两曲线交点的横坐标 β_n，即为上述超越方程的解，将解代入 $\beta=\frac{\omega l}{a}$ 中可得到固有频率 $\omega_n=\frac{a\beta_n}{l}$。图 5－9 显示了当刚度比 $\alpha=1$ 时，方程最小的几个根，由此得出 $\omega_1\approx0.860\ a/l$、$\omega_2\approx3.426\ a/l$ 和 $\omega_3\approx6.437\ a/l$。

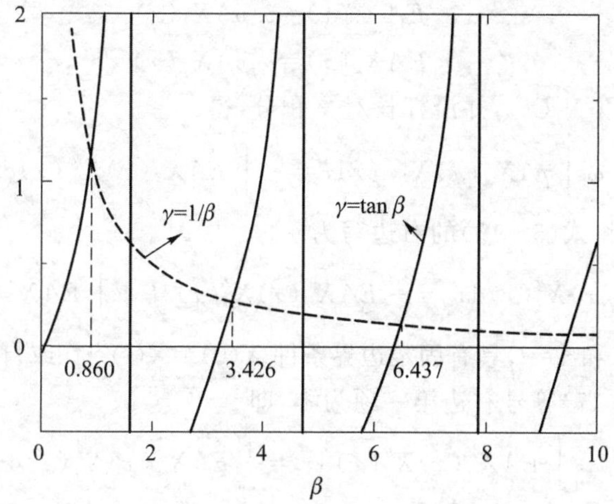

图 5－9　用图解法确定杆的固有频率（α＝1）

现对该系统进一步分析：

① 如果杆的质量相对于集中质量很小，即 $\alpha\ll1$，则超越方程 $\beta\tan\beta=\alpha$ 的最小根也很小，故 $\beta\tan\beta\approx\beta^2=\alpha$，由此第一阶固有频率为

$$\omega_1=\frac{a\beta}{l}=\frac{a}{l}\sqrt{\frac{\rho Al}{m}}=\frac{1}{l}\sqrt{\frac{EAl}{m}}=\sqrt{\frac{EA}{ml}}=\sqrt{\frac{k}{m}}$$

其中，$k=\frac{EA}{l}$ 为整根杆的抗压刚度。这一结果与将弹性杆简化为无质量弹簧得到的单自由度系统固有频率一致。

② 如果杆的质量小于集中质量，但是 α 不是远小于 1，则可取泰勒展开 $\tan\beta\approx\beta+\frac{\beta^3}{3}$，频率方程 $\beta\tan\beta=\alpha$ 表示为

$$\beta^2\left(1+\frac{\beta^2}{3}\right)=\alpha$$

求解 β_1^2 并泰勒展开至二次项，得

$$\begin{aligned}\beta_1^2&=\frac{3}{2}\left(\sqrt{1+\frac{4\alpha}{3}}-1\right)\approx\frac{3}{2}\left(1+\frac{2}{3}\alpha-\frac{2}{9}\alpha^2-1\right)=\alpha-\frac{\alpha^2}{3}\\&=\alpha\left(1-\frac{\alpha}{3}\right)\approx\frac{\alpha}{1+\alpha/3}\end{aligned}$$

由此得到第一阶固有频率为

$$\omega_1=\frac{a\beta_1}{l}=\frac{a}{l}\sqrt{\frac{\rho Al}{m+\frac{\rho Al}{3}}}=\sqrt{\frac{\frac{EA}{l}}{m+\frac{\rho Al}{3}}}=\sqrt{\frac{k}{m+\frac{\rho Al}{3}}}$$

这一结果相当于将杆质量的1/3加到集中质量上后得到的单自由度系统固有频率。

5.1.2 固有振型的正交性

考察均匀材料等截面直杆的固有振型函数的正交性。杆的第 i 阶和第 j 阶的固有频率为 ω_i 和 ω_j、固有振型函数 $X_i(x)$ 和 $X_j(x)$，并满足方程(5-10)和方程(5-12)，即

$$-EAX''_i(x)=\omega_i^2\rho AX_i(x) \tag{5-15a}$$

$$-EAX''_j(x)=\omega_j^2\rho AX_j(x) \tag{5-15b}$$

将式(5-15a)乘以 $X_j(x)$，并沿杆长对 x 积分，得

$$\omega_i^2\int_0^l\rho AX_j(x)X_i(x)\mathrm{d}x=-\int_0^l EAX_j(x)X''_i(x)\mathrm{d}x \tag{5-16}$$

利用分部积分可将式(5-16)的右边写为

$$-\int_0^l EAX_j(x)X''_i(x)\mathrm{d}x=-EAX_j(x)X'_i(x)\big|_0^l+\int_0^l EAX'_i(x)X'_j(x)\mathrm{d}x \tag{5-17}$$

若杆在两端 $x=0$ 和 $x=l$，具有固定边界条件 $X(0)=X(l)=0$ 或自由边界条件 $EAX'(0)=EAX'(l)=0$，则式(5-17)等号右边第一项为零，即

$$-\int_0^l EAX_j(x)X''_i(x)\mathrm{d}x=\int_0^l EAX'_i(x)X'_j(x)\mathrm{d}x \tag{5-18}$$

将式(5-18)代入式(5-16)，得到

$$\omega_i^2\int_0^l\rho AX_j(x)X_i(x)\mathrm{d}x=\int_0^l EAX'_i(x)X'_j(x)\mathrm{d}x \tag{5-19}$$

将式(5-15b)乘以 $X_i(x)$，并沿杆长对 x 积分，同理可得到

$$\omega_j^2\int_0^l\rho AX_i(x)X_j(x)\mathrm{d}x=\int_0^l EAX'_j(x)X'_i(x)\mathrm{d}x \tag{5-20}$$

将式(5-19)和式(5-20)相减，得

$$(\omega_i^2-\omega_j^2)\int_0^l\rho AX_i(x)X_j(x)\mathrm{d}x=0 \tag{5-21}$$

当 $i\neq j$ 时，杆的固有频率互异 $\omega_i\neq\omega_j$，从而有

$$\int_0^l\rho AX_i(x)X_j(x)\mathrm{d}x=0\quad(i\neq j) \tag{5-22}$$

式(5-22)表示的是杆的主振型关于质量的正交性。

将式(5-22)代入式(5-16)和式(5-19)，得

$$\int_0^l EAX'_i(x)X'_j(x)\mathrm{d}x=0\quad(i\neq j) \tag{5-23}$$

$$\int_0^l EAX_j(x)X''_i(x)\mathrm{d}x=0\quad(i\neq j) \tag{5-24}$$

式(5-23)和式(5-24)表示的是杆的主振型关于刚度的正交性。振型函数正交性的物理意义表示各主振型之间的能量不能传递，即对于主振型 $X_i(x)$ 振动时的惯性力不会激起主振型 $X_j(x)$ 的振动。同样，弹性变形之间也不会引起耦合。

当 $i=j$ 时，式(5-21)恒成立。可以定义杆的第 i 阶模态的主质量 M_i 和主刚度 K_i 为

$$M_i=\int_0^l \rho A X_i^2(x)\mathrm{d}x,\quad K_i=\int_0^l EA X_i'^2(x)\mathrm{d}x\quad (n=1,2,3,\cdots)\tag{5-25}$$

其中，主质量 M_i 和主刚度 K_i 的大小取决于固有振型函数的归一化形式，但是其比值总满足：

$$\omega_i^2=\frac{K_i}{M_i}=\frac{\int_0^l EA X_i'^2(x)\mathrm{d}x}{\int_0^l \rho A X_i^2(x)\mathrm{d}x}\quad (n=1,2,3,\cdots)\tag{5-26}$$

根据式(5-13)，振型函数由参数 C_4 和 C_5 决定，因此，主质量 M_i 和主刚度 K_i 的大小取决于第 i 阶主振动中常数的选择。式(5-25)可与式(5-22)合写为

$$\int_0^l \rho A X_i(x)X_j(x)\mathrm{d}x=M_i\delta_{ij}\tag{5-27}$$

由式(5-23)、式(5-24)和式(5-25)可得到

$$\int_0^l EA X_i'(x)X_j'(x)\mathrm{d}x=K_i\delta_{ij}\tag{5-28}$$

$$\int_0^l EA X_j(x)X_i''(x)\mathrm{d}x=-K_i\delta_{ij}\tag{5-29}$$

其中，δ_{ij} 为克罗内克(Kronecker)符号，其表达式为

$$\delta_{ij}=\begin{cases}0, & (i\neq j)\\ 1, & (i=j)\end{cases}\tag{5-30}$$

与多自由度系统类似，可将主振型函数 $X_i(x)$ 进行正则化或归一化。如果主振型中的常数按以下归一化条件确定：

$$\int_0^l \rho A X_i^2(x)\mathrm{d}x=M_i=1\tag{5-31}$$

则式(5-31)中得到的主振型 $X_i(x)$ 称为正则振型。根据式(5-26)，相应的第 i 阶主振动中的主刚度可表示为 $K_i=\omega_i^2$。

对于端点固定或自由的非均匀材料变截面杆，其固有振型函数的加权正交关系式可写为

$$\begin{cases}\int_0^l \rho(x)A(x)X_i(x)X_j(x)\mathrm{d}x=M_i\delta_{ij}\\ \int_0^l E(x)A(x)X_i'(x)X_j'(x)\mathrm{d}x=K_i\delta_{ij}\end{cases}\tag{5-32}$$

一般地，若杆在 $x=0$ 端有弹簧 k_0 和集中质量 m_0，在 $x=l$ 端有弹簧 k_l 和集中质量 m_l，则根据能量互不交换原则可写出固有振型函数的正交关系：

$$\begin{cases}\int_0^l \rho(x)A(x)X_i(x)X_j(x)\mathrm{d}x+m_0X_i(0)X_j(0)+m_lX_i(l)X_j(l)=M_i\delta_{ij}\\ \int_0^l E(x)A(x)X_i'(x)X_j'(x)\mathrm{d}x+k_0X_i(0)X_j(0)+k_lX_i(l)X_j(l)=K_i\delta_{ij}\end{cases}\tag{5-33}$$

5.2　轴的扭转振动

圆轴扭转时，根据材料力学中的纯扭转假设，每一截面绕通过截面形心的轴线转动一个角度 θ，横截面仍保持为平面。严格来说，只有等截面圆轴满足该条件。横截面上每一点的位移

由扭转角 θ 来确定。如图 5-10 所示的圆轴，取轴的轴线作为 x 轴，假设圆轴的长度为 l，圆截面对中心的极惯性矩为 J_p，剪切模量为 G，材料密度为 ρ。轴在任一截面 x 处的扭转角位移为 $\theta(x, t)$，其对应的外扭矩为 $M_t(x, t)$。

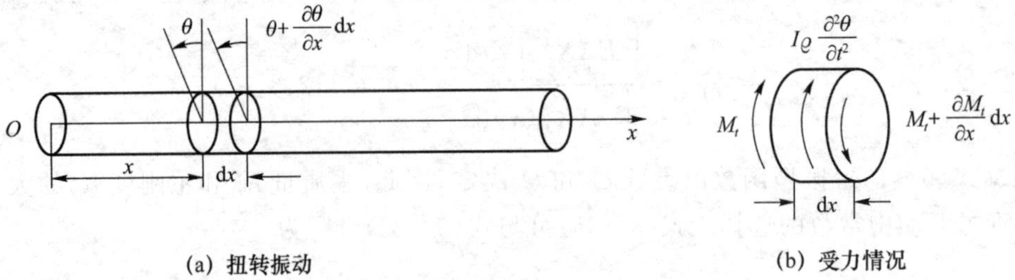

图 5-10　圆轴的扭转振动和受力情况

取轴上的微元段 dx，设在瞬时 t，在杆位置 x 和 $x+dx$ 处截面上的扭转角分别为 θ 和 $\theta+\dfrac{\partial\theta}{\partial x}dx$，对应于这两个截面的扭矩分别为 M_t 和 $M_t+\dfrac{\partial M_t}{\partial x}dx$。

因此，圆轴微元段 dx 的扭转角应变和扭矩分别为

$$\gamma=\frac{\left(\theta+\dfrac{\partial\theta}{\partial x}dx\right)-\theta}{dx}=\frac{\partial\theta}{\partial x} \tag{5-34}$$

$$M_t=GJ_p\gamma=GJ_p\frac{\partial\theta}{\partial x} \tag{5-35}$$

考虑微元段 dx 在扭矩和惯性力矩作用下的平衡，根据达朗贝尔原理建立平衡方程，得

$$M_t+\frac{\partial M_t}{\partial x}dx-M_t-I_p\frac{\partial^2\theta}{\partial t^2}=0 \tag{5-36}$$

其中，I_p 为微元体的转动惯量，有 $I_p=\rho J_p dx$，$-I_p\dfrac{\partial^2\theta}{\partial t^2}$ 为微元体的惯性力矩。

联立式(5-35)和式(5-36)得

$$\rho J_p\frac{\partial^2\theta}{\partial t^2}=GJ_p\frac{\partial^2\theta}{\partial x^2} \tag{5-37}$$

若轴为等截面圆轴，则式(5-37)化简为

$$\rho\frac{\partial^2\theta}{\partial t^2}=G\frac{\partial^2\theta}{\partial x^2} \tag{5-38}$$

令 $a=\sqrt{\dfrac{G}{\rho}}$ 为圆轴内剪切弹性波沿杆 x 轴的传播速度，则式(5-38)化简为

$$\frac{\partial^2\theta}{\partial t^2}=a^2\frac{\partial^2\theta}{\partial x^2} \tag{5-39}$$

式(5-39)称为等直圆轴的自由扭转振动微分方程，该方程为一个二阶齐次偏微分方程。由于 $E>G$，根据 $E=2G(1+\mu)$，得剪切波的波速小于纵波波速。采用分离变量方法求解，可求得式(5-39)的解为

$$\theta(x,t)=\left(A\sin\frac{\omega x}{a}+B\cos\frac{\omega x}{a}\right)\cdot\sin(\omega t+\varphi) \tag{5-40}$$

其中，参数 A、B、ω 和 φ 由初始条件和边界条件确定。

轴的扭转振动的边界条件主要分为以下几种情况：

① 对于两端固定的轴，其边界条件为：两端的扭转角等于 0，即

$$\theta(0,t)=\theta(l,t)=0$$

因此，其频率方程为$\frac{\omega l}{a}=n\pi$，固有频率为 $\omega_n=\frac{n\pi a}{l}=\frac{n\pi}{l}\sqrt{\frac{G}{\rho}}$ $(n=1,2,\cdots)$，自由扭转振动微分方程各阶主振动为

$$\theta_n(x,t)=A_n\sin\left(\frac{n\pi x}{l}\right)\cdot\sin\left(\frac{n\pi a}{l}t+\varphi_n\right)\quad(n=1,2,\cdots)$$

② 对于两端自由的轴，其边界条件为：两端的扭转角应变等于 0，即

$$\frac{\partial\theta(0,t)}{\partial x}=\frac{\partial\theta(l,t)}{\partial x}=0$$

因此，其频率方程为$\frac{\omega l}{a}=n\pi$，固有频率为 $\omega_n=\frac{n\pi a}{l}=\frac{n\pi}{l}\sqrt{\frac{G}{\rho}}$ $(n=1,2,\cdots)$，自由扭转振动微分方程各阶主振动为

$$\theta_n(x,t)=B_n\cos\left(\frac{n\pi x}{l}\right)\cdot\sin\left(\frac{n\pi a}{l}t+\varphi_n\right)\quad(n=1,2,\cdots)$$

③ 对于一端固定一端自由的轴，其边界条件为

$$\theta(0,t)=0,\quad \frac{\partial\theta(l,t)}{\partial x}=0$$

因此，其频率方程为$\frac{\omega l}{a}=\frac{(2n-1)\pi}{2}$，固有频率为 $\omega_n=\frac{(2n-1)\pi a}{2l}=\frac{(2n-1)\pi}{2l}\sqrt{\frac{G}{\rho}}$ $(n=1,2,\cdots)$，自由扭转振动微分方程各阶主振动为

$$\theta_n(x,t)=A_n\sin\left[\frac{(2n-1)\pi x}{2l}\right]\cdot\sin\left[\frac{(2n-1)\pi a}{2l}t+\varphi_n\right]\quad(n=1,2,\cdots)$$

例 5.2.1　如图 5-11 所示，一端固定、一端有扭转弹簧 k 作用的圆轴，圆轴的长度为 l，圆截面对中心的极惯性矩为 J_p，剪切模量为 G，材料密度为 ρ。求系统的固有频率及其振型函数。

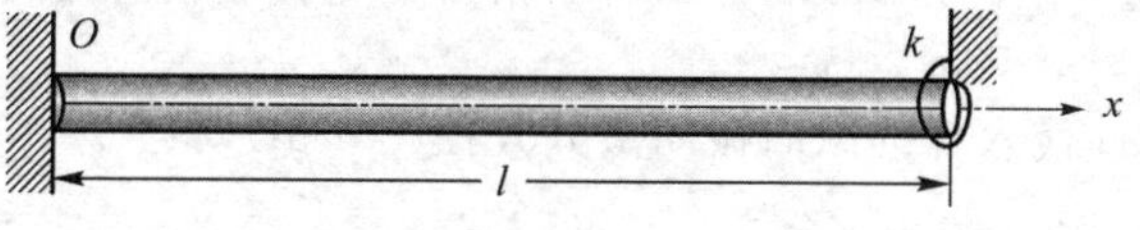

图 5-11　圆轴的扭转振动

解　一端固定、一端有扭转弹簧 k 作用的边界条件为：$\theta(0,t)=0$ 和 $GJ_p\frac{\partial\theta(l,t)}{\partial x}=-k\theta(l,t)$。将边界条件代入轴的扭转振动微分方程(5-40)，得

$$B=0;\quad GJ_p\frac{\omega}{a}\cdot\cos\frac{\omega l}{a}=-k\sin\frac{\omega l}{a}$$

第二个式子就是轴扭转振动的固有频率方程，该方程为超越方程，可化简为

$$\frac{\tan\frac{\omega l}{a}}{\left(\frac{\omega l}{a}\right)}=-\frac{GJ_p}{kl}$$

令 $\beta=\frac{\omega l}{a}$ 和 $\alpha=-\frac{GJ_{\mathrm{p}}}{kl}$，其中，$\frac{GJ_{\mathrm{p}}}{l}$ 为在 $x=l$ 处轴的抗扭刚度；α 为刚度比。则

$$\frac{\tan\beta}{\beta}=\alpha$$

类似于左端固定右端受弹性载荷的均匀直杆的纵向振动的分析，可用图解法确定轴扭转的固有频率。对于给定的 α，在 (β,γ) 平面内作曲线 $\gamma=\tan\beta$ 和 $\gamma=\frac{\alpha}{\beta}$，两曲线交点的横坐标 β_{n}，即为上述超越方程的解，将解代入 $\beta=\frac{\omega l}{a}$ 中可得到固有频率 $\omega_{\mathrm{n}}=\frac{a\beta_{\mathrm{n}}}{l}$。当刚度比 $\alpha=1$ 时，方程最小的几个根为：$\omega_1\approx0$、$\omega_2\approx4.494$ 和 $\omega_3\approx7.722$。

现对该系统进一步分析：

① 当弹簧的刚度系数 k 趋于零时，右端连接相当于自由端，$\alpha\to\infty$，频率方程为 $\cos\frac{\omega l}{a}=0$，固有频率为 $\omega_{\mathrm{n}}=\frac{n\pi}{2l}\sqrt{\frac{G}{\rho}}\,(n=1,3,\cdots)$，固有振型为 $X_{\mathrm{n}}(x)=\sin\left(\frac{n\pi x}{2l}\right)(n=1,3,\cdots)$。

② 当弹簧的刚度系数 k 趋于无限大时，右端连接相当于固定端，$\alpha=0$，频率方程为 $\tan\frac{\omega l}{a}=0$，固有频率为 $\omega_{\mathrm{n}}=\frac{n\pi}{l}\sqrt{\frac{G}{\rho}}\,(n=1,2,\cdots)$，固有振型为 $X_{\mathrm{n}}(x)=\sin\left(\frac{n\pi x}{l}\right)(n=1,2,\cdots)$。

例 5.2.2　如图 5-12 所示，轴的一端固定的等直杆，另一端连接有转动惯量为 I 的圆盘，共同组成圆盘轴系扭振系统，圆轴的长度为 l，剪切模量为 G，材料密度为 ρ。求系统的固有频率及其振型函数。

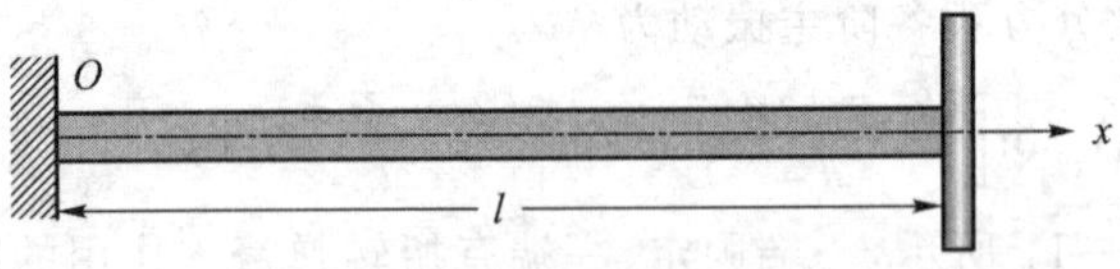

图 5-12　圆盘轴系扭振系统

解　左端固定的边界条件为 $\theta(0,t)=0$，右端相当于受惯性载荷，边界条件为 $GJ_p\frac{\partial\theta(l,t)}{\partial x}=-I\frac{\partial\theta^2(l,t)}{\partial t^2}$，将边界条件代入杆的纵向振动微分方程(5-40)，得

$$B=0,\quad GJ_{\mathrm{p}}\frac{\omega}{a}\cdot\cos\frac{\omega l}{a}=I\omega^2\sin\frac{\omega l}{a}$$

第二个式就是杆的固有频率方程，该方程为超越方程，可化简为

$$\frac{\omega l}{a}\tan\frac{\omega l}{a}=\frac{\rho J_p l}{I}$$

令 $\beta=\frac{\omega l}{a}$ 和 $\alpha=\frac{\rho J_{\mathrm{p}}l}{I}$，其中，$\rho J_pl$ 为在 $x=l$ 处轴的转动惯量；α 为转动惯量比。则

$$\beta\tan\beta=\alpha$$

可用图解法确定杆的固有频率。当转动惯量比 $\alpha=1$ 时，方程最小的几个根为：$\omega_1\approx0.860$、$\omega_2\approx3.426$ 和 $\omega_3\approx6.437$。

现对该系统进一步分析：

① 如果轴的转动惯量远小于圆盘的转动惯量，即 $\alpha \ll 1$，则超越方程 $\beta\tan\beta=\alpha$ 的最小根也很小，故 $\beta\tan\beta \approx \beta^2=\alpha$。因此，轴系扭振的第一阶固有频率为

$$\omega_1=\frac{a\beta}{l}=\frac{a}{l}\sqrt{\frac{\rho J_p l}{I}}=\sqrt{\frac{GJ_p}{Il}}$$

② 如果轴的转动惯量小于圆盘的转动惯量，但是 α 不是远小于 1，则可得到

$$\beta_1^2=\frac{\alpha}{1+\alpha/3}$$

因此，轴系扭振的第一阶固有频率为

$$\omega_1=\frac{a\beta_1}{l}=\frac{a}{l}\sqrt{\frac{\rho J_p l}{I+\frac{\rho J_p l}{3}}}=\sqrt{\frac{GJ_p}{l\left(I+\frac{\rho J_p l}{3}\right)}}$$

这一结果相当于将轴转动惯量的 1/3 加到圆盘上后得到的单自由度系统的扭振频率。

5.3　Euler-Bernoulli 梁的横向自由振动

以弯曲为主要变形的杆件称为梁，它是工程中广泛采用的一种基本构件。在一定条件下，飞机机翼、直升机旋翼、发动机叶片、火箭箭体均可以简化为梁模型来研究。如果梁各截面的中心轴在同一平面内，外载荷也作用于这一平面，则梁的主要变形是弯曲变形，梁在该平面内的横向振动称作弯曲振动。梁的弯曲振动在飞行器结构中的应用非常广泛。

5.3.1　弹性梁的横向弯曲振动

现在来考虑等截面细长梁的横向弯曲振动，假定梁未变形时各截面对称，且形心的连线(轴线)是直线，振动中轴线始终在对称平面(xoy)内，此时梁的主要变形为弯曲变形。对于细长梁的低频振动，可以忽略梁的剪切变形以及截面绕中心轴转动惯量的影响，这种梁称为 Euler-Bernoulli 梁。

如图 5-13 所示的等截面 Euler-Bernoulli 梁，其弹性模量为 E，横截面为 A，材料密度为 ρ，截面关于中性轴的惯性矩为 J。设 $p(x,t)$ 和 $m_b(x,t)$ 分别表示单位长度梁上分布的横向外力和外力矩，$y(x,t)$ 表示坐标为 x 的截面中性轴在时刻 t 的横向位移。取梁上的微元段 dx，受力分析如图 5-13(b)所示。其中，$Q(x,t)$ 和 $M(x,t)$ 分别表示截面上的剪力和弯矩，$\rho A dx\cdot\frac{\partial^2 y}{\partial t^2}$ 表示微元段的惯性力。

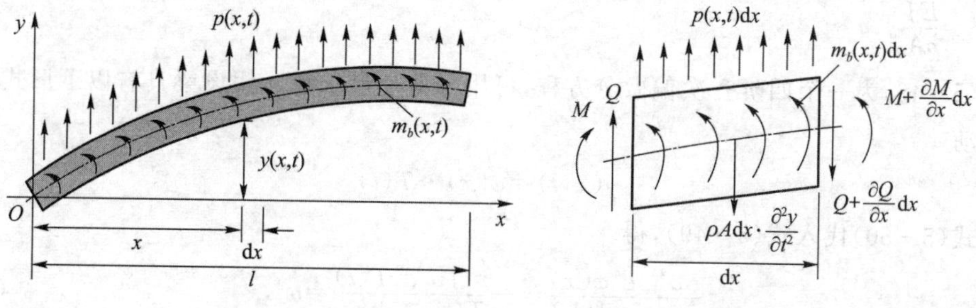

(a) 横向弯曲振动　　(b) 受力情况

图 5-13　Euler-Bernoulli 梁的横向弯曲振动和受力情况

根据牛顿第二定律，微元段的力平衡方程为

$$\rho A\mathrm{d}x \cdot \frac{\partial^2 y}{\partial t^2}=Q-\left(Q+\frac{\partial Q}{\partial x}\mathrm{d}x\right)+p\mathrm{d}x \tag{5-41}$$

得

$$\rho A\frac{\partial^2 y}{\partial t^2}+\frac{\partial Q}{\partial x}=p \tag{5-42}$$

忽略截面绕中性轴的转动惯量，考虑微元段在 $x+\mathrm{d}x$ 处的力矩平衡，得

$$M-\left(M+\frac{\partial M}{\partial x}\mathrm{d}x\right)+Q\mathrm{d}x-m_b\mathrm{d}x+p\mathrm{d}x \cdot \frac{\mathrm{d}x}{2}=0 \tag{5-43}$$

略去高阶小量，式(5-43)化简为

$$Q=\frac{\partial M}{\partial x}+m_b \tag{5-44}$$

将式(5-44)代入式(5-42)，得

$$\rho A\frac{\partial^2 y}{\partial t^2}+\frac{\partial^2 M}{\partial x^2}=p-\frac{\partial m_b}{\partial x} \tag{5-45}$$

根据材料力学的平截面假设，弯矩与挠度的关系为 $M=EJ\frac{\partial^2 y}{\partial x^2}$，将其代入式(5-45)，得

$$\rho A\frac{\partial^2 y}{\partial t^2}+\frac{\partial^2}{\partial x^2}\left(EJ\frac{\partial^2 y}{\partial x^2}\right)=p-\frac{\partial m_b}{\partial x} \tag{5-46}$$

式(5-46)称为 Euler-Bernoulli 梁的横向弯曲振动微分方程，该方程为一个四阶非齐次偏微分方程。

对于等截面均质直梁，ρA 和 EJ 为常数，于是方程(5-46)变为

$$\rho A\frac{\partial^2 y}{\partial t^2}+EJ\frac{\partial^4 y}{\partial x^4}=p-\frac{\partial m_b}{\partial x} \tag{5-47}$$

下面考察梁的横向弯曲自由振动，令 $p(x,t)=0$ 和 $M_b(x,t)=0$，得到等截面均质直梁的横向弯曲自由振动微分方程为

$$\rho A\frac{\partial^2 y}{\partial t^2}+EJ\frac{\partial^4 y}{\partial x^4}=0 \tag{5-48}$$

或

$$\frac{\partial^2 y}{\partial t^2}+a^2\frac{\partial^4 y}{\partial x^4}=0 \tag{5-49}$$

其中，$a^2=\frac{EJ}{\rho A}$。

式(5-49)为一个四阶齐次偏微分方程，可用分离变量求解。假设梁具有以下形式的横向自由振动

$$y(x,t)=\varphi(x) \cdot T(t) \tag{5-50}$$

将式(5-50)代入式(5-49)，得

$$\frac{a^2}{\varphi(x)}\frac{\mathrm{d}^4\varphi(x)}{\mathrm{d}x^4}=-\frac{1}{T(x)}\frac{\mathrm{d}^2 T(t)}{\mathrm{d}t^2}=\omega^2 \tag{5-51}$$

则式(5-51)写成两个常微分方程为

$$\begin{cases}\dfrac{d^4\varphi(x)}{dx^4}-\dfrac{\omega^2}{a^2}\varphi(x)=0\\\dfrac{d^2T(t)}{dt^2}+\omega^2T(x)=0\end{cases}\tag{5-52}$$

首先，式(5-52)的第二个方程的解为

$$T(t)=C_1\sin\omega t+C_2\cos\omega t=b\sin(\omega t+\varphi)\tag{5-53}$$

然后，求解式(5-52)的第一个方程。令振型函数为 $\varphi(x)=Be^{rx}$，将其代入方程求解得

$$\varphi(x)=B_1e^{ikx}+B_2e^{-ikx}+B_3e^{kx}+B_4e^{-kx}\tag{5-54}$$

其中，$k^4=\dfrac{\omega^2}{a^2}$。利用简谐函数和双曲函数的关系，得

$$\varphi(x)=C_3\sin kx+C_4\cos kx+C_5\sinh kx+C_6\cosh kx\tag{5-55}$$

将式(5-55)和式(5-53)代入式(5-50)，解得梁的主振动为

$$y(x,t)=(C_3\sin kx+C_4\cos kx+C_5\sinh kx+C_6\cosh kx)b\sin(\omega t+\varphi)\tag{5-56}$$

其中，常数 C_3、C_4、C_5、C_6 和固有频率 ω 由边界条件及主振型归一化条件确定，常数 b 和 φ 由初始条件确定。

对于任意初始条件所激发的自由振动，各阶主振动都可能激发出来，因此振动表达式为各阶主振动的和，即

$$y(x,t)=\sum_{n=1}^{\infty}(A\sin k_nx+B\cos k_nx+C\sinh k_nx+D\cosh k_nx)\sin(\omega_nt+\varphi_n)\tag{5-57}$$

其中，常数 A、B、C、D 和固有频率 ω_n 由边界条件及主振型归一化条件确定，常数 φ_n 由初始条件确定。

梁的边界条件要考虑四个量：挠度、转角、弯矩和剪力。限制挠度和转角的边界条件称为几何边界条件；限制弯矩和剪力的边界条件称为动力边界条件。常见的边界条件如表5-2所列。梁的横向弯曲自由振动的边界条件主要分为以下几种情况：

① 对于两端简支的梁，其边界条件为：两端的挠度和弯矩等于0，即

$$y(0,t)=y(l,t)=0,\quad M=EJ\frac{\partial y^2(0,t)}{\partial x^2}=EJ\frac{\partial y^2(l,t)}{\partial x^2}=0$$

② 对于两端固定的梁，其边界条件为：两端的挠度和转角等于0，即

$$y(0,t)=y(l,t)=0,\quad \frac{\partial y(0,t)}{\partial x}=\frac{\partial y(l,t)}{\partial x}=0$$

③ 对于两端自由的梁，其边界条件为：两端的剪力和弯矩等于0，即

$$Q=EJ\frac{\partial^3y(0,t)}{\partial x^3}=EJ\frac{\partial^3y(l,t)}{\partial x^3}=0,\quad M=EJ\frac{\partial y^2(0,t)}{\partial x^2}=EJ\frac{\partial y^2(l,t)}{\partial x^2}=0$$

④ 梁的一端有弹性支撑。

(a) 如图5-14所示的线性弹性支撑，刚度系数为 k，梁端剪力大小等于弹性恢复力，方向相同，弯矩为零，其边界条件分别为

$$M=EJ\frac{\partial y^2(l,t)}{\partial x^2}=0,\quad Q=EJ\frac{\partial^3y(l,t)}{\partial x^3}=ky(l,t)$$

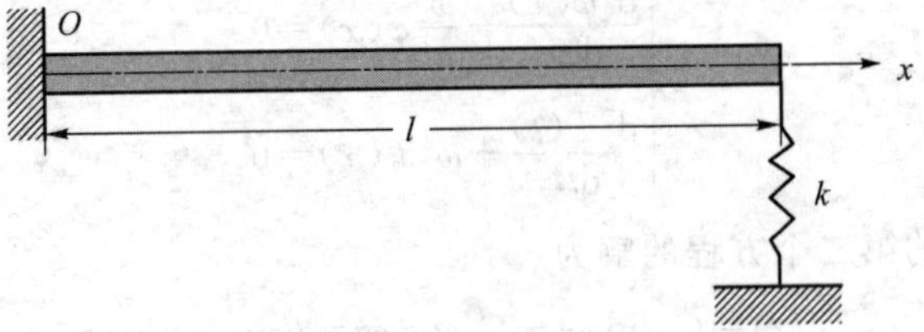

图 5-14 线性弹性支撑梁的横向弯曲自由振动

(b) 如图 5-15 所示的扭转弹性支撑，刚度系数为 k，梁端提供阻碍转动的弹性恢复力矩，弯矩大小等于弹性恢复力矩，剪力为零，其边界条件分别为

$$M=EJ\frac{\partial y^2(l,t)}{\partial x^2}=-k\frac{\partial y(l,t)}{\partial x},\quad Q=EJ\frac{\partial^3 y(l,t)}{\partial x^3}=0$$

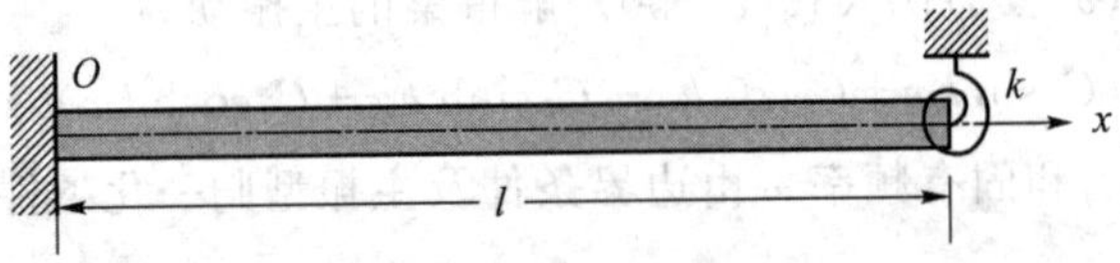

图 5-15 扭转弹性支撑梁的横向弯曲自由振动

⑤ 如图 5-16 所示，梁在右端连接有质量为 m 的质量体，梁端剪力等于惯性力，右端剪力与惯性力均与位移正向相反，其边界条件分别为

$$M=EJ\frac{\partial^2 y(l,t)}{\partial x^2}=0,\quad Q=EJ\frac{\partial^3 y(l,t)}{\partial x^3}=m\frac{\partial^2 y(l,t)}{\partial t^2}$$

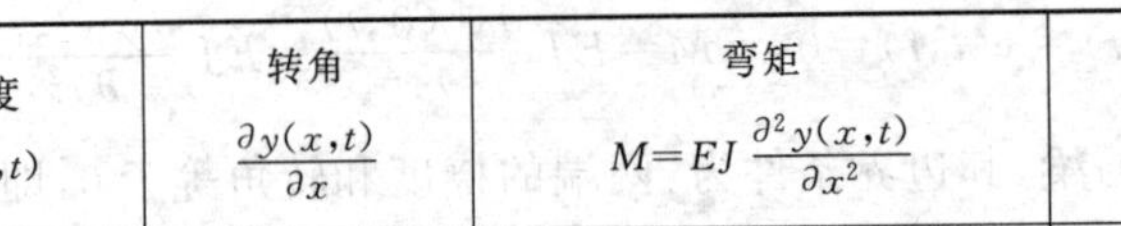

图 5-16 扭转弹性支撑梁的横向弯曲自由振动

表 5-2 梁的边界条件

类型	挠度 $y(x,t)$	转角 $\frac{\partial y(x,t)}{\partial x}$	弯矩 $M=EJ\frac{\partial^2 y(x,t)}{\partial x^2}$	剪力 $Q=EJ\frac{\partial^3 y(x,t)}{\partial x^3}$
固支端	$y=0$	$\frac{\partial y}{\partial x}=0$		
自由端			$M=0$	$Q=0$
简支端	$y=0$		$M=0$	
线性弹性载荷			$M=0$	$Q=ky$
扭转弹性载荷			$M=-k\frac{\partial y}{\partial x}$	$Q=0$
惯性载荷			$M=0$	$Q=m\frac{\partial^2 y}{\partial x^2}$

例 5.3.1　确定两端简支的等截面梁产生横向弯曲自由振动的固有频率和主振型。

解　首先根据振型函数进行求导运算，得

$$\begin{cases}\varphi(x)=C_3\sin kx+C_4\cos kx+C_5\sinh kx+C_6\cosh kx\\ \varphi'(x)=C_3k\cos kx-C_4k\sin kx+C_5k\cosh kx+C_6k\sinh kx\\ \varphi''(x)=-C_3k^2\sin kx-C_4k^2\cos kx+C_5k^2\sinh kx+C_6k^2\cosh kx\\ \varphi'''(x)=-C_3k^3\cos kx+C_4k^3\sin kx+C_5k^3\cosh kx+C_6k^3\sinh kx\end{cases}$$

对于两端简支的等截面梁，其边界条件为 $y(0,t)=y(l,t)=0$ 和 $M=EJ\dfrac{\partial y^2(0,t)}{\partial x^2}=EJ\dfrac{\partial y^2(l,t)}{\partial x^2}=0$，将其代入振型函数及导数公式，得

$$\begin{cases}C_4=C_6=0\\ C_3\sin kl+C_5\sinh kl=0\\ -C_3\sin kl+C_5\sinh kl=0\end{cases}$$

因 $kl\neq0$ 时，有 $\sinh kl\neq0$，从而得到 $C_5=0$ 和频率方程

$$\sin kl=0$$

由上式解出

$$k_n=\frac{n\pi}{l}\quad(n=1,2,\cdots)$$

由于 $k^4=\dfrac{\omega^2}{a^2}$，因此

$$\omega_n=ak_n^2=\frac{n^2\pi^2}{l^2}\sqrt{\frac{EJ}{\rho A}}\quad(n=1,\cdots)$$

相应的主振型为

$$\varphi_n(x)=C_3\sin k_nx=C_3\sin\frac{n\pi x}{l}\quad(n=1,\cdots)$$

对于任意初始条件所激发的自由振动，各阶主振动都可能激发出来，因此振动表达式为各阶主振动的和，即

$$y(x,t)=\sum_{n=1}^{\infty}A_n\sin\frac{n\pi x}{l}\sin(\omega_nt+\varphi_n)$$

其中，常数 A_n 和 φ_n 由由初始条件确定。

例 5.3.2　确定左端固定、右端自由的等截面悬臂梁产生横向弯曲自由振动的固有频率和主振型。

解　首先根据振型函数进行求导运算，得

$$\begin{cases}\varphi(x)=C_3\sin kx+C_4\cos kx+C_5\sinh kx+C_6\cosh kx\\ \varphi'(x)=C_3k\cos kx-C_4k\sin kx+C_5k\cosh kx+C_6k\sinh kx\\ \varphi''(x)=-C_3k^2\sin kx-C_4k^2\cos kx+C_5k^2\sinh kx+C_6k^2\cosh kx\\ \varphi'''(x)=-C_3k^3\cos kx+C_4k^3\sin kx+C_5k^3\cosh kx+C_6k^3\sinh kx\end{cases}$$

对于等截面悬臂梁，左端固定的边界条件为 $y(0,t)=0$ 和 $\frac{\partial y(0,t)}{\partial x}=0$，右端自由的边界条件为 $M(l,t)=EJ\ \frac{\partial y^2(l,t)}{\partial x^2}=0$ 和 $Q(l,t)=EJ\ \frac{\partial^3 y(l,t)}{\partial x^3}=0$，将其代入振型函数及导数公式中，得

$$\begin{cases} C_3=-C_5 \\ C_4=-C_6 \\ -C_3\sin kl-C_4\cos kl+C_5\sinh kl+C_6\cosh kl=0 \\ -C_3\cos kl+C_4\sin kl+C_5\cosh kl+C_6\sinh kl=0 \end{cases}$$

整理上述方程得

$$\begin{cases} C_5(\sin kl+\sinh kl)+C_6(\cos kl+\cosh kl)=0 \\ C_5(\cos kl+\cosh kl)+C_6(\sinh kl-\sin kl)=0 \end{cases}$$

或写成矩阵形式

$$\begin{bmatrix} \sin kl+\sinh kl & \cos kl+\cosh kl \\ \cos kl+\cosh kl & \sinh kl-\sin kl \end{bmatrix}\begin{bmatrix} C_5 \\ C_6 \end{bmatrix}=\begin{bmatrix} 0 \\ 0 \end{bmatrix}$$

方程欲得到非零解，矩阵的系数行列式必须为零，即

$$\Delta=\begin{vmatrix} \sin kl+\sinh kl & \cos kl+\cosh kl \\ \cos kl+\cosh kl & \sinh kl-\sin kl \end{vmatrix}=0$$

上式简化得到

$$\cos kl\cosh kl=-1$$

该方程为悬臂梁的固有频率方程，也为超越方程。根据图解法，如图 5-17 所示，令 $\beta=kl$，$\gamma=-1$ 和 $\gamma=\cos\beta\cosh\beta$，根据两曲线的交点即为方程的根，根从小到大依次为

$$k_1l=1.875,\quad k_2l=4.694,\quad k_3l=7.855,\quad k_4l=10.996,\quad k_5l=14.137,\cdots$$

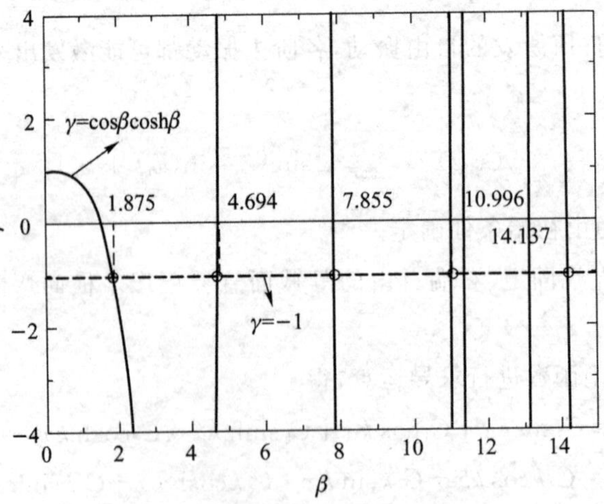

图 5-17　图解法确定悬臂梁的固有频率

悬臂梁前四阶的固有频率分别为

$$\omega_1=k_1^2\sqrt{\frac{EJ}{\rho A}}=1.875^2\sqrt{\frac{EJ}{\rho Al^4}},\quad \omega_2=k_2^2\sqrt{\frac{EJ}{\rho A}}=4.694^2\sqrt{\frac{EJ}{\rho Al^4}},$$

$$\omega_3=k_3^2\sqrt{\frac{EJ}{\rho A}}=7.855^2\sqrt{\frac{EJ}{\rho Al^4}},\quad \omega_4=k_4^2\sqrt{\frac{EJ}{\rho A}}=10.996^2\sqrt{\frac{EJ}{\rho Al^4}}$$

对应于各阶固有频率的主振型函数为

$$\varphi_n(x)=C_6\left[\cosh k_nx-\cos k_nx+\frac{C_5}{C_6}(\sinh k_nx-\sin k_nx)\right]\quad (n=1,2,\cdots)$$

其中，$\dfrac{C_5}{C_6}=-\dfrac{\sinh kl-\sin kl}{\cos kl+\cosh kl}$。

图 5-18 给出了不同边界条件下等截面直梁横向弯曲自由振动的前三阶主振型曲线，相应的频率方程及主振型表达式如表 5-3 所列，频率方程的根如表 5-4 所列。

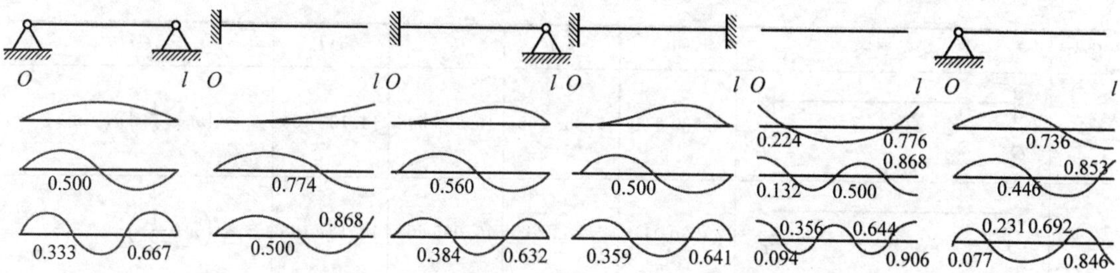

图 5-18　不同边界条件下等截面直梁横向弯曲自由振动的前三阶主振型曲线

表 5-3　等截面直梁横向弯曲自由振动的频率方程及主振型

序号	梁示意图	频率方程及主振型[①]
1	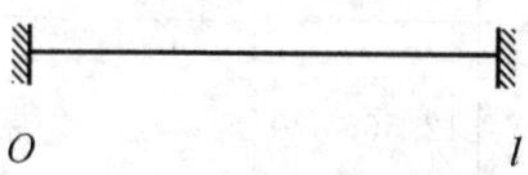	(1) $\cos kl\sinh kl=1$ (2) $\begin{cases}\varphi_n(x)=A\left[\cos k_nx-\cosh k_nx+\eta_n(\sin k_nx-\sinh k_nx)\right]\\ \eta_n=-\dfrac{\cos k_nl-\cosh k_nl}{\sin k_nl-\sinh k_nl}=\dfrac{\sin k_nl+\sinh k_nl}{\cos k_nl-\cosh k_nl}\end{cases}$
2	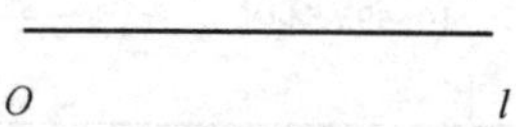	(1) $\cos kl\cosh kl=1$[②] (2) $\begin{cases}\varphi_n(x)=A\left[\cos k_nx+\cosh k_nx+\eta_n(\sin k_nx+\sinh k_nx)\right]\\ \eta_n=-\dfrac{\cos k_nl-\cosh k_nl}{\sin k_nl-\sinh k_nl}=\dfrac{\sin k_nl+\sinh k_nl}{\cos k_nl-\cosh k_nl}\end{cases}$
3	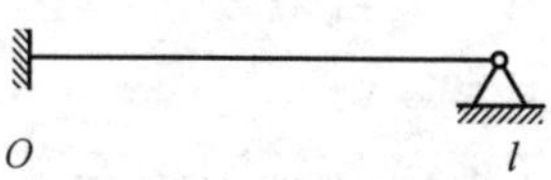	(1) $\tan kl=\tanh kl$ (2) $\begin{cases}\varphi_n(x)=A\left[\cos k_nx-\cosh k_nx+\eta_n(\sin k_nx-\sinh k_nx)\right]\\ \eta_n=-\dfrac{\cos k_nl-\cosh k_nl}{\sin k_nl-\sinh k_nl}=-\dfrac{\cos k_nl+\cosh k_nl}{\sin k_nl+\sinh k_nl}\end{cases}$
4	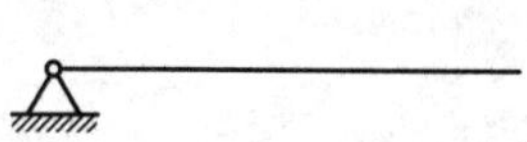	(1) $\tan kl=\tanh kl$[②] (2) $\begin{cases}\varphi_n(x)=A\left[\sinh k_nx+\eta_n\sin k_nx\right]\\ \eta_n=-\dfrac{\sinh k_nl}{\sin k_nl}=\dfrac{\cosh k_nl}{\cos k_nl}\end{cases}$

续表 5-3

序号	梁示意图	频率方程及主振型①
5		(1) $\sin kl=0$ (2) $\varphi_n(x)=A\sin k_n x$
6	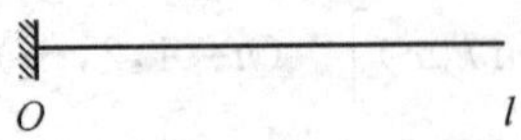	(1) $\cos kl\cosh kl=-1$ (2) $\begin{cases}\varphi_n(x)=A\left[\cos k_n x-\cosh k_n x+\eta_n(\sin k_n x-\sinh k_n x)\right]\\ \eta_n=-\dfrac{\cos k_n l+\cosh k_n l}{\sin k_n l+\sinh k_n l}=\dfrac{\sin k_n l-\sinh k_n l}{\cos k_n l+\cosh k_n l}\end{cases}$

注:① 其中(1) 式为频率方程;(2) 式为主振型(其中 A 为常数)。
② 半正定系统。

表 5-4 等截面直梁横向弯曲自由振动的频率方程的根

序号	梁示意图	$k_1 l$	$k_2 l$	$k_3 l$	$k_4 l$	$k_n l$
1	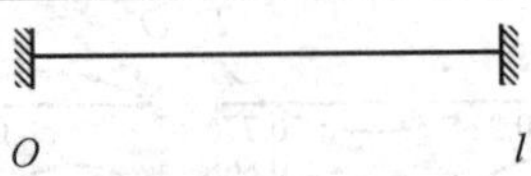	4.730 041	7.853 205	10.995 608	14.137 166	$\approx\left(n+\frac{1}{2}\right)\pi$, $n\geqslant 2$
2①	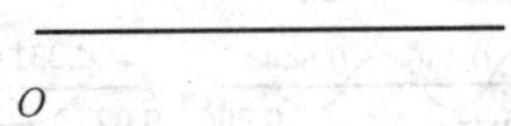	4.730 041	7.853 205	10.995 608	14.137 166	$\approx\left(n+\frac{1}{2}\right)\pi$, $n\geqslant 2$
3	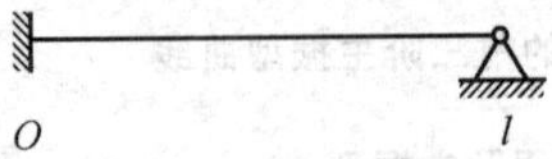	3.926 602	7.068 583	10.210 176	13.351 768	$\approx\left(n+\frac{1}{4}\right)\pi$, $n\geqslant 1$
4①	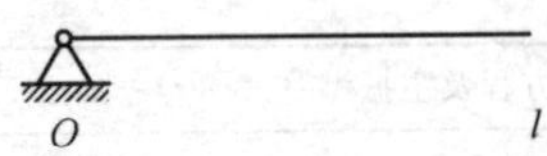	3.926 602	7.068 583	10.210 176	13.351 768	$\approx\left(n+\frac{1}{4}\right)\pi$, $n\geqslant 1$
5	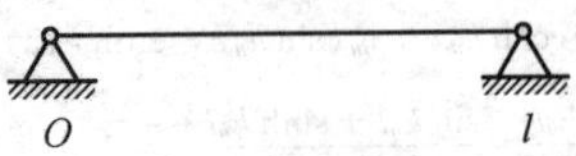	3.141 593	6.283 185	9.424 778	12.566 370	$=n\pi$
6	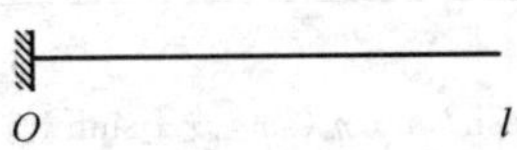	1.875 104	4.694 091	7.854 757	10.995 541	$\approx\left(n-\frac{1}{2}\right)\pi$, $n\geqslant 3$

注:① 半正定系统,不包括零固有频率。

5.3.2 固有振型的正交性

考察均匀材料等截面直梁在简单边界条件(固定端、铰支端、自由端)下的固有振型函数的正交性。其固有振型函数 $\varphi_n(x)$ 满足方程

$$[EJ\varphi''(x)]''=\omega^2\rho A\varphi(x) \tag{5-58}$$

设梁的第 i 阶和第 j 阶的固有频率为 ω_i 和 ω_j、固有振型函数为 $\varphi_i(x)$ 和 $\varphi_j(x)$,并满足方程(5-58),即

$$[EJ\varphi_i''(x)]''=\omega_i^2\rho A\varphi_i(x) \tag{5-59}$$

$$[EJ\varphi_j''(x)]''=\omega_j^2\rho A\varphi_j(x) \tag{5-60}$$

将式(5-59)乘以 $\varphi_j(x)$，并沿梁长对 x 积分，得

$$\int_0^l \varphi_j(x)\ [EJ\varphi_i''(x)]''\mathrm{d}x=\omega_i^2\int_0^l \rho A\varphi_i(x)\varphi_j(x)\mathrm{d}x \tag{5-61}$$

利用分部积分可将式(5-61)的左边写为

$$\int_0^l \varphi_j(x)\ [EJ\varphi_i''(x)]''\mathrm{d}x=\varphi_j(x)[EJ\varphi_i''(x)]'\Big|_0^l-\varphi_j'(x)[EJ\varphi_i''(x)]\Big|_0^l+\int_0^l EJ\varphi_i''(x)\varphi_j''(x)\mathrm{d}x \tag{5-62}$$

由于梁在简单边界条件(固定端、铰支端、自由端)上，总有挠度或剪力中的一个与转角或弯矩中的一个同时为零，因此上式等号右边第一项、第二项等于零，则该式化简为

$$\int_0^l \varphi_j(x)\ [EJ\varphi_i''(x)]''\mathrm{d}x=\int_0^l EJ\varphi_i''(x)\varphi_j''(x)\mathrm{d}x \tag{5-63}$$

将式(5-63)代入式(5-61)，得到

$$\int_0^l EJ\varphi_i''(x)\varphi_j''(x)\mathrm{d}x=\omega_i^2\int_0^l \rho A\varphi_i(x)\varphi_j(x)\mathrm{d}x \tag{5-64}$$

将式(5-60)乘以 $\varphi_i(x)$，并沿梁长对 x 积分，同样得到

$$\int_0^l EJ\varphi_j''(x)\varphi_i''(x)\mathrm{d}x=\omega_j^2\int_0^l \rho A\varphi_j(x)\varphi_i(x)\mathrm{d}x \tag{5-65}$$

将式(5-64)和式(5-65)相减，得

$$(\omega_i^2-\omega_j^2)\int_0^l \rho A\varphi_i(x)\varphi_j(x)\mathrm{d}x=0 \tag{5-66}$$

当 $i\neq j$ 时，杆的固有频率互异 $\omega_i\neq\omega_j$，从而有

$$\int_0^l \rho A\varphi_i(x)\varphi_j(x)\mathrm{d}x=0\quad(i\neq j) \tag{5-67}$$

式(5-67)表示的是梁的主振型关于质量的正交性。

将式(5-67)代入式(5-64)和式(5-61)，得

$$\int_0^l EJ\varphi_i''(x)\varphi_j''(x)\mathrm{d}x=0\quad(i\neq j) \tag{5-68}$$

$$\int_0^l \varphi_j(x)\ [EJ\varphi_i''(x)]''\mathrm{d}x=0\quad(i\neq j) \tag{5-69}$$

式(5-68)和式(5-69)表示的是梁的主振型关于刚度的正交性。

当 $i=j$ 时，式(5-66)恒成立。可以定义梁的第 i 阶模态的主质量 M_i 和主刚度 K_i 为

$$M_i=\int_0^l \rho A\varphi_i^2(x)\mathrm{d}x,\quad K_i=\int_0^l \varphi_i(x)\ [EJ\varphi_i''(x)]''\mathrm{d}x=\int_0^l EJ\varphi_i''^2(x)\mathrm{d}x \tag{5-70}$$

其中，主质量 M_i 和主刚度 K_i 的大小取决于固有振型函数的归一化形式，但是其比值总满足：

$$\omega_i^2=\frac{K_i}{M_i} \tag{5-71}$$

将主振型函数 $\varphi_i(x)$ 进行正则化或归一化。如果主振型中的常数按以下归一化条件确定

$$\int_0^l \rho A\varphi_i^2(x)\mathrm{d}x=M_i=1\quad(i=1,2,\cdots) \tag{5-72}$$

则由式(5-72)中得到的主振型 $\varphi_i(x)$ 称为正则振型。根据式(5-26)，相应的第 i 阶主振动中的主刚度可表示为 $K_i=\omega_i^2$。

式(5－72)可与式(5－67)合写为

$$\int_0^l \rho A\varphi_i(x)\varphi_j(x)\mathrm{d}x=\delta_{ij} \tag{5-73}$$

由式(5－68)、式(5－69)和式(5－70)可得到

$$\int_0^l EJ\varphi_i''(x)\varphi_j''(x)\mathrm{d}x=\omega_i^2\delta_{ij} \tag{5-74}$$

$$\int_0^l \varphi_j(x)\ [EJ\varphi_i''(x)]''\mathrm{d}x=\omega_i^2\delta_{ij} \tag{5-75}$$

其中，δ_{ij} 为克罗内克(Kronecker)符号。

5.3.3　轴向力对弹性梁横向振动的影响

工程中，不少梁结构在发生弯曲变形的同时还承受轴向力作用。例如，直升机桨叶和发动机叶片在旋转状态下要受到离心轴向力作用，飞机燃油管道受到支架的轴向压力作用。因此，有必要分析 Euler-Bernoulli 梁在沿梁纵向变化的轴向力作用下的弯曲自由振动。

如图 5－19 所示，取微元段 $\mathrm{d}x$，微元段除了受到剪力和弯矩作用，还有轴向压力 $N(x,t)$ 和 $N(x,t)+\dfrac{\partial N(x,t)}{\partial x}\mathrm{d}x$ 的作用。根据牛顿第二定律，微元段的力平衡方程为

$$\rho A\mathrm{d}x\cdot\frac{\partial^2 y}{\partial t^2}=Q-\left(Q+\frac{\partial Q}{\partial x}\mathrm{d}x\right)+N\theta-\left(N+\frac{\partial N}{\partial x}\mathrm{d}x\right)\left(\theta+\frac{\partial \theta}{\partial x}\mathrm{d}x\right)+p\mathrm{d}x \tag{5-76}$$

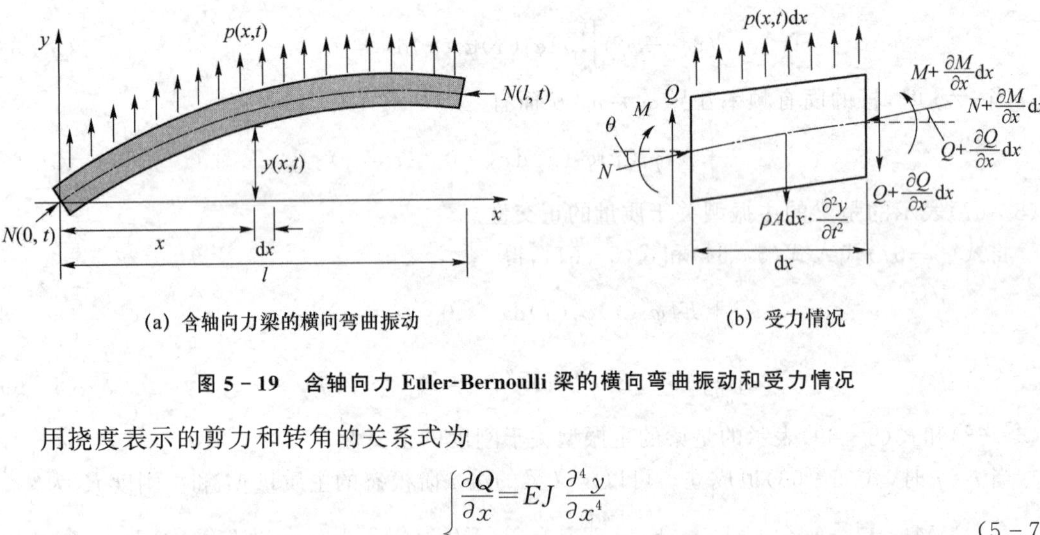

(a) 含轴向力梁的横向弯曲振动　　(b) 受力情况

图 5－19　含轴向力 Euler-Bernoulli 梁的横向弯曲振动和受力情况

用挠度表示的剪力和转角的关系式为

$$\begin{cases}\dfrac{\partial Q}{\partial x}=EJ\dfrac{\partial^4 y}{\partial x^4}\\[2mm]\dfrac{\partial \theta}{\partial x}=\dfrac{\partial^2 y}{\partial x^2}\end{cases} \tag{5-77}$$

将式(5－77)代入式(5－76)，得

$$\rho A\cdot\frac{\partial^2 y}{\partial t^2}+EJ\frac{\partial^4 y}{\partial x^4}+N\frac{\partial^2 y}{\partial x^2}=p \tag{5-78}$$

式(5－78)称为受轴向力的 Euler-Bernoulli 梁横向弯曲振动微分方程。如果系统不存在外激励，则方程化简为

$$\rho A\cdot\frac{\partial^2 y}{\partial t^2}+EJ\frac{\partial^4 y}{\partial x^4}+N\frac{\partial^2 y}{\partial x^2}=0 \tag{5-79}$$

采用分离变量法求解，假设梁具有以下形式的横向自由振动：

$$y(x,t)=\varphi(x)\cdot T(t) \tag{5-80}$$

将式(5-80)代入式(5-79)，得

$$\frac{EJ}{\rho A}\frac{1}{\varphi(x)}\frac{\mathrm{d}^4\varphi(x)}{\mathrm{d}x^4}+\frac{N}{\rho A}\frac{1}{\varphi(x)}\frac{\partial^2 y}{\partial x^2}=-\frac{1}{T(x)}\frac{\mathrm{d}^2 T(t)}{\mathrm{d}t^2}=\omega^2 \tag{5-81}$$

则上式写成两个常微分方程：

$$\begin{cases}\dfrac{\mathrm{d}^4\varphi(x)}{\mathrm{d}x^4}+\dfrac{N}{EJ}\dfrac{\partial^2 y}{\partial x^2}-\dfrac{\rho A\omega^2}{EJ}\varphi(x)=0\\[2ex]\dfrac{\mathrm{d}^2 T(t)}{\mathrm{d}t^2}+\omega^2 T(x)=0\end{cases} \tag{5-82}$$

首先，式(5-82)的第二个方程的解为

$$T(t)=C_1\sin\omega t+C_2\cos\omega t=b\sin(\omega t+\varphi) \tag{5-83}$$

然后，求解式(5-82)的第一个方程。令 $g^2=\dfrac{N}{EJ}$，　$k^4=\dfrac{\rho A\omega^2}{EJ}$，则方程化简为

$$\frac{\mathrm{d}^4\varphi(x)}{\mathrm{d}x^4}+g^2\frac{\partial^2 y}{\partial x^2}-k^4\varphi(x)=0 \tag{5-84}$$

令振型函数为 $\varphi(x)=B\mathrm{e}^{rx}$，将其代入方程求解，得

$$r^4+g^2r^2-k^4=0 \tag{5-85}$$

式(5-85)的四个根为：$r_{1,2}=\pm\mathrm{i}\delta$，　$r_{3,4}=\pm\varepsilon$，其中，δ 和 ε 分别为 $\delta=\sqrt{\sqrt{k^4+\dfrac{g^4}{4}}+\dfrac{g^2}{2}}$ 和 $\varepsilon=\sqrt{\sqrt{k^4+\dfrac{g^4}{4}}-\dfrac{g^2}{2}}$。将四个根代入 $\varphi(x)=B\mathrm{e}^{rx}$，得

$$\varphi(x)=D_1\sin\delta x+D_2\cos\delta x+D_3\sinh\varepsilon x+D_4\cosh\varepsilon x \tag{5-86}$$

其中，常数 D_1、D_2、D_3 和 D_4 由边界条件确定。

对于任意初始条件所激发的自由振动，各阶主振动都可能激发出来，因此振动表达式为各阶主振动的和，即

$$y(x,t)=\sum_{n=1}^{\infty}(A\sin\delta_n x+B\cos\delta_n x+C\sinh\varepsilon_n x+D\cosh\varepsilon_n x)\sin(\omega_n t+\varphi_n) \tag{5-87}$$

其中，常数 A、B、C、D 和固有频率 ω_n 由边界条件及主振型归一化条件确定，常数 φ_n 由初始条件确定。

当 $N=0$ 时，$g=0$，$\delta=\varepsilon=k$，方程(5-86)化简成不考虑轴向作用时梁的横向自由振动。

以两端简支梁为例求轴向力和固有频率。当 $\omega=0$ 时，即梁处于静止状态，$k=0$，$\delta=g$，$\varepsilon=0$，则有

$$\varphi(x)=D_1\sin gx+D_2\cos gx+D_4 \tag{5-88}$$

根据边界条件，可得到非零解及其临界力。两端简支的边界条件为 $\varphi(0)=0$，$\varphi''(0)=0$，$\varphi(l)=0$，$\varphi''(l)=0$，将边界条件代入式(5-88)，得 $D_2=D_4=0$，因此 $\sin gl=0$，其非零解为

$$gl=n\pi\quad(n=1,2,\cdots) \tag{5-89}$$

将 $g^2=\dfrac{N}{EJ}$ 代入式(5-89)，解得轴向压力为

$$N=\frac{n^2\pi^2EJ}{l^2}\quad(n=1,2,\cdots) \tag{5-90}$$

当 $n=1$ 时，可得梁的临界压力 $N_{cr}=\frac{\pi^2 EJ}{l^2}$，这跟材料力学中压杆稳定的临界压力（欧拉临界载荷）相同。

当 $\omega\neq 0$ 时，先求简支梁的固有频率。将两端简支的边界条件代入式(5-86)，得

$$\begin{cases}D_2=D_4=0\\ D_1\sin\delta l+D_3\sinh\varepsilon l=0\\ -\delta^2 D_1\sin\delta l+\varepsilon^2 D_3\sinh\varepsilon l=0\end{cases}\tag{5-91}$$

或写成矩阵形式

$$\begin{bmatrix}\sin\delta l & \sinh\varepsilon l\\ -\delta^2\sin\delta l & \varepsilon^2\sinh\varepsilon l\end{bmatrix}\begin{bmatrix}D_1\\ D_3\end{bmatrix}=\begin{bmatrix}0\\ 0\end{bmatrix}\tag{5-92}$$

方程欲得到非零解，矩阵的系数行列式必须为零，有

$$\Delta=\begin{vmatrix}\sin\delta l & \sinh\varepsilon l\\ -\delta^2\sin\delta l & \varepsilon^2\sinh\varepsilon l\end{vmatrix}=(\varepsilon^2+\delta^2)\sin\delta l\sinh\varepsilon l=0\tag{5-93}$$

式(5-93)为考虑轴向力的简支梁的频率方程。由于 $\varepsilon\neq 0$， $\sinh\varepsilon l\neq 0$，故该式简化得到

$$\sin\delta l=0\tag{5-94}$$

将式(5-94)代入式(5-91)的第二个方程，得 $D_3=0$。根据三角函数关系，式(5-94)的解为

$$\delta l=n\pi\quad(n=1,2,\cdots)\tag{5-95}$$

将 $\delta=\sqrt{\sqrt{k^4+\frac{g^4}{4}}+\frac{g^2}{2}}$， $g^2=\frac{N}{EJ}$， $k^4=\frac{\rho A\omega^2}{EJ}$代入式(5-95)，解得固有频率为

$$\omega_n=\frac{n^2\pi^2}{l^2}\sqrt{\frac{EJ}{\rho A}}\sqrt{1-\frac{N}{n^2\frac{\pi^2 EJ}{l^2}}}\tag{5-96}$$

将临界压力 $N_{cr}=\frac{\pi^2 EJ}{l^2}$代入式(5-96)，得

$$\omega_n=\frac{n^2\pi^2}{l^2}\sqrt{\frac{EJ}{\rho A}}\sqrt{1-\frac{N}{n^2 N_{cr}}}=\omega_n^*\sqrt{1-\frac{N}{n^2 N_{cr}}}\tag{5-97}$$

其中，$\omega_n^*=\frac{n^2\pi^2}{l^2}\sqrt{\frac{EJ}{\rho A}}$为无轴力时简支梁的第 n 阶固有频率；N_{cr}为两端简支压杆的欧拉临界载荷。

由式(5-97)可以看出，轴向压力可以使梁的频率降低，相当于使梁变柔。当 N 趋近于 N_{cr}时，基频 ω_1 趋近于 0，此时梁处于平衡分支状态。

当 N 为轴向拉力时，则有

$$\omega_n=\frac{n^2\pi^2}{l^2}\sqrt{\frac{EJ}{\rho A}}\sqrt{1+\frac{N}{n^2 N_{cr}}}=\omega_n^*\sqrt{1+\frac{N}{n^2 N_{cr}}}\tag{5-98}$$

由式(5-98)可以看出，轴向拉力可以使梁的频率增加，相当于使梁变得更加刚硬。因此，可以从动力学角度通过分析压力作用下的固有频率值来测定和预估屈曲压力，称为受压结构稳定性的无损检测分析方法。工程常用这种方法间接计算屈曲载荷。

综上，简支梁的振型函数为

$$\varphi_n(x)=A_n\sin\frac{n\pi x}{l}\quad(n=1,2,\cdots)\tag{5-99}$$

其中，A_n 为任意非零常数，这个振型函数与无轴向力简支梁的振型函数相同，可见轴向力并不影响简支梁的振型。

5.4　Euler-Bernoulli 梁的横向强迫振动

梁的横向强迫振动方程表示为

$$\rho A\frac{\partial^2 y}{\partial t^2}+\frac{\partial^2}{\partial x^2}\left(EJ\frac{\partial^2 y}{\partial x^2}\right)=p(x,t)-\frac{\partial m_b(x,t)}{\partial x}\tag{5-100}$$

利用振型函数的正交性，类似于多自由度系统的模态分析方法，可以使连续系统的偏微分方程变换成一系列用主坐标表示的常微分方程。采用模态叠加法思想，可设梁的强迫振动的解为所有振型 $\varphi_i(x)$ 的叠加。将梁的挠度按照正则振型 $\varphi_i(x)$ 展开为如下的无穷级数：

$$y(x,t)=\sum_{i=1}^{\infty}\varphi_i(x)\eta_i(t)\tag{5-101}$$

其中，$\eta_i(t)$ 是正则坐标。将式(5－101)代入式(5－100)，得

$$\rho A\sum_{i=1}^{\infty}\frac{\mathrm{d}^2\eta_i(t)}{\mathrm{d}t^2}\varphi_i(x)+\sum_{i=1}^{\infty}\frac{\mathrm{d}^2}{\mathrm{d}x^2}\left(EJ\frac{\mathrm{d}^2\varphi_i(x)}{\mathrm{d}x^2}\right)\eta_i(t)=p(x,t)-\frac{\partial m_b(x,t)}{\partial x}\tag{5-102}$$

将式(5－102)两边乘以 $\varphi_j(x)$，并沿梁长对 x 积分，得

$$\sum_{i=1}^{\infty}\frac{\mathrm{d}^2\eta_i(t)}{\mathrm{d}t^2}\int_0^l\rho A\varphi_i(x)\varphi_j(x)\mathrm{d}x+\sum_{i=1}^{\infty}\eta_i(t)\int_0^l\varphi_j(x)[EJ\varphi''_i(x)]''\mathrm{d}x=$$
$$\int_0^l\left[p(x,t)-\frac{\partial m_b(x,t)}{\partial x}\right]\varphi_j(x)\mathrm{d}x\tag{5-103}$$

根据正交性条件式(5－73)和式(5－75)，式(5－103)级数中除 $i=j$ 项外，其余各项都等于零，因此式可写为

$$\frac{\mathrm{d}^2\eta_i(t)}{\mathrm{d}t^2}+\omega_i^2\eta_i(t)=q_i(t)\tag{5-104}$$

式(5－104)为第 i 个正则坐标方程，其中

$$q_i(t)=\int_0^l\left[p(x,t)-\frac{\partial m_b(x,t)}{\partial x}\right]\varphi_i(x)\mathrm{d}x\tag{5-105}$$

$q_i(t)$为第 i 个正则坐标的广义力，根据分部积分法，式(5－105)还可以写为

$$q_i(t)=\int_0^l\left[p(x,t)\varphi_i(x)+m_b(x,t)\frac{\partial\varphi_i(x)}{\partial x}\right]\mathrm{d}x\tag{5-106}$$

假定梁的初始条件为

$$y(x,0)=f_1(x),\quad\frac{\partial y(x,0)}{\partial t}=f_2(x)\tag{5-107}$$

将式(5－107)代入式(5－101)，得

$$\begin{cases}y(x,0)=\displaystyle\sum_{i=1}^{\infty}\varphi_i(x)\eta_i(0)=f_1(x)\\ \dfrac{\partial y(x,0)}{\partial t}=\displaystyle\sum_{i=1}^{\infty}\varphi_i(x)\frac{\mathrm{d}\eta_i(0)}{\mathrm{d}t}=f_2(x)\end{cases}\tag{5-108}$$

上面两式两边乘以 $\rho A\varphi_j(x)$，并沿梁长对 x 积分，由正交性(5－73)得

$$\begin{cases}\eta_i(0)=\int_0^l \rho A f_1(x)\varphi_i(x)\mathrm{d}x\\ \dfrac{\mathrm{d}\eta_i(0)}{\mathrm{d}t}=\int_0^l \rho A f_2(x)\varphi_i(x)\mathrm{d}x\end{cases}\tag{5-109}$$

式(5－109)为第 i 个正则坐标的初始条件。

根据 Duhamel 积分，式(5－104)单自由度无阻尼系统在任意激励力下的振动解为

$$\eta_i(t)=\frac{\dot{\eta}_i(0)}{\omega_i}\sin\omega_i t+\eta_i(0)\cos\omega_i t+\frac{1}{\omega_i}\int_0^t q_i(\tau)\sin\omega_i(t-\tau)\mathrm{d}\tau\tag{5-110}$$

将式(5－110)各个正则坐标响应和式(5－105)代入式(5－101)，即得到梁在初始条件下对任意激励的响应。若是零初始条件，则梁对任意激励的响应为

$$\begin{aligned}y(x,t)&=\sum_{i=1}^{\infty}\varphi_i(x)\cdot\frac{1}{\omega_i}\int_0^t\int_0^l\left[p-\frac{\partial m_b}{\partial x}\right]\varphi_i(x)\mathrm{d}x\sin\omega_i(t-\tau)\mathrm{d}\tau\\&=\sum_{i=1}^{\infty}\frac{1}{\omega_i}\varphi_i(x)\cdot\int_0^t\varphi_i(x)\int_0^l\left[p(x,\tau)-\frac{\partial m_b(x,\tau)}{\partial x}\right]\sin\omega_i(t-\tau)\mathrm{d}\tau\mathrm{d}x\end{aligned}\tag{5-111}$$

如果作用在梁上的载荷不是分布载荷和分布力矩，而是图 5－20 所示的集中力 $P(t)$和集中力矩 $M_b(t)$，可表示为

$$\begin{cases}p(x,t)=P(t)\cdot\delta(x-\xi_1)\\ m_b(x,t)=M_b(t)\cdot\delta(x-\xi_2)\end{cases}\tag{5-112}$$

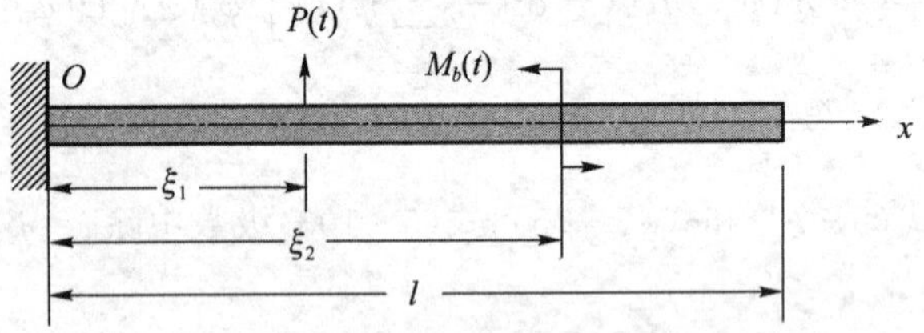

图 5－20 作用在梁上的集中力和集中力矩

将式(5－112)代入式(5－106)后得到下列正则坐标的广义力为

$$\begin{aligned}q_i(t)&=\int_0^l\left[P(t)\delta(x-\xi_1)\varphi_i(x)+M_b(t)\delta(x-\xi_2)\frac{\partial\varphi_i(x)}{\partial x}\right]\mathrm{d}x\\&=P(t)\varphi_i(\xi_1)+M_b(t)\frac{\partial\varphi_i(\xi_2)}{\partial x}\end{aligned}\tag{5-113}$$

于是，得到零初始条件下梁的响应为

$$y(x,t)=\sum_{i=1}^{\infty}\frac{1}{\omega_i}\varphi_i(x)\left[\varphi_i(\xi_1)\int_0^t P(\tau)\sin\omega_i(t-\tau)\mathrm{d}\tau+\frac{\partial\varphi_i(\xi_2)}{\partial x}\int_0^t M_b(\tau)\sin\omega_i(t-\tau)\mathrm{d}\tau\right]\tag{5-114}$$

例 5.4.1 图 5－21 所示长度为 l，截面抗弯刚度为 EJ，材料密度为 ρ，横截面积为 A 的均匀简支梁，在 $x=l_1$ 处作用有一正弦激励力 $P\sin\omega t$，若梁的初始条件为零，求梁的横向强迫振动响应。

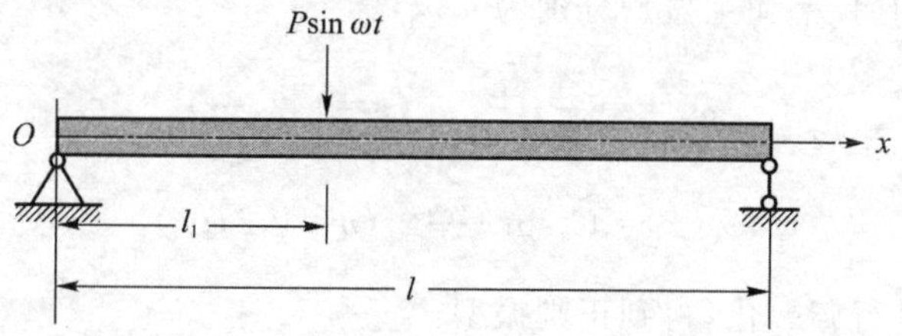

图 5-21　均匀简支梁的横向强迫振动

解　简支梁的固有频率为

$$\omega_n=\frac{n^2\pi^2}{l^2}\sqrt{\frac{EJ}{\rho A}}\quad(n=1,2,\cdots)$$

相应的主振型为

$$\varphi_n(x)=C_n\sin\frac{n\pi x}{l}\quad(n=1,2,\cdots)$$

利用式(5-72)进行归一化，得到正则振型：

$$\int_0^l \rho A\varphi_i^2(x)\mathrm{d}x=\int_0^l \rho A\left(C_n\sin\frac{n\pi x}{l}\right)^2\mathrm{d}x=M_i=1$$

解得

$$C_n=\sqrt{\frac{2}{\rho Al}}$$

正则振型为

$$\varphi_n(x)=\sqrt{\frac{2}{\rho Al}}\sin\frac{n\pi x}{l}\quad(n=1,2,\cdots)$$

作用在均匀简支梁 $x=l_1$ 处的正弦激励力 $P\sin\omega t$ 可表示为

$$p(x,t)=P\sin\omega t\cdot\delta(x-l_1)$$

由式(5-104)求得在 $x=l_1$ 处的正则广义力为

$$q_n(t)=\int_0^l P\sin\omega t\cdot\delta(x-l_1)\sqrt{\frac{2}{\rho Al}}\sin\frac{n\pi x}{l}\mathrm{d}x=\sqrt{\frac{2}{\rho Al}}P\sin\frac{n\pi l_1}{l}\sin\omega t$$

由于梁的初始条件为零，所求梁的横向强迫振动响应为

$$y(x,t)=\frac{2P}{\rho Al}\sum_{n=1}^{\infty}\frac{1}{\omega_n^2-\omega^2}\sin\frac{n\pi l_1}{l}\sin\frac{n\pi x}{l}\left(\sin\omega t-\frac{\omega}{\omega_n}\sin\omega_n t\right)$$

例 5.4.2　如图 5-22 所示，均匀简支梁在中点处作用有一常力 P 而产生静变形，求突然移去常力 P，梁的横向强迫振动响应。

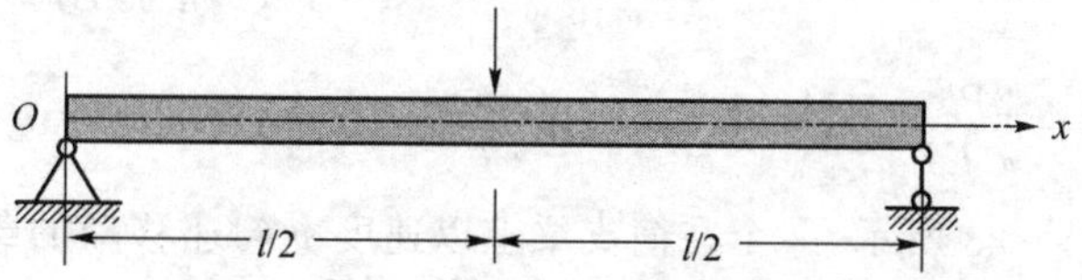

图 5-22　均匀简支梁受集中力的横向强迫振动

解 简支梁的固有频率和主振型分别为

$$\omega_n=\frac{n^2\pi^2}{l^2}\sqrt{\frac{EJ}{\rho A}}\quad (n=1,2,\cdots)$$

$$\varphi_n(x)=C_n\sin\frac{n\pi x}{l}\quad (n=1,2,\cdots)$$

利用式(5-72)进行归一化,得到正则振型:

$$\int_0^l \rho A\varphi_i^2(x)\mathrm{d}x=\int_0^l \rho A\left(C_n\sin\frac{n\pi x}{l}\right)^2\mathrm{d}x=M_i=1$$

解得正则振型 $\varphi_n(x)$ 中的系数为

$$C_n=\sqrt{\frac{2}{\rho A l}}$$

由材料力学得知初始条件为

$$\begin{cases} y(x,0)=f_1(x)=\begin{cases} y_{\mathrm{st}}\left[3\left(\dfrac{x}{l}\right)-4\left(\dfrac{x}{l}\right)^3\right] & \left(0\leqslant x\leqslant\dfrac{l}{2}\right)\\ y_{\mathrm{st}}\left[3\left(\dfrac{l-x}{l}\right)-4\left(\dfrac{l-x}{l}\right)^3\right] & \left(\dfrac{l}{2}\leqslant x\leqslant l\right)\end{cases}\\ \dfrac{\partial y(x,0)}{\partial t}=f_2(x)=0\end{cases}$$

其中,$y_{\mathrm{st}}=-\dfrac{Pl^3}{48EJ}$为梁中央的静挠度。由式(5-109)得到正则坐标的初始条件为

$$\begin{cases} \eta_i(0)=\displaystyle\int_0^{\frac{l}{2}}\rho A y_{\mathrm{st}}\left[3\left(\frac{x}{l}\right)-4\left(\frac{x}{l}\right)^3\right]C_n\sin\frac{n\pi x}{l}\mathrm{d}x+\\ \qquad\displaystyle\int_{\frac{l}{2}}^{l}\rho A y_{\mathrm{st}}\left[3\left(\frac{l-x}{l}\right)-4\left(\frac{l-x}{l}\right)^3\right]C_n\sin\frac{n\pi x}{l}\mathrm{d}x\\ \qquad=\rho A y_{\mathrm{st}}\dfrac{48l}{n^4\pi^4}C_n(-1)^{\frac{n-1}{2}}\\ \qquad=-\dfrac{Pl^4\rho A}{n^4\pi^4 EJ}C_n(-1)^{\frac{n-1}{2}}\quad (n=1,3,\cdots)\\ \dfrac{\mathrm{d}\eta_i(0)}{\mathrm{d}t}=0\end{cases}$$

由于没有激振力,正则广义力等于零,由式(5-110)得

$$\eta_n(t)=\eta_n(0)\cos\omega_n t$$

于是,梁的自由振动为

$$y(x,t)=\sum_{i=1}^{\infty}\varphi_n(x)\eta_n(t)=-\sum_{i=1,3,\cdots}^{\infty}C_n\cdot\sin\frac{n\pi x}{l}\cdot\frac{Pl^4\rho AC_n}{n^4\pi^4 EJ}(-1)^{\frac{n-1}{2}}\cos\omega_n t$$

$$=-\frac{2Pl^3}{\pi^4 EJ}\sum_{i=1,3,\cdots}^{\infty}\frac{(-1)^{\frac{n-1}{2}}}{n^4}\sin\frac{n\pi x}{l}\cos\omega_n t$$

例 5.4.3 如图 5-23 所示,一个在简支梁上以速度 v 匀速移动的载荷 P_0,在时刻 $t=0$,载荷位于梁的左端,梁处于静止状态。求载荷 P 向右移动时,梁的横向强迫振动响应。

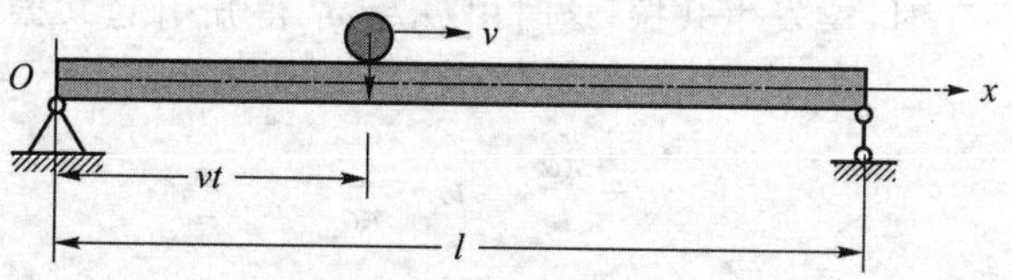

图 5-23　均匀简支梁受移动载荷作用的横向强迫振动

解　简支梁的固有频率和主振型分别为

$$\omega_n = \frac{n^2\pi^2}{l^2}\sqrt{\frac{EJ}{\rho A}} \quad (n=1,2,\cdots)$$

$$\varphi_n(x) = C_n \sin\frac{n\pi x}{l} \quad (n=1,2,\cdots)$$

利用式(5-72)进行归一化，得到正则振型：

$$\int_0^l \rho A \varphi_n^2(x)\,\mathrm{d}x = \int_0^l \rho A \left(C_n \sin\frac{n\pi x}{l}\right)^2 \mathrm{d}x = M_n = 1$$

解得正则振型 $\varphi_n(x)$ 中的系数为

$$C_n = \sqrt{\frac{2}{\rho A l}}$$

梁受到的移动载荷可表示为

$$p(x,t) = \begin{cases} -P_0\delta(x-vt) & \left(0 \leqslant t \leqslant \dfrac{l}{v}\right) \\ 0 & \left(t \geqslant \dfrac{l}{v}\right) \end{cases}$$

由式(5-112)可得到正则广义力，其为

$$q_n(t) = \begin{cases} -C_n P_0 \sin\dfrac{n\pi v}{l}t & \left(0 \leqslant t \leqslant \dfrac{l}{v}\right) \\ 0 & \left(t \geqslant \dfrac{l}{v}\right) \end{cases}$$

令 $\mu_n = \dfrac{n\pi v}{l}$，由式(5-101)算出在 $0 \leqslant t \leqslant \dfrac{l}{v}$ 区间，梁的正则响应为

$$\eta_n(t) = -\frac{1}{\omega_n}\int_0^t C_n P_0 \sin\mu_n\tau \cdot \sin\omega_n(t-\tau)\,\mathrm{d}\tau = -\frac{C_n P_0}{\omega_n^2 - \mu_n^2}\left(\sin\mu_n t - \frac{\mu_n}{\omega_n}\sin\omega_n t\right)$$

令 $t_1 = \dfrac{l}{v}$，当 $t \geqslant \dfrac{l}{v}$ 时，正则响应是以 $\eta_n(t_1)$ 和 $\dot{\eta}_n(t_1)$ 为初始条件的自由振动，则

$$\eta_n(t) = \frac{\dot{\eta}_n(t_1)}{\omega_n}\sin\omega_n(t-t_1) + \eta_n(t_1)\cos\omega_n(t-t_1)$$

当 $0 \leqslant t \leqslant \dfrac{l}{v}$ 时，由式(5-101)解得梁的响应为

$$y(x,t) = -\frac{2P_0}{\rho A l}\sum_{n=1}^{\infty}\frac{1}{\omega_n^2 - \mu_n^2}\left(\sin\mu_n t - \frac{\mu_n}{\omega_n}\sin\omega_n t\right)\sin\frac{n\pi x}{l}$$

由于方程中 ω_n^2 内含 n^4，μ_n^2 内含 n^2，上式级数收敛很快，因此可以取级数的第一项，令频率比 $\lambda = \dfrac{\mu_1}{\omega_1}$，得梁的响应为

$$y(x,t) = -\frac{2P_0}{\rho A l \omega_1^2}\frac{\sin\lambda\omega_1 t - \lambda\sin\omega_1 t}{1-\lambda^2}\sin\frac{\pi x}{l}$$

显然，当频率比 $\lambda=1$ 时，梁发生共振，这时由 $\mu_1=\omega_1$ 得知引起共振的载荷移动速度 v_r 及通过梁的时间 t_r 为

$$v_r=\frac{\pi a}{l},\quad t_r=\frac{l^2}{\pi a}$$

梁的基本周期为

$$T_1=\frac{2\pi}{\omega_1}=\frac{2l^2}{\pi a}$$

因此，载荷用 $T_1/2$ 的时间通过梁时，梁即发生共振。根据洛必达法则，梁的响应可化简为

$$y(x,t)=-\frac{P_0}{\rho Al\omega_1^2}\sin\frac{\pi x}{l}(\sin\omega_1 t-\omega_1 t\cos\omega_1 t)$$

为求得第一个共振峰出现的时间 t_0，令 $\frac{\partial y}{\partial t}=0$，得

$$\omega_1^2 t\sin\omega_1 t=0$$

计算得到 $t_0=\frac{\pi}{\omega_1}=\frac{l^2}{\pi a}=t_r$，即第一个共振峰出现在载荷刚好抵达梁的右端，这时梁上各点的动挠度为

$$y_{\max}(x)=y(x,t_0)=-\frac{P_0\pi}{\rho Al\omega_1^2}\sin\frac{\pi x}{l}$$

最大动挠度出现在梁的中间，为

$$y_{\max}\left(\frac{l}{2}\right)=-\frac{P_0 l^3}{EJ\pi^3}$$

与梁在中间的静挠度对比，梁的最大动挠度约是最大静挠度的 1.55 倍，即大于 50% 以上。

5.5 Timoshenko 梁的自由振动

前面研究的都是基于 Euler-Bernoulli 梁假设下得到的固有频率，已被实验证明在低阶频率求解问题上有很好的效果，但对于长细比较小（如小于 10）的梁结构固有频率计算，或者长细比较大结构的高阶固有频率计算，结果误差就比较大。以简支梁为例，其固有振型是梁长度变化的正弦波，随着自由振动阶次的提高，固有振型波数增加，梁被节点平面分成若干短粗小段，这时，梁的剪切变形和转动惯量的影响变得突出。因此，应该考虑振动过程中微元段转动惯量以及横截面上剪切力引起的剪切变形的影响，这种考虑剪切变形和转动惯量影响的梁模型被称为 Timoshenko 梁，它对变形的基本假设是：梁截面在弯曲变形后仍保持平面，但未必垂直于中心轴。

如图 5-24 所示，取坐标 x 处的梁微元段 dx，梁轴线的初始位置是一平行于 x 轴的直线，受剪力和弯矩作用发生横向位移 $y(x,t)$。当不考虑剪切变形时，微端为虚线表示，此时截面的法线和梁轴线的切线重合。或考虑剪切变形的影响，截面的法线与梁轴线的切线变得不重合。剪力作用使矩形单元变形为平行四边形单元，但不使截面发生转动，截面转动仍然只受弯矩作用，所以截面法线转角 θ 不受剪力影响，但是梁轴线由于受剪切变形影响偏离截面法线，偏离角度 γ 称为剪切角。这样，由于剪力和弯矩共同作用引起的梁轴线实际转动角度为

$$\frac{\partial y}{\partial x}=\theta-\gamma \tag{5-115}$$

由材料力学可知，剪切角可表示为

$$\gamma=\frac{Q}{\mu AG} \tag{5-116}$$

其中，A 为横截面面积；G 为剪切模量；μ 为截面形状系数（$\mu<1$），例如对矩形截面 $\mu=0.833$，对圆截面 $\mu=0.900$。又由材料力学知道截面法线转角与弯矩的关系为

$$M=EJ\frac{\partial\theta}{\partial x} \tag{5-117}$$

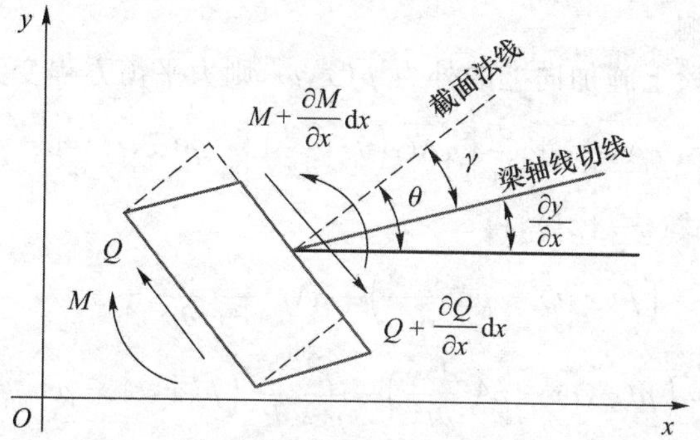

图 5-24　考虑剪切变形和转动惯量影响的梁微元段受力状态

根据达朗贝尔原理，列力和力矩平衡方程：

$$Q-\left(Q+\frac{\partial Q}{\partial x}\mathrm{d}x\right)-\rho A\frac{\partial^2 y}{\partial t^2}\mathrm{d}x=0 \tag{5-118}$$

$$M-\left(M+\frac{\partial M}{\partial x}\mathrm{d}x\right)+Q\cdot\frac{\mathrm{d}x}{2}+\left(Q+\frac{\partial Q}{\partial x}\mathrm{d}x\right)\cdot\frac{\mathrm{d}x}{2}+\rho A\mathrm{d}x\cdot r^2\cdot\frac{\partial^2\theta}{\partial t^2}=0 \tag{5-119}$$

其中，ρ 为梁的密度；r 为横截面对中性轴的惯性半径。将式(5-115)、式(5-116)和式(5-117)代入式(5-118)和式(5-119)，得

$$\rho A\frac{\partial^2 y}{\partial t^2}+\frac{\partial}{\partial x}\left[\mu AG\left(\theta-\frac{\partial y}{\partial x}\right)\right]=0 \tag{5-120}$$

$$\rho Ar^2\frac{\partial^2\theta}{\partial t^2}-\frac{\partial}{\partial x}\left[EJ\frac{\partial\theta}{\partial x}\right]+\mu AG\left(\theta-\frac{\partial y}{\partial x}\right)=0 \tag{5-121}$$

式(5-120)可写成

$$\frac{\partial\theta}{\partial x}=-\frac{\rho}{\mu G}\frac{\partial^2 y}{\partial t^2}+\frac{\partial^2 y}{\partial x^2} \tag{5-122}$$

式(5-121)两边对 x 求偏导，得

$$\frac{\partial}{\partial x}\left[\rho Ar^2\frac{\partial^2\theta}{\partial t^2}\right]-\frac{\partial^2}{\partial x^2}\left[EJ\frac{\partial\theta}{\partial x}\right]+\frac{\partial}{\partial x}\left[\mu AG\left(\theta-\frac{\partial y}{\partial x}\right)\right]=0 \tag{5-123}$$

将式(5-120)和式(5-122)代入式(5-123)，得

$$\frac{\partial}{\partial x}\left(\rho Ar^2\frac{\partial^2\theta}{\partial t^2}\right)-\frac{\partial^2}{\partial x^2}\left(-\frac{\rho EJ}{\mu G}\frac{\partial^2 y}{\partial t^2}+EJ\frac{\partial^2 y}{\partial x^2}\right)-\rho A\frac{\partial^2 y}{\partial t^2}=0 \tag{5-124}$$

对上式的第一项变换求导次序得

$$\rho Ar^2\frac{\partial^2}{\partial t^2}\left(\frac{\partial\theta}{\partial x}\right)+\frac{\rho EJ}{\mu G}\frac{\partial^4 y}{\partial x^2\partial t^2}-EJ\frac{\partial^4 y}{\partial x^4}-\rho A\frac{\partial^2 y}{\partial t^2}=0 \tag{5-125}$$

将式(5－122)代入式(5－125)，得

$$-\frac{\rho^2 Ar^2}{\mu G}\frac{\partial^4 y}{\partial t^4}+\rho Ar^2\frac{\partial^4 y}{\partial x^2\partial t^2}+\frac{\rho EJ}{\mu G}\frac{\partial^4 y}{\partial x^2\partial t^2}-EJ\frac{\partial^4 y}{\partial x^4}-\rho A\frac{\partial^2 y}{\partial t^2}=0 \tag{5-126}$$

整理得

$$EJ\frac{\partial^4 y}{\partial x^4}+\rho A\frac{\partial^2 y}{\partial t^2}-\rho Ar^2\frac{\partial^4 y}{\partial x^2\partial t^2}-\frac{\rho EJ}{\mu G}\frac{\partial^4 y}{\partial x^2\partial t^2}+\frac{\rho^2 Ar^2}{\mu G}\frac{\partial^4 y}{\partial t^4}=0 \tag{5-127}$$

式(5－127)就是考虑了剪切变形和转动惯量影响的梁的横向振动偏微分方程或Timoshenko梁方程。式中的第一项和第二项为不考虑剪切变形和转动惯量影响的基本关系式；第三项为考虑了转动惯量的影响；第四项为考虑剪切变形的影响；第五项为考虑了剪切变形和转动惯量的耦合影响。

如果考虑在梁微元段上施加向上的外力 $p(x,t)$，则力平衡方程变为

$$\rho A\frac{\partial^2 y}{\partial t^2}+\frac{\partial}{\partial x}\left[\mu AG\left(\theta-\frac{\partial y}{\partial x}\right)\right]-p(x,t)=0 \tag{5-128}$$

将式(5－128)代入式(5－121)，得

$$\begin{aligned}&EJ\frac{\partial^4 y}{\partial x^4}-\left(p(x,t)-\rho A\frac{\partial^2 y}{\partial t^2}\right)-\rho Ar^2\frac{\partial^4 y}{\partial x^2\partial t^2}+\\&\frac{EJ}{\mu AG}\frac{\partial^2}{\partial x^2}\left(p(x,t)-\rho A\frac{\partial^2 y}{\partial t^2}\right)-\frac{\rho r^2}{\mu G}\frac{\partial^2}{\partial t^2}\left(p(x,t)-\rho A\frac{\partial^2 y}{\partial t^2}\right)=0\end{aligned} \tag{5-129}$$

式(5－129)中的第一项和第二项为不考虑剪切变形和转动惯量影响的基本关系式；第三项为考虑了转动惯量的影响；第四项为考虑剪切变形的影响；第五项为考虑了剪切变形和转动惯量的耦合影响。

仅考虑剪切变形的影响时，梁的横向振动方程为

$$EJ\frac{\partial^4 y}{\partial x^4}+\rho A\frac{\partial^2 y}{\partial t^2}-\frac{\rho EJ}{\mu G}\frac{\partial^4 y}{\partial x^2\partial t^2}=0 \tag{5-130}$$

仅考虑转动惯量的影响时，梁的横向振动方程为

$$EJ\frac{\partial^4 y}{\partial x^4}+\rho A\frac{\partial^2 y}{\partial t^2}-\rho Ar^2\frac{\partial^4 y}{\partial x^2\partial t^2}=0 \tag{5-131}$$

现对 Timoshenko 梁的自由振动方程求解。令 $J=Ar^2$，则方程(5－127)变为

$$EJ\frac{\partial^4 y}{\partial x^4}+\rho A\frac{\partial^2 y}{\partial t^2}-\rho J\left(1+\frac{E}{\mu G}\right)\frac{\partial^4 y}{\partial x^2\partial t^2}+\frac{\rho^2 J}{\mu G}\frac{\partial^4 y}{\partial t^4}=0 \tag{5-132}$$

假设 $y(x,t)=Y(x)\sin\omega t$，将其代入式(5－132)，得

$$EJ\frac{\mathrm{d}^4 Y(x)}{\mathrm{d}x^4}-\rho A\omega^2 Y(x)+\rho J\left(1+\frac{E}{\mu G}\right)\omega^2\frac{\mathrm{d}^2 Y(x)}{\mathrm{d}x^2}+\frac{\rho^2 J}{\mu G}\omega^4 Y(x)=0 \tag{5-133}$$

令 $m=\rho A, a^4=\dfrac{m\omega^2}{EJ}$，则式(5－133)写为

$$\frac{\mathrm{d}^4 Y(x)}{\mathrm{d}x^4}-a^4 Y(x)+a^4 r^2\frac{\mathrm{d}^2 Y(x)}{\mathrm{d}x^2}+\frac{m\omega^2}{\mu GA}\left[a^4 r^2 Y(x)+\frac{\mathrm{d}^2 Y(x)}{\mathrm{d}x^2}\right]=0 \tag{5-134}$$

以简支梁为例，其主振型为 $Y_n(x)=A_n\sin\dfrac{n\pi x}{l}$，将其代入式(5－134)，得

$$\left(\frac{n\pi}{l}\right)^4-a^4+a^4 r^2\left(\frac{n\pi}{l}\right)^2\left(1+\frac{E}{\mu G}\right)+a^4 r^2\left(a^4 r^2\frac{E}{\mu G}\right)=0 \tag{5-135}$$

① 公式中前两项代表不考虑剪切变形和转动惯量影响的情况。由 $\left(\dfrac{n\pi}{l}\right)^4=a^4$ 得到 $\omega_n=$

$\left(\frac{n\pi}{l}\right)^2\sqrt{\frac{EJ}{\rho A}}$。

② 公式中的第三项表示考虑剪切变形和转动惯量影响的情况，它们分别由括号内的 1 和 $\frac{E}{\mu G}$表示。假设 $G=\frac{3}{8}E$，对于矩形截面 $\mu=\frac{5}{6}$，于是$\frac{E}{\mu G}\approx 3.2$，也就是剪切变形是转动惯量的 3.2 倍。暂时略去第四项，则方程(5-135)变成

$$a^4=\left(\frac{n\pi}{l}\right)^4\cdot\frac{1}{1+\left(\frac{nr\pi}{l}\right)^2\left(1+\frac{E}{\mu G}\right)} \tag{5-136}$$

其中，$\frac{1}{1+r^2\left(\frac{n\pi}{l}\right)^2\left(1+\frac{E}{\mu G}\right)}$表示修正项。可以看出，当 n 增大时或梁的长细比$\frac{l}{r}$减小时，修正项也逐渐减小。当$\frac{nr}{l}$项很小时，将修正项进行泰勒展开，则式(5-136)近似写成

$$a^4\approx\left(\frac{n\pi}{l}\right)^4\cdot\left[1-\left(\frac{nr\pi}{l}\right)^2\left(1+\frac{E}{\mu G}\right)\right] \tag{5-137}$$

因此，固有频率表示为

$$\omega_n=\left(\frac{n\pi}{l}\right)^2\cdot\sqrt{\frac{EJ}{\rho A}}\left[1-\frac{1}{2}\left(\frac{nr\pi}{l}\right)^2\left(1+\frac{E}{\mu G}\right)\right] \tag{5-138}$$

当 n 增大时，剪切变形和转动惯量都会降低固有频率。对于$\frac{l}{nr}$为 40、20、10 和 5 的情况，剪切变形和转动惯量分别使固有频率降低 1.2%、4.7%、17.2%和 54.4%。由于剪切变形使梁的总位移增加，则意味着梁的等效刚度降低，而转动惯量使系统有效质量增加，因而固有频率下降。

③ 公式中的第四项表示考虑剪切变形和转动惯量耦合影响的情况。注意到当$\frac{n\pi}{l}$项很小时，$a^4\approx\left(\frac{n\pi}{l}\right)^4$，第四项改写成

$$a^4r^2\left(a^4r^2\frac{E}{\mu G}\right)\approx a^4r^2\left(\frac{n\pi}{l}\right)^2\left[\left(\frac{n\pi r}{l}\right)^2\frac{E}{\mu G}\right] \tag{5-139}$$

由于$\frac{n\pi r}{l}\ll 1$，式(5-139)与前一项相比很小，即

$$a^4r^2\left(\frac{n\pi}{l}\right)^2\left[\left(\frac{n\pi r}{l}\right)^2\frac{E}{\mu G}\right]\leqslant a^4r^2\left(\frac{n\pi}{l}\right)^2\left(1+\frac{E}{\mu G}\right) \tag{5-140}$$

本章习题

5.1　如图 5-25 所示，长为 l，密度为 ρ，弹性模量为 E 的均匀直杆，两端自由，求杆纵向自由振动的固有频率和振动响应。

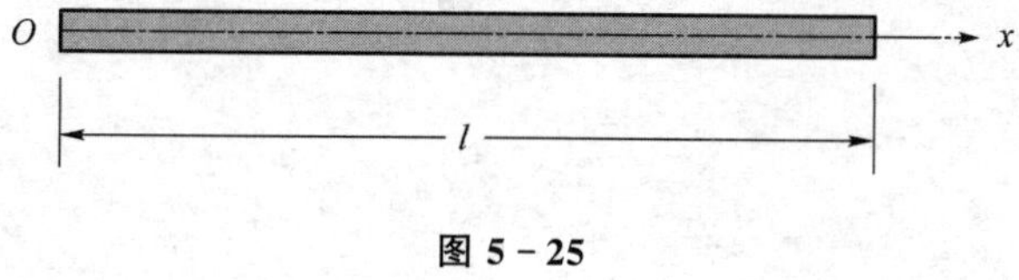

图 5-25

5.2　一等直杆沿纵向以等速 v 向右运动，求下列情况中杆的自由振动：

① 杆的左端突然固定；

② 杆的右端突然固定；

③ 杆的中点突然固定。

5.3　求下列情况中，当轴向常力突然移去时，两端固定的等直杆的自由振动：

① 轴向常力 P 作用于杆的中点，如图 5-26(a)所示；

② 轴向常力 P 作用于杆的三分之一点处，如图 5-26(b)所示；

③ 两个大小相等、方向相反的轴向常力 P 作用于杆的四分之一点及四分之三点处，如图 5-26(c)所示。

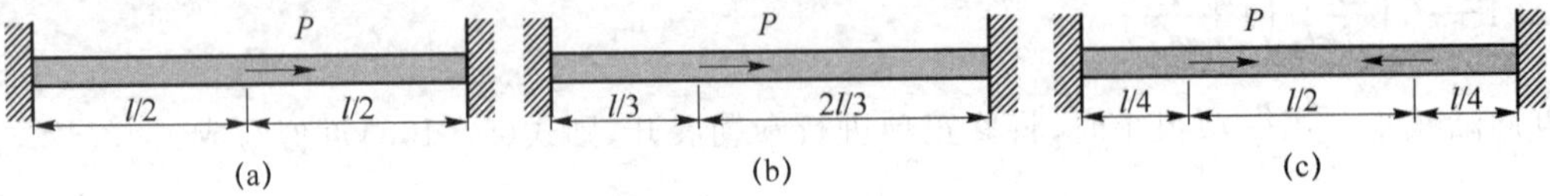

图 5-26

5.4　如图 5-27 所示，一根等直圆轴的两端连接两个相同的圆盘，圆轴的长度为 l，剪切模量为 G，材料密度为 ρ，轴和圆盘对轴中心线的转动惯量为 I_s 和 I_0，求系统扭转振动的频率方程。

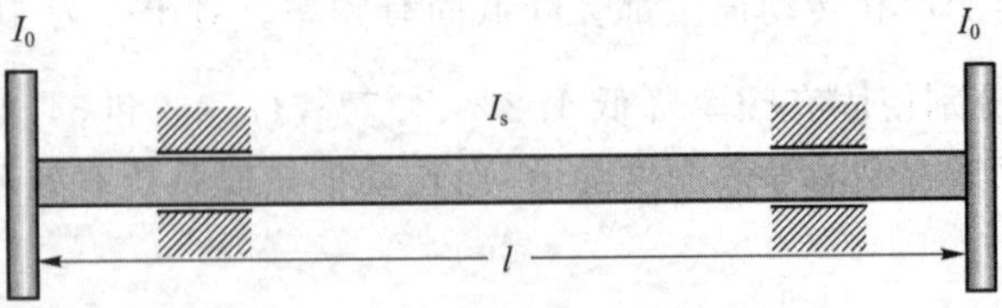

图 5-27

5.5　求两端自由的等截面悬臂梁产生横向弯曲自由振动的固有频率和主振型，悬臂梁的长度为 l，截面抗弯刚度为 EJ，材料密度为 ρ，横截面积为 A。

5.6　求两端固支的等截面悬臂梁产生横向弯曲自由振动的固有频率和主振型，悬臂梁的长度为 l，截面抗弯刚度为 EJ，材料密度为 ρ，横截面积为 A。

5.7　如图 5-28 所示，求等截面悬臂梁在固定端受到横向支撑运动 $y(0,t)=d\sin\omega t$ 时，梁的横向振动响应。

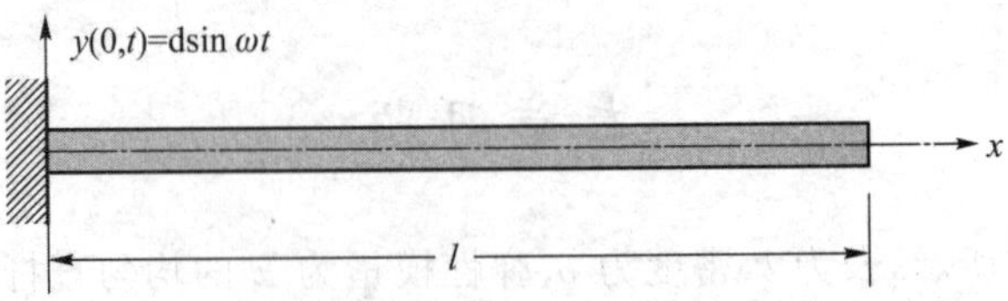

图 5-28

第 6 章　薄板的横向振动

板在飞行器结构中是一种常见的元件，如飞机的蒙皮和壁板，火箭贮箱系统的外壳和整流罩等。当板的厚度 h 比最小边长 b 数值小很多时，该板称为薄板，其变化范围一般为：$\left(\frac{1}{100}\sim\frac{1}{80}\right)\leqslant\frac{h}{b}\leqslant\left(\frac{1}{8}\sim\frac{1}{5}\right)$。本章以根据 Kirchhoff 建立的弹性薄板小挠度弯曲理论为基础，讨论等厚度薄板的横向振动，以及薄板发生横向振动的近似解法。

6.1　薄板的横向振动微分方程

图 6－1 所示为薄板的中面及坐标系。薄板未变形时，平分板的厚度的中间平面称为中面（xoy 平面），x 轴和 y 轴平行于板的两边。板的厚度为 h，板的两个自由表面为 $z=\pm\frac{1}{2}h$。当薄板弯曲变形时，中面弯成曲面，该曲面称为弹性曲面，板上任一点沿 x、y、z 方向的位移分别为 u、v、w，其中 w 称为横向位移或挠度。

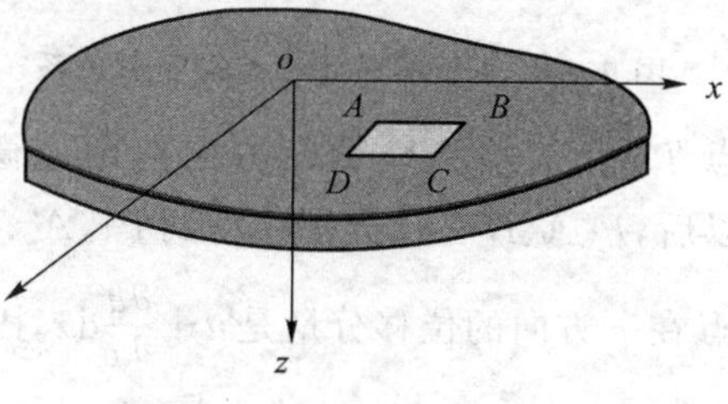

图 6－1　薄板的中面及坐标系

薄板挠度微分方程是以 Kirchhoff 薄板理论的四个基本假设为基础的：

① 直线法假设：变形前与中面垂直的法线在薄板弯曲变形后仍保持为直线并与弹性曲面垂直，直线法假设表示由横向剪应力 τ_{xz}、τ_{yz}（第一个和第二个下标分别表示作用面的法线方向和应力的指向）引起的横向剪切变形 γ_{xz}、γ_{yz} 忽略不计，但是横向剪应力 τ_{xz}、τ_{yz} 是维持平衡所必须的，不能忽略。

② 薄板弯曲时，板内的应力以弯曲应力 σ_x、σ_y、τ_{xy} 为主。

③ 薄板弯曲时，厚度的变化忽略不计，即 $\varepsilon_z=0$，表示在中面的任一根法线上，薄板全厚度内的所有各点具有相同的横向位移 $w(x,\ y,\ t)$，即 w 与 z 无关。

④ 薄板的挠度 w 比板的厚度 h 小得多。由这个假设认为，薄板弯曲时，中面内各点都没有平行于中面的位移，即中面的任意一部分虽然弯曲成弹性曲面的一部分，但它在 xoy 面上的投影形状保持不变。

根据这些假设导出的微分方程适用于小挠度情况，即挠度和板厚度相比为一小量，最大挠度满足：$\frac{w_{\max}}{b}\leqslant\frac{1}{50}$。

从中面取出一个矩形微元 $ABCD$，弯曲变形后成为 $A'B'C'D'$，如图 6-2(a)所示，弹性曲面在 xoz 面、yoz 面内的转角分别为$\frac{\partial w}{\partial x}$、$\frac{\partial w}{\partial y}$。在薄板 xoz 面取任意截面，如图 6-2(b)所示。设 A_1 是中面内 A 点法线上的一点，A_1 点与 A 点的距离是 z，当 A 点产生挠度 w 移至 A' 点时，A_1 点移至 A_1' 点，由假设①和③可知，$A'A_1'$ 仍与弹性曲面垂直，并且 $A'A_1'=z$，由图 6-2(b)得出：A_1 点沿 x 方向的位移分量为 $u=-z\frac{\partial w}{\partial x}$。同理，若取截面与 yoz 面平行，可知 A_1 点沿 y 方向的位移分量为 $v=-z\frac{\partial w}{\partial y}$。

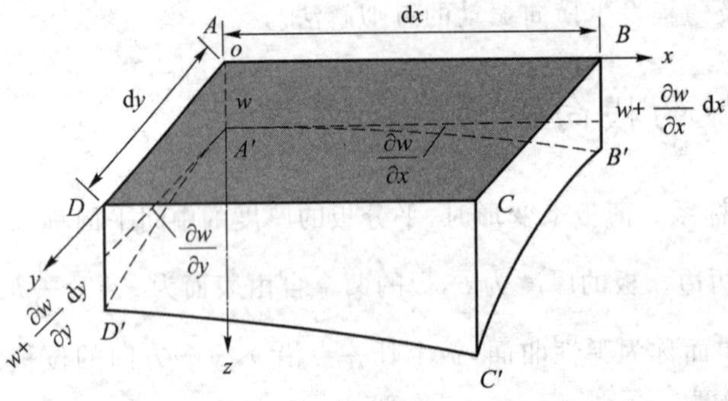

(a) 中面变形

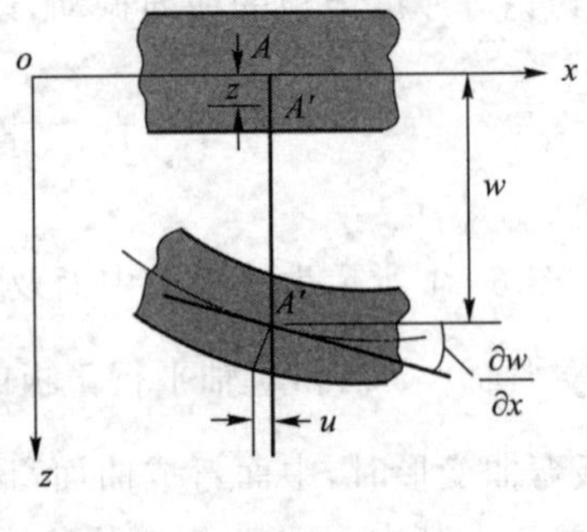

(b) 点在x方向的变形

图 6-2 薄板的微元和点的变形关系

对于中面内的任意一点 P，沿 x 轴和 y 轴的方向取两个微小长度的线段 $PA=\mathrm{d}x$ 和 $PB=\mathrm{d}y$。假定弹性体受力以后，P、A、B 三点分别移动到 P'、A'、B'，如图 6-3 所示。设 P 点在 x 方向的位移是 u，则 A 点在 x 方向的位移分量是 $u+\frac{\partial u}{\partial x}\mathrm{d}x$，因此线段 PA 在 x 方向的正应变是

$$\varepsilon_x=\frac{u+\frac{\partial u}{\partial x}\mathrm{d}x-u}{\mathrm{d}x}=\frac{\partial u}{\partial x} \tag{6-1}$$

同理，线段 PB 在 y 方向的正应变是

$$\varepsilon_y=\frac{v+\frac{\partial v}{\partial y}\mathrm{d}y-v}{\mathrm{d}y}=\frac{\partial v}{\partial y} \tag{6-2}$$

线段 PA 和 PB 之间角度的改变量也就是剪应变 γ_{xy}。由图 6-3 可知，剪应变由两部分组成：一部分是由 y 方向的位移 v 引起的，即 x 方向线段 PA 的转角 α；另一部分是由 x 方向的位移 u 引起的，即 y 方向线段 PB 的转角 β。P 点在 y 方向的位移为 v，则 A 点在 y 方向的位移分量是 $v+\frac{\partial v}{\partial x}\mathrm{d}x$，则线段 PA 的转角 α 为

$$\alpha=\frac{v+\frac{\partial v}{\partial x}\mathrm{d}x-v}{\mathrm{d}x}=\frac{\partial v}{\partial x} \tag{6-3}$$

同理，线段 PB 的转角 β 为

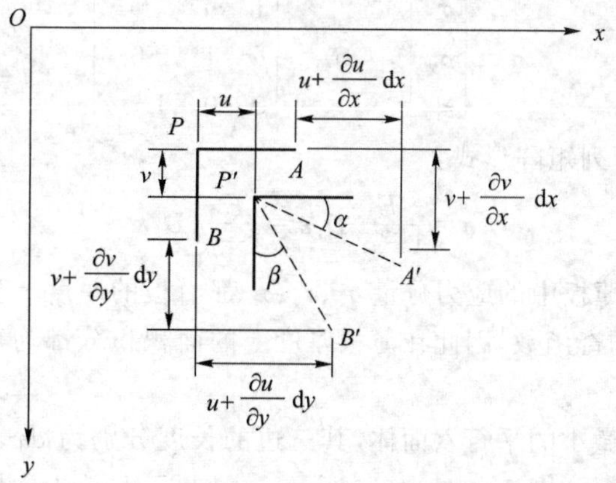

图 6-3　薄板中面点的位移关系

$$\beta=\frac{u+\frac{\partial u}{\partial y}\mathrm{d}y-u}{\mathrm{d}y}=\frac{\partial u}{\partial y} \tag{6-4}$$

因此,线段 PA 和 PB 之间角度的改变量(以减小时为正),也就是剪应变 γ_{xy} 可表示为

$$\gamma_{xy}=\alpha+\beta=\frac{\partial v}{\partial x}+\frac{\partial u}{\partial y} \tag{6-5}$$

综合式(6-1)、式(6-2)和式(6-5),可得到应变分量与位移分量之间的关系为

$$\begin{cases}\varepsilon_x=\dfrac{\partial u}{\partial x}=-z\dfrac{\partial^2 w}{\partial x^2}=z\kappa_x\\ \varepsilon_y=\dfrac{\partial v}{\partial y}=-z\dfrac{\partial^2 w}{\partial y^2}=z\kappa_y\\ \gamma_{xy}=\dfrac{\partial v}{\partial x}+\dfrac{\partial u}{\partial y}=-2z\dfrac{\partial^2 w}{\partial x\partial y}=z\kappa_{xy}\end{cases} \tag{6-6}$$

其中,$\kappa_x=-\frac{\partial^2 w}{\partial x^2}$、$\kappa_y=-\frac{\partial^2 w}{\partial y^2}$分别为弹性曲面在 x、y 方向的曲率,$\kappa_{xy}=-2\frac{\partial^2 w}{\partial x\partial y}$为弹性曲面在 x 和 y 方向的扭率。记向量 $\boldsymbol{\varepsilon}$ 和 $\boldsymbol{\kappa}$ 分别为

$$\begin{cases}\boldsymbol{\varepsilon}=\begin{bmatrix}\varepsilon_x & \varepsilon_y & \gamma_{xy}\end{bmatrix}^{\mathrm{T}}\\ \boldsymbol{\kappa}=\begin{bmatrix}\kappa_x & \kappa_y & \kappa_{xy}\end{bmatrix}^{\mathrm{T}}\end{cases} \tag{6-7}$$

则式(6-7)可表示为

$$\boldsymbol{\varepsilon}=z\boldsymbol{\kappa} \tag{6-8}$$

根据假设②,可以忽略 σ_z 对变形的影响,因而薄板弯曲问题可以看作平面应力问题,即

$$\begin{cases}\sigma_x=\dfrac{E}{1-\mu^2}(\varepsilon_x+\mu\varepsilon_y)\\ \sigma_y=\dfrac{E}{1-\mu^2}(\varepsilon_y+\mu\varepsilon_x)\\ \tau_{xy}=\dfrac{E}{2(1+\mu)}\gamma_{xy}\end{cases} \tag{6-9}$$

其中,E 为弹性模量;μ 为泊松比。记

$$\boldsymbol{\sigma}=\begin{bmatrix}\sigma_x\\ \sigma_y\\ \tau_{xy}\end{bmatrix},\quad \boldsymbol{D}_1=\begin{bmatrix}1 & \mu & 0\\ \mu & 1 & 0\\ 0 & 0 & 1-\mu\end{bmatrix} \tag{6-10}$$

则式(6-10)可表示为下列矩阵形式：

$$\boldsymbol{\sigma}=\frac{E}{1-\mu^2}\boldsymbol{D}_1\boldsymbol{\varepsilon}=\frac{Ez}{1-\mu^2}\boldsymbol{D}_1\boldsymbol{\kappa} \tag{6-11}$$

由式(6-11)可知，薄板中的应力分量 σ_x、σ_y、σ_z 都沿板的厚度 z 呈线性分布，在中面上的值为零，他们又都是 z 的奇函数，因此在薄板厚度上的面积积分都为零(无轴力和剪力)，只能合成弯矩和扭矩。

从薄板内取出一个微小的平行六面体，其三边的长度分别为 $\mathrm{d}x$、$\mathrm{d}y$ 和 z。设微小六面体各截面上应力的分布情况如图 6-4(a)、(b)所示。由图 6-4 可以看出，在 x 为常量的截面上，正应力 σ_x 合成弯矩，剪应力 τ_{xy} 合成扭矩，若定义 M_x、M_{xy} 分别为单位宽度上的弯矩和扭矩，则

$$M_x=\int_{-h/2}^{h/2}\sigma_x z\,\mathrm{d}z,\quad M_{xy}=\int_{-h/2}^{h/2}\tau_{xy}z\,\mathrm{d}z \tag{6-12}$$

同理，在 y 为常量的截面上，正应力 σ_y 合成弯矩，剪应力 τ_{yx} 合成扭矩，若定义 M_y、M_{yx} 分别为单位宽度上的弯矩和扭矩，则

$$M_y=\int_{-h/2}^{h/2}\sigma_y z\,\mathrm{d}z,\quad M_{yx}=\int_{-h/2}^{h/2}\tau_{yx}z\,\mathrm{d}z \tag{6-13}$$

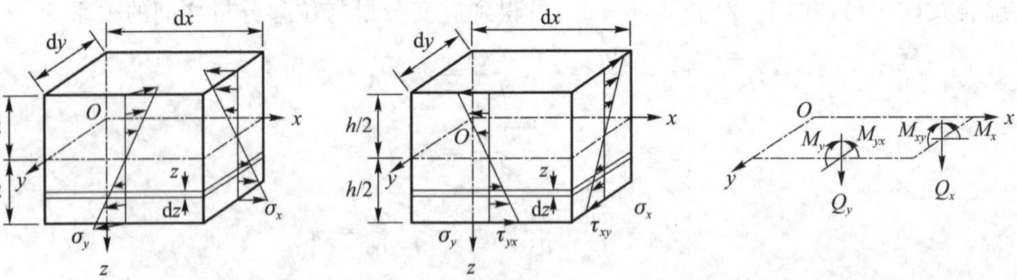

(a) 正应力σ_x, σ_y　　(b) 剪应力τ_{xy}, τ_{yx}　　(c) 横向剪力、弯矩和扭矩

图 6-4　微小六面体上的应力分布

由于剪应力 τ_{xy} 与 τ_{yx} 大小相等，所以 $M_{xy}=M_{yx}$，若记

$$\boldsymbol{M}=[M_x\quad M_y\quad M_{xy}]^{\mathrm{T}}$$

则式(6-12)和式(6-13)的内力分量与应力分量之间的关系可表示为

$$M=\int_{-h/2}^{h/2}\sigma z\,\mathrm{d}z \tag{6-14}$$

将式(6-11)代入式(6-14)，得

$$M=\frac{E}{1-\mu^2}\boldsymbol{D}_1\boldsymbol{\kappa}\int_{-h/2}^{h/2}z^2\,\mathrm{d}z=D_0\boldsymbol{D}_1\boldsymbol{\kappa}=\boldsymbol{D}\boldsymbol{\kappa} \tag{6-15}$$

其中，$D_0=\dfrac{Eh^3}{12(1-\mu^2)}$为薄板得抗弯刚度，矩阵 $\boldsymbol{D}=D_0\boldsymbol{D}_1$ 为弹性矩阵。将式(6-14)写成具体的内力表达式，有

$$
\begin{cases}
M_x = -D_0\left(\dfrac{\partial^2 w}{\partial x^2}+\mu\dfrac{\partial^2 w}{\partial y^2}\right)\\
M_y = -D_0\left(\dfrac{\partial^2 w}{\partial y^2}+\mu\dfrac{\partial^2 w}{\partial x^2}\right)\\
M_{xy} = -D_0(1-\mu)\dfrac{\partial^2 w}{\partial x\partial y}
\end{cases}
\tag{6-16}
$$

薄板截面上的横向剪力 τ_{xz}、τ_{yz} 分别合成横向剪力 Q_x、Q_y，其表示为

$$
\begin{cases}
Q_x = \displaystyle\int_{-h/2}^{h/2}\tau_{xz}\,\mathrm{d}z\\
Q_y = \displaystyle\int_{-h/2}^{h/2}\tau_{yz}\,\mathrm{d}z
\end{cases}
\tag{6-17}
$$

其中，Q_x、Q_y 分别是垂直于 x 轴及 y 轴的截面上单位宽度的横向剪力，它们与上述弯矩及扭矩的正方向如图 6-4(c)所示。由于不计应变 γ_{xz}、γ_{yz}，剪力 Q_x、Q_y 并不做功。

以上所提到的内力都是作用在薄板单位宽度上的内力，所以弯矩和扭矩的量纲是[力]，而不是[力][长度]；横向剪力的量纲是[力][长度]$^{-1}$，而不是[力]。

以中面上的矩形微元 $\mathrm{d}x\mathrm{d}y$ 代替 $h\,\mathrm{d}x\mathrm{d}y$，并将载荷及截面上的内力表示在中面上，图 6-5 给出了微元的受力情况，其中所有内力分量都按正方向规定画出，在坐标有增量的截面上，内力分量也有相应的增量。如图 6-5 所示，假设分布在单位面积上的垂向激振力为 $p(x,y,t)$，其正向与 z 轴方向一致。当薄板作横向振动时，沿 z 轴方向单位面积薄板上的惯性力为 $-\rho h\dfrac{\partial^2 w}{\partial t^2}$，其中 ρ 为薄板的体积密度，ρh 为薄板的单位面积质量。

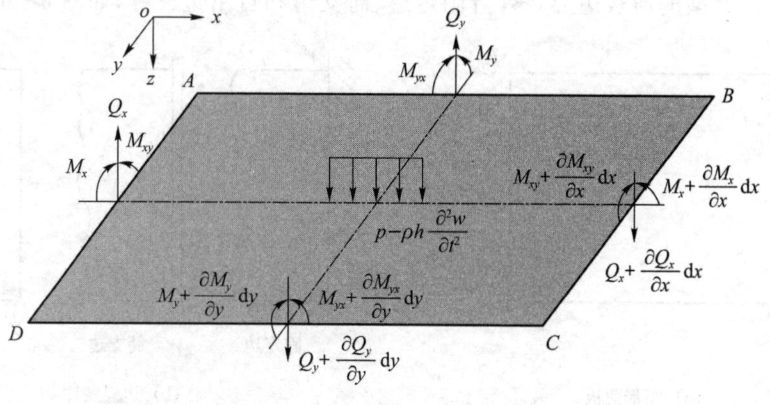

图 6-5　中面上矩形微元受力

利用中面上的动平衡条件，根据 y 和 x 方向的力矩平衡条件及 z 方向的力平衡方程，简化并略去高阶小量，得到下列方程：

$$
\begin{cases}
\dfrac{\partial M_x}{\partial x}+\dfrac{\partial M_{yx}}{\partial y}-Q_x=0\\
\dfrac{\partial M_{xy}}{\partial x}+\dfrac{\partial M_y}{\partial y}-Q_y=0\\
\dfrac{\partial Q_x}{\partial x}+\dfrac{\partial Q_y}{\partial y}+p-\rho h\dfrac{\partial^2 w}{\partial t^2}=0
\end{cases}
\tag{6-18}
$$

将式(6-16)代入式(6-18)的前两式，得

$$\begin{cases} Q_x = -D_0 \dfrac{\partial}{\partial x}(\nabla^2 w) \\ Q_y = -D_0 \dfrac{\partial}{\partial y}(\nabla^2 w) \end{cases} \tag{6-19}$$

其中，$\nabla^2 = \dfrac{\partial^2}{\partial x^2} + \dfrac{\partial^2}{\partial y^2}$为调和算子。

将式(6-19)代入式(6-18)中的第3个式子，可得到薄板横向振动的微分方程：

$$D_0 \left(\frac{\partial^4 w}{\partial x^4} + 2\frac{\partial^4 w}{\partial x^2 \partial y^2} + \frac{\partial^4 w}{\partial y^4} \right) + \rho h \frac{\partial^2 w}{\partial t^2} = p(x, y, t) \tag{6-20}$$

式(6-20)也可以写为

$$D_0 \nabla^4 w + \rho h \frac{\partial^2 w}{\partial t^2} = p(x, y, t) \tag{6-21}$$

其中，$\nabla^4 = \nabla^2 \nabla^2 = \dfrac{\partial^4}{\partial x^4} + 2\dfrac{\partial^4 w}{\partial x^2 \partial y^2} + \dfrac{\partial^4 w}{\partial y^4}$为重调和算子，式(6-21)为四阶椭圆形方程。

对于薄板的动力学问题，$w(x, y, t)$必须既满足振动微分方程式(6-20)或式(6-21)，又满足薄板的边界条件。

6.2 薄板的边界条件

边长为a和b的矩形薄板如图6-6(a)所示，建立图示坐标系Axy，以AD边为例讨论薄板的边界条件。典型的薄板边界条件有固定边、简支边和自由边三种，如图6-6(b)所示。

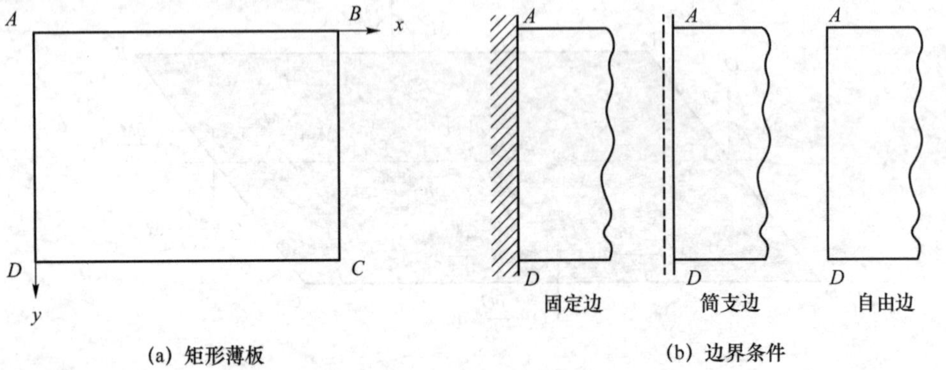

图6-6 矩形薄板及其边界条件

① 固定边。薄板在AD边上的挠度为零，绕y轴的转角(弹性曲面在x方向的斜率$\partial w/\partial x$为零)也等于零，因此，AD边的边界条件为

$$w|_{x=0} = 0, \quad \left.\frac{\partial w}{\partial x}\right|_{x=0} = 0 \tag{6-22}$$

② 简支边。薄板在AD边上的挠度为零，弯矩M_x为零。根据式(6-16)，可得到AD边的边界条件：

$$w|_{x=0} = 0, \quad \left.\frac{\partial^2 w}{\partial x^2} + \mu \frac{\partial^2 w}{\partial y^2}\right|_{x=0} = 0 \tag{6-23}$$

由于在 $x=0$ 的边上各点的挠度都等于零，从而有 $\left.\frac{\partial w}{\partial y}\right|_{x=0}=0$ 和 $\left.\frac{\partial^2 w}{\partial y^2}\right|_{x=0}=0$，因此，简支边 AD 边的边界条件为

$$w\big|_{x=0}=0,\quad \left.\frac{\partial^2 w}{\partial x^2}\right|_{x=0}=0 \tag{6-24}$$

③ 自由边。薄板在 AD 边上的弯矩 M_x、扭矩 M_{xy} 和横向剪力 Q_x 都为零，因此，AD 边的边界条件为

$$\left.\frac{\partial^2 w}{\partial x^2}+\mu\frac{\partial^2 w}{\partial y^2}\right|_{x=0}=0,\quad \left.\frac{\partial^2 w}{\partial x\partial y}\right|_{x=0}=0,\quad \left.\frac{\partial}{\partial x}\left(\frac{\partial^2 w}{\partial x^2}+\frac{\partial^2 w}{\partial y^2}\right)\right|_{x=0}=0 \tag{6-25}$$

但是对于振动微分方程式(6-20)或式(6-21)，每一个边界条件一般只需要提供两个边界条件，但是式(6-25)的边界条件过多。Kirchhoff 指出，薄板任一边界上的扭矩可以变换为等效的横向剪力与原来的横向剪力的合力，因此，式(6-25)中后两个边界条件可合并为一个边界条件。

假设 AD 为任意边界，在上面取长为 $\mathrm{d}y$ 的两个相邻微段 EF 和 FG，如图 6-7 所示。在 EF 段上作用着扭矩 $M_{xy}\mathrm{d}y$，这个扭矩可以等效为作用于 EF 段两端的一对横向剪力，其大小等于 M_{xy}，方向相反，如图 6-7(b)所示。同理，作用在 FG 段上的扭矩 $\left(M_{xy}+\frac{\partial M_{xy}}{\partial y}\mathrm{d}y\right)\mathrm{d}y$ 也可以等效成作用于 FG 段两端的一对横向剪力，其大小等于 $M_{xy}+\frac{\partial M_{xy}}{\partial y}\mathrm{d}y$，方向相反。这样，在 F 点上就有对应于长度 $\mathrm{d}y$ 的一个合力 $\frac{\partial M_{xy}}{\partial y}\mathrm{d}y$，或认为长度 $\mathrm{d}y$ 上连续分布着横向剪力 $\frac{\partial M_{xy}}{\partial y}$。如果将 AD 边分成许多微段作同样考虑，边界 AD 边上的分布扭矩就变换为等效的分布剪力 $\frac{\partial M_{xy}}{\partial y}$，因此，$AD$ 边上总的分布剪力为 $V_x=Q_x+\frac{\partial M_{xy}}{\partial y}$。此外，在 A、D 两个角点上，还存在未被抵消的集中剪力 $(M_{xy})_A$ 和 $(M_{xy})_D$。

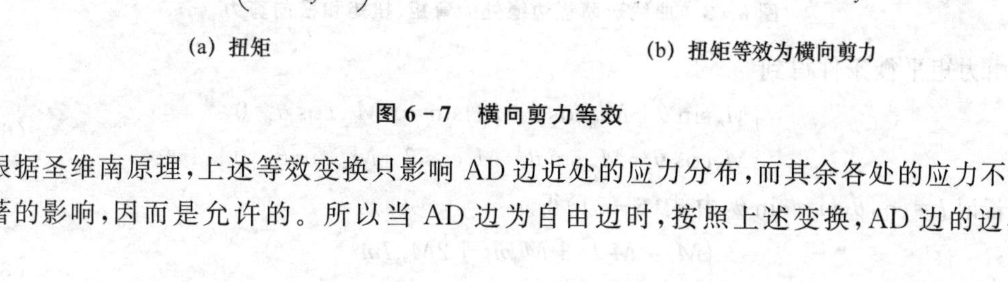

(a) 扭矩　　(b) 扭矩等效为横向剪力

图 6-7　横向剪力等效

根据圣维南原理，上述等效变换只影响 AD 边近处的应力分布，而其余各处的应力不会受到显著的影响，因而是允许的。所以当 AD 边为自由边时，按照上述变换，AD 边的边界条件为

$$\left.\frac{\partial^2 w}{\partial x^2}+\mu\frac{\partial^2 w}{\partial y^2}\right|_{x=0}=0,\quad V_x\big|_{x=0}=\left.\left(Q_x+\frac{\partial M_{xy}}{\partial y}\right)\right|_{x=0}=0 \tag{6-26}$$

将式(6-16)和式(6-19)代入式(6-26),得到

$$\left.\frac{\partial^2 w}{\partial x^2}+\mu\frac{\partial^2 w}{\partial y^2}\right|_{x=0}=0,\quad \left.\left(\frac{\partial^3 w}{\partial x^3}+(2-\mu)\frac{\partial^3 w}{\partial x\partial y^2}\right)\right|_{x=0}=0 \tag{6-27}$$

现在讨论角点 D 的情况,如图 6-6(a)中的矩形板的 AD 边和 CD 边都是自由边,即角点 D 悬空,则 D 点的集中剪力应当等于零,则有

$$(M_{xy})_D+(M_{yx})_D=2(M_{xy})_D=-2D_0(1-\mu)\left(\frac{\partial^2 w}{\partial x\partial y}\right)_D=0 \tag{6-28}$$

由此,点 D 的角点条件为

$$\left(\frac{\partial^2 w}{\partial x\partial y}\right)_D=0 \tag{6-29}$$

如果 D 点有支柱,则 D 点挠度受到限制,角点条件为 $(w)_D=0$,支柱对薄板的集中反力 R_D 为

$$R_D=-2D_0(1-\mu)\left(\frac{\partial^2 w}{\partial x\partial y}\right)_D \tag{6-30}$$

对于边缘是曲线形的薄板,确定边界条件时要先确定曲线形边缘上分布的弯矩、扭矩和横向剪力,如图 6-8 所示。在薄板的边缘部分取一微元 ABC,设 n 为边缘的外法线方向,s 为切线方向,外法线与 x 轴正向的夹角为 θ,若 AC 长 $\mathrm{d}s$,则 BC 长 $\sin\theta\mathrm{d}s$,AB 长 $\cos\theta\mathrm{d}s$,假设边缘上作用有分布的弯矩 M_n、扭矩 M_{ns} 和横向剪力 Q_n,将薄板其他部分对微元 ABC 的作用用弯矩 M_x、M_y,扭矩 M_{xy} 和 M_{yx},横向剪力 Q_x、Q_y 代替,图中双箭头表示弯矩和扭矩,它们的方向根据右手螺旋法则确定。

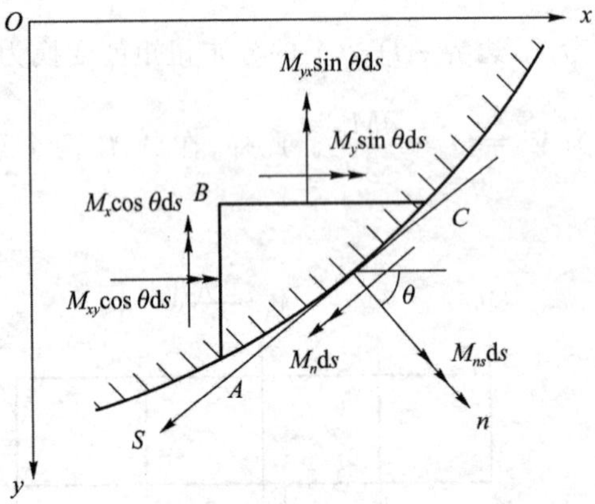

(a) 曲线形薄板边缘处的弯矩、扭矩

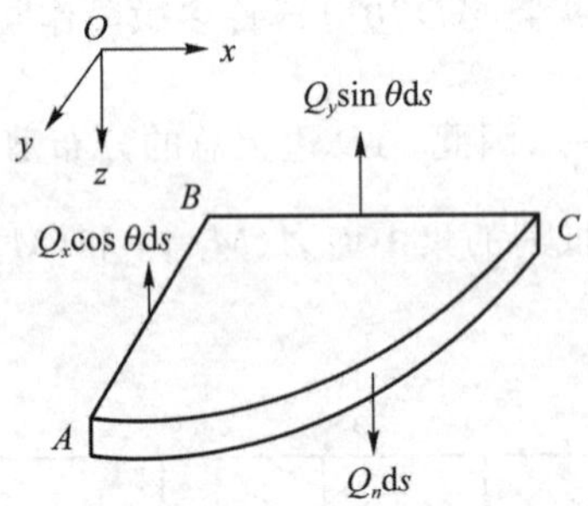

(b) 曲线形薄板边缘处的横向剪力

图 6-8 曲线形薄板边缘处的弯矩、扭矩和横向剪力

由力矩平衡条件得到

$$\begin{cases}M_n\sin\theta+M_{ns}\cos\theta-M_y\sin\theta-M_{xy}\cos\theta=0\\ M_n\cos\theta-M_{ns}\sin\theta-M_x\cos\theta-M_{yx}\sin\theta=0\end{cases} \tag{6-31}$$

若记 $l=\cos\theta$,$m=\sin\theta$,由式(6-31)得

$$\begin{cases}M_n=M_xl^2+M_ym^2+2M_{xy}lm\\ M_{ns}=(M_y-M_x)lm+M_{xy}(l^2-m^2)\end{cases} \tag{6-32}$$

由剪力平衡条件,得

$$Q_n = Q_x l + Q_y m \tag{6-33}$$

将式(6-16)和式(6-19)代入式(6-32)和式(6-33)，得

$$\begin{cases} M_n = -D_0\left[(1-\mu)\left(\dfrac{\partial^2 w}{\partial x^2}l^2 + 2\dfrac{\partial^2 w}{\partial x\partial y}lm + \dfrac{\partial^2 w}{\partial y^2}m^2\right) + \mu\nabla^2 w\right] \\ M_{ns} = D_0(1-\mu)\left[\left(\dfrac{\partial^2 w}{\partial x^2} - \dfrac{\partial^2 w}{\partial y^2}\right)lm - \dfrac{\partial^2 w}{\partial x\partial y}(l^2-m^2)\right] \\ Q_n = -D_0\left[\dfrac{\partial}{\partial x}(\nabla^2 w)l + \dfrac{\partial}{\partial y}(\nabla^2 w)m\right] \end{cases} \tag{6-34}$$

因此，曲线形薄板边缘处的边界条件为

① 固定边：$w=0, \dfrac{\partial w}{\partial n}=0$。

② 简支边：$w=0, M_n=0$。

③ 自由边：$M_n=0, Q_n+\dfrac{\partial M_{ns}}{\partial s}=0$。

6.3 矩形薄板的自由振动

当薄板做自由振动时，令 $p(x,y,t)=0$，便得到薄板的自由振动方程，式(6-21)可表示为

$$D_0\nabla^4 w + \rho h\frac{\partial^2 w}{\partial t^2} = 0 \tag{6-35}$$

采用分离变量法，假设主振动为

$$w(x,y,t) = W(x,y)\sin(\omega t+\varphi) \tag{6-36}$$

其中，$W(x,y)$为主振型。将式(6-36)代入式(6-35)，得

$$\nabla^4 W - \beta^4 W = 0 \tag{6-37}$$

其中

$$\beta^4 = \frac{\rho h}{D_0}\omega^2 \tag{6-38}$$

将式(6-36)代入边界条件，形式不变，只要将 w 改写成 W 即可。由矩形薄板的边界条件可知，在薄板的任一边上，边界条件总有挠度或总剪力中的一个与转角或弯矩中的一个同时等于零，因此矩形薄板的边界条件可以总结为下列组合形式：

① 在 $x=0$ 或 $x=a$ 边界上，满足

$$\begin{cases} W=0 \quad 或 \quad \dfrac{\partial^3 W}{\partial x^3} + (2-\mu)\dfrac{\partial^3 W}{\partial x\partial y^2} = 0 \\ \dfrac{\partial W}{\partial x}=0 \quad 或 \quad \dfrac{\partial^2 W}{\partial x^2} + \mu\dfrac{\partial^2 W}{\partial y^2} = 0 \end{cases} \tag{6-39}$$

② 在 $y=0$ 或 $y=b$ 边界上，满足

$$\begin{cases} W=0 \quad 或 \quad \dfrac{\partial^3 W}{\partial y^3} + (2-\mu)\dfrac{\partial^3 W}{\partial x^2\partial y} = 0 \\ \dfrac{\partial W}{\partial y}=0 \quad 或 \quad \dfrac{\partial^2 W}{\partial y^2} + \mu\dfrac{\partial^2 W}{\partial x^2} = 0 \end{cases} \tag{6-40}$$

式(6-36)与式(6-39)和式(6-40)组成了矩形薄板振动微分方程的特征值问题，

式(6－38)中的 ω^2 称为特征值，ω 为固有频率，主振型 $W(x,y)$ 称为特征函数(振型函数)。

边界条件不同，薄板就有不同的主振型和相应的固有频率。在四边简支矩形薄板条件下可得到自由振动的精确解，其他边界条件只能得到近似解。下面讨论四边简支矩形薄板(见图 6－9)的自由振动。

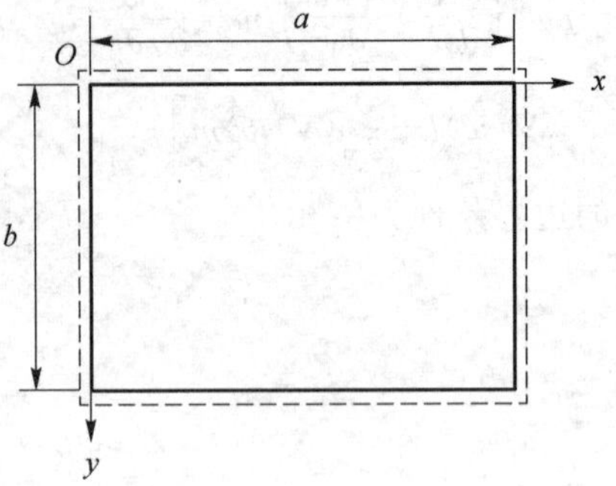

图 6－9　四边简支矩形薄板

已知两端简支梁的主振型为 $C_i\sin\dfrac{i\pi x}{l}(i=1,2,\cdots)$，根据此式，可以将图 6－9 所示的四边简支薄板的主振型假设为

$$W_{i,j}(x,y)=A_{i,j}\sin\frac{i\pi x}{a}\sin\frac{j\pi y}{b}\quad(i,j=1,2,\cdots)\tag{6-41}$$

式(6－41)应满足下列四边简支的边界条件：

$$\begin{cases}W\big|_{x=0}=\left.\dfrac{\partial^2 W}{\partial x^2}\right|_{x=0}=0, & W\big|_{x=a}=\left.\dfrac{\partial^2 W}{\partial x^2}\right|_{x=a}=0\\ W\big|_{y=0}=\left.\dfrac{\partial^2 W}{\partial y^2}\right|_{y=0}=0, & W\big|_{y=b}=\left.\dfrac{\partial^2 W}{\partial y^2}\right|_{y=b}=0\end{cases}\tag{6-42}$$

将式(6－41)代入式(6－37)，得

$$\left\{\left[\left(\frac{i\pi}{a}\right)^2+\left(\frac{j\pi}{b}\right)^2\right]^2-\beta^4\right\}A_{i,j}\sin\frac{i\pi x}{a}\sin\frac{j\pi y}{b}=0\tag{6-43}$$

为使中面上的所有各点都能满足式(6－43)，即当 x 和 y 取任意值时都能满足，必须有

$$\left[\left(\frac{i\pi}{a}\right)^2+\left(\frac{j\pi}{b}\right)^2\right]^2-\beta^4=0\tag{6-44}$$

式(6－41)为频率方程，将式(6－38)代入式(6－44)，得到的固有频率为

$$\omega_{i,j}=\pi^2\left(\frac{i^2}{a^2}+\frac{j^2}{b^2}\right)\sqrt{\frac{D_0}{\rho h}}\quad(i,j=1,2,\cdots)\tag{6-45}$$

下面讨论四边简支矩形薄板($a\neq b$)的前几阶固有频率及相应的主振型。

① 当 $i=j=1$ 时，由式(6－45)得到的薄板的最低固有频率为

$$\omega_{1,1}=\pi^2\left(\frac{1}{a^2}+\frac{1}{b^2}\right)\sqrt{\frac{D_0}{\rho h}}\tag{6-46}$$

由式(6－41)得到与此相应的主振型：

$$W_{1,1}(x,y)=A_{1,1}\sin\frac{\pi x}{a}\sin\frac{\pi y}{b}\tag{6-47}$$

振型如图 6－10(a)所示，薄板沿 x 方向和 y 方向都只有一个正弦半波，最大挠度在薄板

的中央，即 $x=\dfrac{a}{2}, y=\dfrac{b}{2}$。

② 当 $i=2, j=1$ 时，薄板的最低固有频率和与之相应的主振型为

$$\begin{cases}\omega_{2,1}=\pi^2\left(\dfrac{4}{a^2}+\dfrac{1}{b^2}\right)\sqrt{\dfrac{D_0}{\rho h}}\\ W_{2,1}(x,y)=A_{2,1}\sin\dfrac{2\pi x}{a}\sin\dfrac{\pi y}{b}\end{cases} \tag{6-48}$$

振型如图 6-10(b)所示，薄板沿 x 方向有两个正弦半波，沿 y 方向有一个正弦半波，由节线方程 $W_{2,1}=0$，得到 $x=\dfrac{a}{2}$，其是一条节线，节线两侧薄板的挠度方向相反，图中的阴影部分和空白部分同样可以得到其他不同 i、j 对应的固有频率及对应的主振型。$W_{1,2}$ 和 $W_{2,2}$ 的振型如图 6-10(c)和(d)所示。由图 6-10 可以看出，四边简支矩形薄板前几阶主振型中出现的节线与周边平行，而且一个固有频率一般有固定的节线位置。

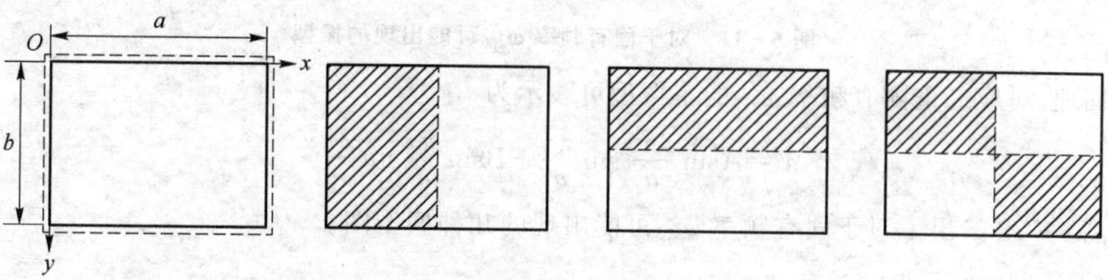

(a) $W_{1,1}$　(b) $W_{2,1}$　(c) $W_{1,2}$　(d) $W_{2,2}$

图 6-10　四边简支矩形薄板的振型

由式(6-44)可以看出，对于边长分别为 a、b 的矩形薄板，不同的 (i,j) 值可能有相同的固有频率。例如正方形板，此时 $a=b$，将其代入式(6-45)，得到正方形板的固有频率为

$$\omega_{i,j}=\pi^2\left(\frac{i^2+j^2}{a^2}\right)\sqrt{\frac{D_0}{\rho h}} \tag{6-49}$$

当 $i\neq j$ 时，每个固有频率均为频率方程的二重根，即有 $\omega_{i,j}=\omega_{j,i}$，在二重根的情况下，$W_{i,j}$ 和 $W_{j,i}$ 都对应同一个固有频率的主振型，因此相应固有频率 $\omega_{i,j}$ 的主振型为 $W_{i,j}$ 和 $W_{j,i}$ 的线性组合，即

$$\omega_{i,j}=AW_{i,j}+BW_{j,i} \tag{6-50}$$

其中，A，B 为不同时为零的任意实数。

对于正方形板，由于每个固有频率都是重根，因此对应同一个固有频率的主振型会出现不同的节线位置。

例如，对应二重固有频率 $\omega_{2,1}$ 的主振型为

$$W=A\sin\frac{2\pi x}{a}\sin\frac{\pi y}{a}+B\sin\frac{\pi x}{a}\sin\frac{2\pi y}{a} \tag{6-51}$$

① 当 $A=B$ 时，式(6-51)可写成

$$W=2A\sin\frac{\pi x}{a}\sin\frac{\pi y}{a}\left(\cos\frac{\pi x}{a}+\cos\frac{\pi y}{a}\right) \tag{6-52}$$

令节线方程 $W=0$，可以得到出现在正方形板内的节线：$x+y=a$。

② 当 $A=-B$ 时，式(6-51)可写成

$$W=2A\sin\frac{\pi x}{a}\sin\frac{\pi y}{a}\left(\cos\frac{\pi x}{a}-\cos\frac{\pi y}{a}\right) \tag{6-53}$$

令节线方程 $W=0$,可以得到出现在正方形板内的节线:$x-y=a$。图 6-11 给出了对于固有频率 $\omega_{2,1}$ 可能出现的几种振型图。

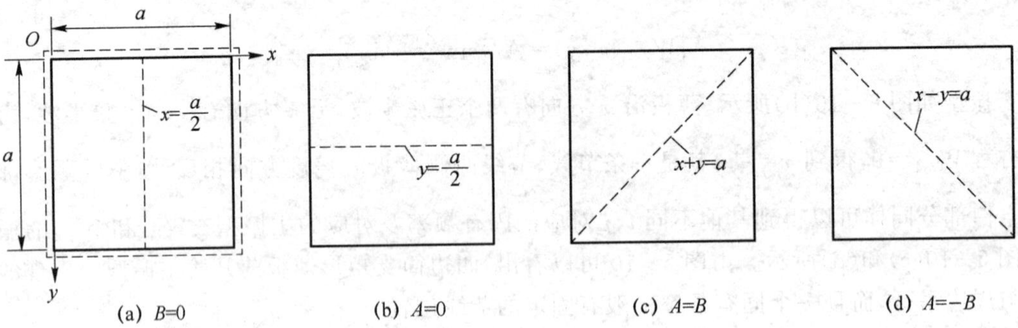

图 6-11 对于固有频率 $\omega_{2,1}$ 可能出现的振型

同理,对应二重固有频率 $\omega_{3,1}$ 的主振型可表示为

$$W=A\sin\frac{3\pi x}{a}\sin\frac{\pi y}{a}+B\sin\frac{\pi x}{a}\sin\frac{3\pi y}{a} \tag{6-54}$$

图 6-12 给出了对于固有频率 $\omega_{3,1}$ 可能出现的几种振型图。

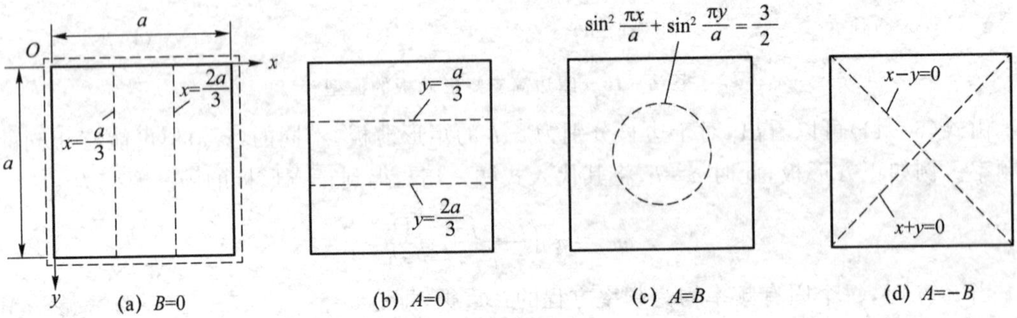

图 6-12 对于固有频率 $\omega_{3,1}$ 可能出现的振型

6.4 薄板的受迫振动

采用振型叠加法求解薄板的受迫振动。薄板的受迫振动方程写为

$$D_0\ \nabla^4 w+\rho h\frac{\partial^2 w}{\partial t^2}=p(x,y,t) \tag{6-55}$$

将薄板响应 $w(x,\ y,\ t)$ 按照正则振型 $W_{i,j}(x,y)$ 展开为以下的双重级数:

$$w(x,y,t)=\sum_{i=1}^{\infty}\sum_{j=1}^{\infty}W_{i,j}(x,y)\cdot\eta_{i,j}(t) \tag{6-56}$$

其中,$\eta_{i,j}(t)$ 为正则坐标。将式(6-56)代入式(6-55),得到

$$D_0\sum_{i=1}^{\infty}\sum_{j=1}^{\infty}(\nabla^4 W_{i,j})\cdot\eta_{i,j}(t)+\rho h\sum_{i=1}^{\infty}\sum_{j=1}^{\infty}W_{i,j}\cdot\ddot{\eta}_{i,j}(t)=p(x,y,t) \tag{6-57}$$

式(6-56)和式(6-57)两边乘以 $W_{r,s}(x,y)$，并在薄板面积域 Ω 上对 x、y 积分，得

$$\sum_{i=1}^{\infty}\sum_{j=1}^{\infty}\eta_{i,j}(t)\iint_{\Omega}D_0(\nabla^4 W_{i,j})W_{r,s}\mathrm{d}x\mathrm{d}y+\sum_{i=1}^{\infty}\sum_{j=1}^{\infty}\ddot{\eta}_{i,j}(t)\iint_{\Omega}\rho h W_{i,j}W_{r,s}\mathrm{d}x\mathrm{d}y=\iint_{\Omega}p(x,y,t)W_{r,s}\mathrm{d}x\mathrm{d}y \tag{6-58}$$

与梁的情况类似，对于等厚度薄板，其固有频率对应的主振型也满足正交条件，即

$$\begin{cases}\iint_{\Omega}\rho h W_{i,j}W_{r,s}\mathrm{d}x\mathrm{d}y=\delta_{ir}\delta_{js}\\ \iint_{\Omega}D_0(\nabla^4 W_{i,j})W_{r,s}\mathrm{d}x\mathrm{d}y=\omega_{r,s}^2\delta_{ir}\delta_{js}\end{cases} \tag{6-59}$$

将正交条件式(6-59)代入式(6-58)，得到

$$\ddot{\eta}_{r,s}(t)+\omega_{r,s}^2\eta_{r,s}(t)=q_{r,s}(t) \tag{6-60}$$

式(6-60)为正则方程，其中 $q_{r,s}(t)$ 为正则广义力，表示为

$$q_{r,s}(t)=\iint_{\Omega}p(x,y,t)W_{r,s}(x,y)\mathrm{d}x\mathrm{d}y \tag{6-61}$$

假定薄板的初始条件为

$$w(x,y,0)=f_1(x,y),\quad \left.\frac{\partial w}{\partial t}\right|_{t=0}=f_2(x,y) \tag{6-62}$$

将式(6-56)代入式(6-62)，得到

$$\begin{cases}w(x,y,0)=f_1(x,y)=\sum_{i=1}^{\infty}\sum_{j=1}^{\infty}W_{i,j}(x,y)\cdot\eta_{i,j}(0)\\ \left.\frac{\partial w}{\partial t}\right|_{t=0}=f_2(x,y)=\sum_{i=1}^{\infty}\sum_{j=1}^{\infty}W_{i,j}(x,y)\cdot\dot{\eta}_{i,j}(0)\end{cases} \tag{6-63}$$

式(6-63)中两式乘以 $\rho h W_{r,s}(x,y)$，并在薄板面积域 Ω 上对 x、y 积分，利用正交性条件，得到的正则坐标下的初始条件为

$$\begin{cases}\eta_{r,s}(0)=\iint_{\Omega}\rho h f_1(x,y)W_{r,s}(x,y)\mathrm{d}x\mathrm{d}y\\ \dot{\eta}_{r,s}(0)=\iint_{\Omega}\rho h f_2(x,y)W_{r,s}(x,y)\mathrm{d}x\mathrm{d}y\end{cases} \tag{6-64}$$

根据单自由度系统动力学方程，由式(6-60)和式(6-64)可得到薄板在受迫振动下的正则响应：

$$\eta_{r,s}(t)=\eta_{r,s}(0)\cos\omega_{r,s}t+\frac{\dot{\eta}_{r,s}(0)}{\omega_{r,s}}\sin\omega_{r,s}t+\frac{1}{\omega_{r,s}}\int_0^t q_{r,s}(\tau)\sin\omega_{r,s}(t-\tau)\mathrm{d}\tau \tag{6-65}$$

将式(6-65)代入式(6-58)，即可得到薄板的受迫振动。

如果作用在薄板上的动载荷不是分布力 $p(x,y,t)$，而是在坐标为 (x_0,y_0) 的集中力 $P(t)$，则可以引入函数 $\delta(x,y)$，定义为

$$\delta(x-x_0,y-y_0)=\begin{cases}\infty & (x=x_0,y=y_0)\\ 0 & (\text{不同步满足 } x=x_0,y=y_0)\end{cases} \tag{6-66}$$

且

$$\iint_{\Omega}\delta(x-x_0,y-y_0)\mathrm{d}x\mathrm{d}y=1 \tag{6-67}$$

其中，Ω 为包含点(x_0,y_0)在内的面积区域，利用二重积分中值定理可以证明 $\delta(x,y)$有下列筛选性质：

$$\iint_{\Omega}f(x,y)\delta(x-x_0,y-y_0)\mathrm{d}x\mathrm{d}y=f(x_0,y_0) \tag{6-68}$$

其中，$f(x,y)$是面积域 Ω 上的连续函数。根据 $\delta(x,y)$的定义，当薄板在点(x_0,y_0)受到集中力 $P(t)$的作用时，薄板上的分布力可以写为

$$p(x,y,t)=P(t)\delta(x-x_0,y-y_0) \tag{6-69}$$

将式(6-69)代入式(6-61)，得到

$$q_{r,s}(t)=\iint_{\Omega}P(t)\delta(x-x_0,y-y_0)W_{r,s}(x,y)\mathrm{d}x\mathrm{d}y=P(t)W_{r,s}(x_0,y_0) \tag{6-70}$$

当薄板上没有激振力时，由式(6-61)知正则广义力为零，这时式(6-65)中不出现积分项，从而得到自由振动。有一类自由振动是这样引起的：薄板因受到静载荷作用而产生静变形，当静载荷突然移去时，薄板即产生横向自由振动。为避免计算静变形 $w(x,y,0)$，可采用下列方法。

设移去的静载荷是分布力 $p_{\mathrm{st}}(x,y)$，由于不产生加速度，由式(6-55)可得到

$$D_0\nabla^4 w\big|_{t=0}=p_{\mathrm{st}}(x,y) \tag{6-71}$$

将式(6-63)的第1个式代入式(6-71)，得到

$$D_0\sum_{i=1}^{\infty}\sum_{j=1}^{\infty}\nabla^4 W_{i,j}(x,y)\cdot\eta_{i,j}(0)=p_{\mathrm{st}}(x,y) \tag{6-72}$$

式(6-72)两边乘以 $W_{r,s}(x,y)$，并在薄板面积域 Ω 上对 x、y 积分，再利用正交性条件，可得到

$$\eta_{r,s}(0)=\frac{1}{\omega_{r,s}^2}\iint_{\Omega}p_{\mathrm{st}}(x,y)W_{r,s}(x,y)\mathrm{d}x\mathrm{d}y \tag{6-73}$$

对于 $\dot{\eta}_{r,s}(0)$，满足 $\dot{\eta}_{r,s}(0)=0$。于是薄板的自由振动为

$$w(x,y,t)=\sum_{r=1}^{\infty}\sum_{s=1}^{\infty}W_{r,s}(x,y)\cdot\eta_{r,s}(0)\cos\omega_{r,s}t \tag{6-74}$$

例 6.3.1 假设图 6-9 中的四边简支矩形薄板在中央点受到常力 P_0 的作用而发生静变形，试确定 P_0 突然移去时薄板的自由振动。

解 由 6.2 节已知四边简支矩形薄板的固有频率为

$$\omega_{i,j}=\pi^2\left(\frac{i^2}{a^2}+\frac{j^2}{b^2}\right)\sqrt{\frac{D_0}{\rho h}}\quad(i,j=1,2,\cdots)$$

相应的主振型为

$$W_{i,j}(x,y)=A_{i,j}\sin\frac{i\pi x}{a}\sin\frac{j\pi y}{b}\quad(i,j=1,2,\cdots)$$

根据归一化条件 $\iint_{\Omega}\rho h W_i^2\mathrm{d}x\mathrm{d}y=1$，有

$$\begin{aligned}\iint_{\Omega}\rho h W_{i,j}^{2}\,\mathrm{d}x\mathrm{d}y &= \int_0^a\int_0^b \rho h\left(A_{i,j}\sin\frac{i\pi x}{a}\sin\frac{j\pi y}{b}\right)^2\mathrm{d}x\mathrm{d}y\\ &= \rho h A_{i,j}^2\int_0^a \sin^2\frac{i\pi x}{a}\mathrm{d}x\int_0^b\sin^2\frac{j\pi y}{b}\mathrm{d}y\\ &= \rho h A_{i,j}^2\frac{ab}{4}\\ &= 1\end{aligned}$$

因此，正则振型 $W_{i,j}$ 中的常数 $A_{i,j}=\sqrt{\dfrac{4}{\rho hab}}$。薄板受到的静载荷可写为下列分布力形式：

$$p_{\mathrm{st}}(x,y)=P_0\delta\left(x-\frac{a}{2},y-\frac{b}{2}\right)$$

将其代入式(6－73)中，得到的正则坐标的初始位移为

$$\begin{aligned}\eta_{i,j}(0) &= \frac{1}{\omega_{i,j}^2}\iint_{\Omega}P_0\delta\left(x-\frac{a}{2},y-\frac{b}{2}\right)A_{i,j}\sin\frac{i\pi x}{a}\sin\frac{j\pi y}{b}\mathrm{d}x\mathrm{d}y\\ &= \frac{1}{\omega_{i,j}^2}P_0A_{i,j}\sin\frac{i\pi}{2}\sin\frac{j\pi}{2}\\ &= \begin{cases}\dfrac{1}{\omega_{i,j}^2}P_0A_{i,j}(-1)^{\frac{i+j}{2}-1} & (i,j\ \text{同时为奇数})\\ 0 & (i,j\ \text{不同时为奇数})\end{cases}\end{aligned}$$

由式(6－74)得知，P_0 突然移去时薄板的自由振动为

$$\begin{aligned}w(x,y,t) &= \sum_{i=1,3,\cdots}^{\infty}\sum_{j=1,3,\cdots}^{\infty}A_{i,j}\sin\frac{i\pi x}{a}\sin\frac{j\pi y}{b}\cdot\frac{1}{\omega_{i,j}^2}P_0A_{i,j}(-1)^{\frac{i+j}{2}-1}\cos\omega_{i,j}t\\ &= \frac{4P_0}{\pi^4D_0ab}\sum_{i=1,3,\cdots}^{\infty}\sum_{j=1,3,\cdots}^{\infty}\frac{(-1)^{\frac{i+j}{2}-1}}{\left(\dfrac{i^2}{a^2}+\dfrac{j^2}{b^2}\right)^2}\sin\frac{i\pi x}{a}\sin\frac{j\pi y}{b}\cos\omega_{i,j}t\end{aligned}$$

例 6.3.2　假设图 6－9 中的四边简支矩形薄板受到分布力 $p(x,y,t)=p_0\sin\dfrac{\pi x}{a}\sin\dfrac{\pi y}{b}\cos\omega t$ 的作用，其中 p_0 为常数，激振频率不等于任一阶固有频率，试求薄板的稳态响应。

解　由例 6.3.1 已知四边简支矩形薄板的正则振型 $W_{i,j}$ 和固有频率 $\omega_{i,j}$。由式(6－74)算出的正则广义力表示为

$$\begin{aligned}q_{i,j}(t) &= \int_0^a\int_0^b p_0\sin\frac{\pi x}{a}\sin\frac{\pi y}{b}\cos\omega t\cdot A_{i,j}\sin\frac{i\pi x}{a}\sin\frac{j\pi y}{b}\mathrm{d}x\mathrm{d}y\\ &= p_0A_{i,j}\cos\omega t\int_0^a\sin\frac{\pi x}{a}\sin\frac{i\pi x}{a}\mathrm{d}x\cdot\int_0^b\sin\frac{\pi y}{b}\sin\frac{j\pi y}{b}\mathrm{d}y\\ &= \begin{cases}\dfrac{1}{4}abp_0A_{i,j}\cos\omega t & (i=j=1)\\ 0 & (i,j\ \text{不同时为 1})\end{cases}\end{aligned}$$

正则方程为

$$\ddot{\eta}_{i,j}(t)+\omega_{i,j}^2\eta_{i,j}(t)=q_{i,j}(t)$$

因此，正则坐标的稳态响应为

$$\eta_{1,1}(t)=\frac{1}{\omega_{1,1}^2-\omega^2}\frac{1}{4}abp_0A_{1,1}\cos\omega t=\frac{\rho habp_0A_{1,1}\cos\omega t}{4\left[D_0\left(\dfrac{\pi^2}{a^2}+\dfrac{\pi^2}{b^2}\right)^2-\rho h\omega^2\right]}$$

于是，根据式(6-56)可得到薄板的稳态响应，即

$$w(x,y,t)=\sum_{i=1}^{\infty}\sum_{j=1}^{\infty}W_{i,j}(x,y)\cdot\eta_{i,j}(t)=W_{1,1}(x,y)\cdot\eta_{1,1}(t)$$

$$=\frac{p_0\cos\omega t}{D_0\left(\frac{\pi^2}{a^2}+\frac{\pi^2}{b^2}\right)^2-\rho h\omega^2}\sin\frac{\pi x}{a}\sin\frac{\pi y}{b}$$

6.4 圆形薄板的横向振动

分析圆形薄板的横向振动，坐标系采用极坐标形式，薄板挠度可表示为 $w(r,\theta,t)$。如图 6-13所示，极坐标和直角坐标的关系为

$$r^2=x^2+y^2,\quad \tan\theta=\frac{y}{x} \tag{6-75}$$

由此得到

$$\begin{cases}\dfrac{\partial r}{\partial x}=\dfrac{x}{r}=\cos\theta, & \dfrac{\partial r}{\partial y}=\dfrac{y}{r}=\sin\theta\\[2mm] \dfrac{\partial\theta}{\partial x}=-\dfrac{y}{r^2}=-\dfrac{\sin\theta}{r}, & \dfrac{\partial\theta}{\partial y}=\dfrac{x}{r^2}=\dfrac{\cos\theta}{r}\end{cases}$$

利用上述关系，可以得到

$$\begin{cases}\dfrac{\partial w}{\partial x}=\dfrac{\partial w}{\partial r}\dfrac{\partial r}{\partial x}+\dfrac{\partial w}{\partial\theta}\dfrac{\partial\theta}{\partial x}=\cos\theta\dfrac{\partial w}{\partial r}-\dfrac{\sin\theta}{r}\dfrac{\partial w}{\partial\theta}\\[2mm] \dfrac{\partial w}{\partial y}=\dfrac{\partial w}{\partial r}\dfrac{\partial r}{\partial y}+\dfrac{\partial w}{\partial\theta}\dfrac{\partial\theta}{\partial y}=\sin\theta\dfrac{\partial w}{\partial r}+\dfrac{\cos\theta}{r}\dfrac{\partial w}{\partial\theta}\end{cases} \tag{6-76}$$

同样能得到

$$\begin{cases}\dfrac{\partial^2 w}{\partial x^2}=\left(\cos\theta\dfrac{\partial}{\partial r}-\dfrac{\sin\theta}{r}\dfrac{\partial}{\partial\theta}\right)\left(\cos\theta\dfrac{\partial w}{\partial r}-\dfrac{\sin\theta}{r}\dfrac{\partial w}{\partial\theta}\right)\\[2mm] \quad=\cos^2\theta\dfrac{\partial^2 w}{\partial r^2}-\dfrac{2\sin\theta\cos\theta}{r}\dfrac{\partial^2 w}{\partial r\partial\theta}+\dfrac{\sin^2\theta}{r}\dfrac{\partial w}{\partial r}+\dfrac{2\sin\theta\cos\theta}{r^2}\dfrac{\partial w}{\partial\theta}+\dfrac{\sin^2\theta}{r^2}\dfrac{\partial^2 w}{\partial\theta^2}\\[2mm] \dfrac{\partial^2 w}{\partial y^2}=\left(\sin\theta\dfrac{\partial}{\partial r}+\dfrac{\cos\theta}{r}\dfrac{\partial}{\partial\theta}\right)\left(\sin\theta\dfrac{\partial w}{\partial r}+\dfrac{\cos\theta}{r}\dfrac{\partial w}{\partial\theta}\right)\\[2mm] \quad=\sin^2\theta\dfrac{\partial^2 w}{\partial r^2}+\dfrac{2\sin\theta\cos\theta}{r}\dfrac{\partial^2 w}{\partial r\partial\theta}+\dfrac{\cos^2\theta}{r}\dfrac{\partial w}{\partial r}-\dfrac{2\sin\theta\cos\theta}{r^2}\dfrac{\partial w}{\partial\theta}+\dfrac{\cos^2\theta}{r^2}\dfrac{\partial^2 w}{\partial\theta^2}\\[2mm] \dfrac{\partial^2 w}{\partial x\partial y}=\left(\cos\theta\dfrac{\partial}{\partial r}-\dfrac{\sin\theta}{r}\dfrac{\partial}{\partial\theta}\right)\left(\sin\theta\dfrac{\partial w}{\partial r}+\dfrac{\cos\theta}{r}\dfrac{\partial w}{\partial\theta}\right)\\[2mm] \quad=\sin\theta\cos\theta\dfrac{\partial^2 w}{\partial r^2}+\dfrac{\cos^2\theta-\sin^2\theta}{r}\dfrac{\partial^2 w}{\partial r\partial\theta}-\dfrac{\sin\theta\cos\theta}{r}\dfrac{\partial w}{\partial r}\\[2mm] \quad-\dfrac{\cos^2\theta-\sin^2\theta}{r^2}\dfrac{\partial w}{\partial\theta}-\dfrac{\sin\theta\cos\theta}{r^2}\dfrac{\partial^2 w}{\partial\theta^2}\end{cases} \tag{6-77}$$

因此，根据式(6-77)可得到

$$\nabla^2 w=\frac{\partial^2 w}{\partial x^2}+\frac{\partial^2 w}{\partial y^2}=\frac{\partial^2 w}{\partial r^2}+\frac{1}{r}\frac{\partial w}{\partial r}+\frac{1}{r^2}\frac{\partial^2 w}{\partial\theta^2} \tag{6-78}$$

于是，根据式(6-21)可得到圆形薄板在极坐标下的横向振动微分方程，即

$$D_0\left(\frac{\partial^2}{\partial r^2}+\frac{1}{r}\frac{\partial}{\partial r}+\frac{1}{r^2}\frac{\partial^2}{\partial\theta^2}\right)\left(\frac{\partial^2}{\partial r^2}+\frac{1}{r}\frac{\partial}{\partial r}+\frac{1}{r^2}\frac{\partial^2}{\partial\theta^2}\right)w(r,\theta,t)+\rho h\,\frac{\partial^2 w(r,\theta,t)}{\partial t^2}=p(r,\theta,t) \tag{6-79}$$

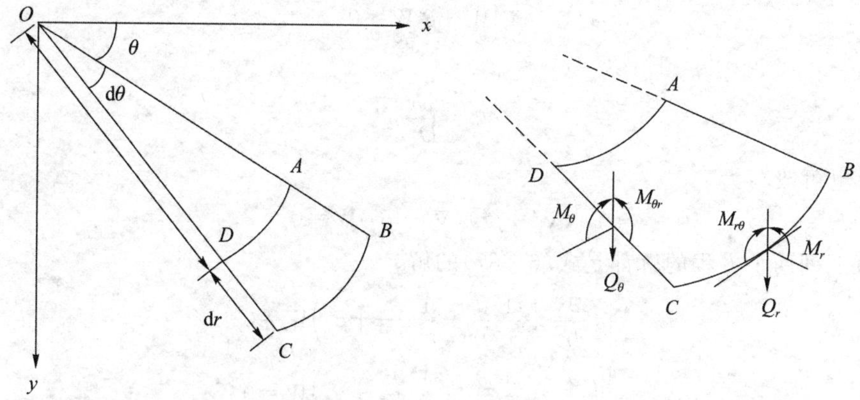

(a) 圆形薄板的微元ABCD　　(b) 受力分析图

图 6-13　极坐标下圆形薄板的横向振动

为了求用极坐标表示的弯矩、扭矩和横向剪力，考虑图 6-13(a)中两根夹角为 $d\theta$ 的半径和圆弧 r、$r+dr$ 相交而成的微元 $ABCD$，在微元的边界上每单位长度作用着弯矩 M_r、M_θ，扭矩 $M_{r\theta}$ 和横向剪力 Q_r、Q_θ，如图 6-13(b)所示。如果将 x 方向取成与半径 r 方向相重合，那么 M_r、M_θ、$M_{r\theta}$、Q_r、Q_θ 分别与同一点的 M_x、M_y、M_{xy}、Q_x、Q_y 相同，于是得到

$$\begin{cases}M_r=-D_0\left(\dfrac{\partial^2 w}{\partial x^2}+\mu\dfrac{\partial^2 w}{\partial y^2}\right)_{\theta=0}=-D_0\left[\dfrac{\partial^2 w}{\partial r^2}+\mu\left(\dfrac{1}{r}\dfrac{\partial w}{\partial r}+\dfrac{1}{r^2}\dfrac{\partial^2 w}{\partial\theta^2}\right)\right]\\ M_\theta=-D_0\left(\dfrac{\partial^2 w}{\partial y^2}+\mu\dfrac{\partial^2 w}{\partial x^2}\right)_{\theta=0}=-D_0\left(\dfrac{1}{r}\dfrac{\partial w}{\partial r}+\dfrac{1}{r^2}\dfrac{\partial^2 w}{\partial\theta^2}+\mu\dfrac{\partial^2 w}{\partial r^2}\right)\\ M_{r\theta}=-D_0(1-\mu)\left(\dfrac{\partial^2 w}{\partial x\partial y}\right)_{\theta=0}=-D_0(1-\mu)\left(\dfrac{1}{r}\dfrac{\partial^2 w}{\partial r\partial\theta}-\dfrac{1}{r^2}\dfrac{\partial w}{\partial\theta}\right)\\ Q_r=-D_0\left[\dfrac{\partial}{\partial x}(\nabla^2 w)\right]_{\theta=0}=-D_0\left[\dfrac{\partial}{\partial r}(\nabla^2 w)\right]\\ Q_\theta=-D_0\left[\dfrac{\partial}{\partial y}(\nabla^2 w)\right]_{\theta=0}=-D_0\left[\dfrac{\partial}{r\partial\theta}(\nabla^2 w)\right]\end{cases} \tag{6-80}$$

对于圆形薄板，极坐标系的原点建立在圆心，假定圆板半径为 a，那么 $r=a$ 处相应的边界条件分类如下。

① 固定边：

$$w\big|_{r=a}=0,\quad \frac{\partial w}{\partial r}\bigg|_{r=a}=0 \tag{6-81}$$

② 简支边：

$$w\big|_{r=a}=0,\quad M_r\big|_{r=a}=0 \tag{6-82}$$

③ 自由边：

$$M_r\big|_{r=a}=0,\quad Q_r+\frac{1}{r}\frac{\partial M_{r\theta}}{\partial\theta}\bigg|_{r=a}=0 \tag{6-83}$$

下面讨论圆板的固定振动，设圆板的主振动为

$$w(r,\theta,t)=W(r,\theta)\sin(\omega t+\varphi) \tag{6-84}$$

其中，$W(r,\theta)$为主振型。将式(6-84)代入圆形薄板在极坐标下的横向振动微分方程式(6-79)，得到

$$\nabla^4 W-\beta^4 W=0 \tag{6-85}$$

其中

$$\beta^4=\frac{\rho h}{D_0}\omega^2 \tag{6-86}$$

式(6-85)也可改写为

$$(\nabla^2+\beta^2)(\nabla^2-\beta^2)W=0 \tag{6-87}$$

因而，下列两个方程的解都是式(6-87)的解

$$\begin{cases}\left(\dfrac{\partial^2}{\partial r^2}+\dfrac{1}{r}\dfrac{\partial}{\partial r}+\dfrac{1}{r^2}\dfrac{\partial^2}{\partial\theta^2}+\beta^2\right)W=0\\ \left(\dfrac{\partial^2}{\partial r^2}+\dfrac{1}{r}\dfrac{\partial}{\partial r}+\dfrac{1}{r^2}\dfrac{\partial^2}{\partial\theta^2}-\beta^2\right)W=0\end{cases} \tag{6-88}$$

设主振型$W(r,\theta)$为

$$W(r,\theta)=R(r)\cos n\theta\quad(n=0,1,2,\cdots) \tag{6-89}$$

$n=0$，振型是轴对称的；$n=1$和$n=2$时，圆板的环向围线将分别具有一个及两个波，或者说，圆板将分别具有一根及两根径向节线；$n=3,4,\cdots$等也以此类推。将式(6-89)代入式(6-88)，得到两个常微分方程：

$$\begin{cases}\dfrac{\mathrm{d}^2R}{\mathrm{d}r^2}+\dfrac{1}{r}\dfrac{\mathrm{d}R}{\mathrm{d}r}+\left(\beta^2-\dfrac{n^2}{r^2}\right)R=0\\ \dfrac{\mathrm{d}^2R}{\mathrm{d}r^2}+\dfrac{1}{r}\dfrac{\mathrm{d}R}{\mathrm{d}r}-\left(\beta^2-\dfrac{n^2}{r^2}\right)R=0\end{cases} \tag{6-90}$$

式(6-90)的第一个方程为n阶Bessel方程，其通解为

$$R(r)=C_1J_n(\beta r)+C_2N_n(\beta r) \tag{6-91}$$

其中，$J_n(\beta r)$、$N_n(\beta r)$分别是实宗量的第一类及第二类Bessel函数。

式(6-90)的第二个方程为n阶修正Bessel方程，其通解为

$$R(r)=C_3I_n(\beta r)+C_4K_n(\beta r) \tag{6-92}$$

其中，$I_n(\beta r)$、$K_n(\beta r)$分别是虚宗量的第一类及第二类Bessel函数。

因此，式(6-85)的通解为

$$W(r,\theta)=[C_1J_n(\beta r)+C_2N_n(\beta r)+C_3I_n(\beta r)+C_4K_n(\beta r)]\cos n\theta \tag{6-93}$$

如果圆板具有圆孔，那么在外圆边界和内孔边界各有两个边界条件，利用这四个边界条件可得到关于常数C_1、C_2、C_3、C_4的齐次线性方程组，令方程组的系数行列式等于零，即得到频率方程。将解出的固有频率代入齐次方程组，可以确定C_1、C_2、C_3、C_4之间的比例关系，从而求得相应的主振型。

如果圆板是实心的，则在圆板中心有$\beta r=0$，$N_n(\beta r)$和$K_n(\beta r)$区域无穷大，而实际上圆板中心的w和$\dfrac{\partial w}{\partial r}$应当是有限值，所以必须有$C_2=C_4=0$，于是式(6-93)可简化为

$$W(r,\theta)=[C_1J_n(\beta r)+C_3I_n(\beta r)]\cos n\theta \tag{6-94}$$

利用实心圆板外缘的两个边界条件可得到关于常数C_1、C_3的齐次线性方程组，令方程组

的系数行列式等于零，即得到频率方程。将解出的固有频率代入齐次方程组，可以确定 C_1、C_3 之间的比例关系，从而求得相应的主振型。

用 $R(r)$ 表示在 $r=a$ 处相应的边界条件，将式(6-89)代入式(6-84)得到 $w(r,\theta,t)=R(t)\cos n\theta\sin(\omega t+\varphi)$，然后代入式(6-81)～式(6-83)中，得

① 固定边：

$$R(r)\big|_{r=a}=0,\quad \left.\frac{\partial R}{\partial r}\right|_{r=a}=0 \tag{6-95}$$

② 简支边：

$$R(r)\big|_{r=a}=0,\quad \left.\frac{\mathrm{d}^2R}{\mathrm{d}r^2}+\mu\left(\frac{1}{r}\frac{\mathrm{d}R}{\mathrm{d}r}-\frac{n^2}{r^2}R\right)\right|_{r=a}=0 \tag{6-96}$$

③ 自由边：

$$\left.\frac{\mathrm{d}^2R}{\mathrm{d}r^2}+\mu\left(\frac{1}{r}\frac{\mathrm{d}R}{\mathrm{d}r}-\frac{n^2}{r^2}R\right)\right|_{r=a}=0,$$

$$\left.\frac{\mathrm{d}}{\mathrm{d}r}\left(\frac{\mathrm{d}^2R}{\mathrm{d}r^2}+\frac{1}{r}\frac{\mathrm{d}R}{\mathrm{d}r}-\frac{n^2}{r^2}R\right)+\frac{(1-\mu)n^2}{r^2}\left(\frac{R}{r}-\frac{\mathrm{d}R}{\mathrm{d}r}\right)\right|_{r=a}=0 \tag{6-97}$$

例 6.4.1　试计算外边界固定的实心圆板不出现径向节线时较低的前三阶固有频率。

解　假定圆板半径为 a，将 $R(r)=C_1J_n(\beta r)+C_3I_n(\beta r)$ 代入边界条件式(6-95)，得

$$C_1J_n(\beta a)+C_3I_n(\beta a)=0 \tag{a}$$

$$\left.\frac{\mathrm{d}}{\mathrm{d}r}[C_1J_n(\beta r)+C_3I_n(\beta r)]\right|_{r=a}=0 \tag{b}$$

由于

$$\frac{\mathrm{d}}{\mathrm{d}r}[J_n(\beta a)]=\beta\left[\frac{n}{\beta r}J_n(\beta r)-J_{n+1}(\beta r)\right]$$

$$\frac{\mathrm{d}}{\mathrm{d}r}[I_n(\beta a)]=\beta\left[\frac{n}{\beta r}I_n(\beta r)+I_{n+1}(\beta r)\right]$$

因此，式(b)可写为

$$C_1\left[\frac{n}{\beta a}J_n(\beta a)-J_{n+1}(\beta a)\right]+C_3\left[\frac{n}{\beta a}I_n(\beta a)+I_{n+1}(\beta a)\right]=0 \tag{c}$$

其中，C_1、C_3 要有非零解，式(a)、(c)组成的方程组的系数行列式必须为零，即

$$\begin{vmatrix} J_n(\beta a) & I_n(\beta a) \\ \frac{n}{\beta a}J_n(\beta a)-J_{n+1}(\beta a) & \frac{n}{\beta a}I_n(\beta a)+I_{n+1}(\beta a)\end{vmatrix}=0$$

由上式得到下列频率方程：

$$J_n(\beta a)I_{n+1}(\beta a)+J_{n+1}(\beta a)I_n(\beta a)=0\quad(n=0,1,\cdots) \tag{d}$$

当 $n=0$ 时，圆板不出现节径，式(d)变为

$$J_0(\beta a)I_1(\beta a)+J_1(\beta a)I_0(\beta a)=0$$

上式的根从小到大可排列为 $\beta_{0,0}$、$\beta_{0,1}$、$\beta_{0,2}$、…，其中第一个下标表示节径个数，第二个下标表示节圆个数，求解出前三根为

$$\beta_{0,0}=3.196,\quad \beta_{0,1}=6.306,\quad \beta_{0,2}=9.44$$

因此，根据式(6-86)得到的不出现节径时的前三阶固有频率为

$$\omega_{0,0}=\frac{10.21}{a^2}\sqrt{\frac{D_0}{\rho h}},\quad \omega_{0,1}=\frac{39.77}{a^2}\sqrt{\frac{D_0}{\rho h}},\quad \omega_{0,2}=\frac{89.1}{a^2}\sqrt{\frac{D_0}{\rho h}}$$

相应的主振型可表示为

$$W_{0,s}=C_{0,s}\left[J_0(\beta_{0,s}r)+b_{0,s}I_0(\beta_{0,s}r)\right]\quad (s=0,1,2)$$

其中，$b_{0,s}=-\dfrac{J_0(\beta_{0,s}a)}{I_0(\beta_{0,s}a)}$。

若在频率方程式(d)中取 $n=1$，则可以计算出圆板出现一条节径时的固有频率，其余类推。记 $W_{n,s}$ 为圆板上出现 n 条节径、s 个节圆的主振型，其表达式为

$$W_{n,s}=C_{n,s}\left[J_n(\beta_{n,s}r)+b_{n,s}I_n(\beta_{n,s}r)\right]\cos n\theta\quad (n,s=0,1,\cdots)$$

其中，$b_{n,s}=-\dfrac{J_n(\beta_{n,s}a)}{I_n(\beta_{n,s}a)}$；$\beta_{n,s}^4=\dfrac{\rho h}{D_0}\omega_{n,s}^2$。

图 6-14 给出了圆板的四种振型图。

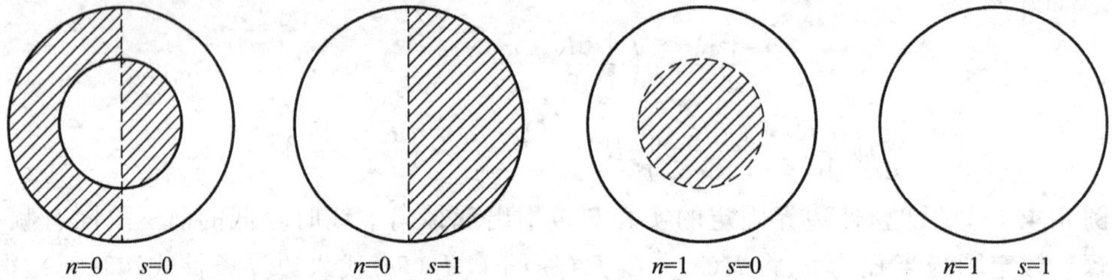

(a) $\omega_{0.0}=\dfrac{10.21}{a^2}\sqrt{\dfrac{D_0}{\rho h}}$ (b) $\omega_{0.1}=\dfrac{39.77}{a^2}\sqrt{\dfrac{D_0}{\rho h}}$ (c) $\omega_{1.0}=\dfrac{21.26}{a^2}\sqrt{\dfrac{D_0}{\rho h}}$ (d) $\omega_{1.1}=\dfrac{60.82}{a^2}\sqrt{\dfrac{D_0}{\rho h}}$

图 6-14 圆板的四种振型图

圆板的固有频率可表示为

$$\omega^2=\frac{k}{a^2}\sqrt{\frac{D_0}{\rho h}}$$

其中，k 为频率系数。表 6-1 给出了泊松比 μ 等于 0.3 时各种边界条件的实心圆板的 k 值。

表 6-1 各种边界的实心圆板的 k 值

边界条件	s	n			
		0	1	2	3
周边固定	0	10.21	21.25	34.88	51.04
	1	39.78	60.82	84.58	111.00
	2	89.10	120.07	153.81	190.30
	3	158.13	199.07	242.73	289.17
周边自由	0	—	—	5.253	12.23
	1	9.084	21.43	35.25	52.91
	2	38.55	59.81	83.91	111.30
	3	87.80	110.03	154.01	192.10
周边简支	0	4.977	13.94	25.65	—
	1	29.76	48.51	70.14	—
	2	74.20	102.80	134.33	—
中心固定，周边自由	0	3.75	20.91	60.68	119.7

6.6 薄板横向振动的近似解法

薄板的自由振动可以按偏微分方程的特征值问题给出，将式(6-37)写为如下形式：

$$D_0 \nabla^4 W-\omega^2 \rho h W=0 \tag{6-98}$$

把式(6-36)代入曲线形薄板边缘处的边界条件，得

$$\begin{cases} W=0 \quad \text{或} \quad Q_n+\dfrac{\partial M_{ns}}{\partial s}=0 \\ \dfrac{\partial W}{\partial n}=0 \quad \text{或} \quad M_n=0 \end{cases} \tag{6-99}$$

式(6-98)和式(6-99)组成了具有一般形状边界的薄板振动微分方程特征值问题。薄板的自由振动可以按照泛函的驻值问题提出。求解薄板自由振动的固有频率的泛函表达式，需要先计算薄板横向振动时的最大弹性势能 $U_{\max}$ 和最大动能 $T_{\max}$。

将式(6-36)写为以下形式：

$$w(x,y,t)=W(x,y)(A\sin \omega t+B\cos \omega t) \tag{6-100}$$

将薄板振动过程中经过平衡位置的瞬时作为初瞬时($t=0$)，代入式(6-100)，有 $B=0$，则式(6-100)可化简为

$$w=W(x,y)\sin \omega t \tag{6-101}$$

速度的表达式为

$$\frac{\partial w}{\partial t}=W(x,y)\omega\cos \omega t \tag{6-102}$$

当薄板距离平衡位置最远时，挠度 w 达到最大或者最小，速度最小，因此可得到

$$\sin \omega t=\pm 1, \quad w=W(x,y), \quad \cos \omega t=0, \quad \frac{\partial w}{\partial t}=0 \tag{6-103}$$

这时薄板的动能为零，而弹性势能达到最大，将式(6-6)中的挠度 w 改成主振型 W，联立式(6-8)和式(6-11)则最大弹性势能 $U_{\max}$ 为

$$U_{\max}=\iiint_V \frac{1}{2}\boldsymbol{\varepsilon}^{\mathrm{T}}\sigma \mathrm{d}V=\iint_\Omega \int_{-\frac{h}{2}}^{\frac{h}{2}} \frac{1}{2}\frac{Ez^2}{1-\mu^2}\boldsymbol{\kappa}^{\mathrm{T}} D_1 \boldsymbol{\kappa} \mathrm{d}z\mathrm{d}x\mathrm{d}y=\frac{1}{2}\iint_\Omega D_0 \boldsymbol{\kappa}^{\mathrm{T}} D_1 \boldsymbol{\kappa}\mathrm{d}x\mathrm{d}y \tag{6-104}$$

其中，V 和 Ω 分别表示薄板的体积域和面积域；$\boldsymbol{\kappa}^{\mathrm{T}} D_1 \boldsymbol{\kappa}$ 可表示为

$$\begin{aligned} \boldsymbol{\kappa}^{\mathrm{T}} D_1 \boldsymbol{\kappa} &= \begin{bmatrix} -\dfrac{\partial^2 W}{\partial x^2} & -\dfrac{\partial^2 W}{\partial y^2} & -2\dfrac{\partial^2 W}{\partial x \partial y} \end{bmatrix} \begin{bmatrix} 1 & \mu & 0 \\ \mu & 1 & 0 \\ 0 & 0 & 1-\mu \end{bmatrix} \begin{bmatrix} -\dfrac{\partial^2 W}{\partial x^2} \\ -\dfrac{\partial^2 W}{\partial y^2} \\ -2\dfrac{\partial^2 W}{\partial x \partial y} \end{bmatrix} \\ &= \left(\frac{\partial^2 W}{\partial x^2}\right)^2+2\mu\frac{\partial^2 W}{\partial x^2}\frac{\partial^2 W}{\partial y^2}+\left(\frac{\partial^2 W}{\partial y^2}\right)^2+2(1-\mu)\left(\frac{\partial^2 W}{\partial x \partial y}\right)^2 \\ &= (\nabla^2 W)^2-2(1-\mu)\left[\frac{\partial^2 W}{\partial x^2}\frac{\partial^2 W}{\partial y^2}-\left(\frac{\partial^2 W}{\partial x \partial y}\right)^2\right] \end{aligned} \tag{6-105}$$

当薄板经过平衡位置时，挠度 w 为零，速度最大，因此可得到

$$\sin \omega t=0, \quad w=0, \quad \cos \omega t=\pm 1, \quad \frac{\partial w}{\partial t}=\pm \omega W \tag{6-106}$$

这时薄板的弹性势能为零，而动能达到最大，则最大动能 $T_{\max}$ 为

$$T_{\max}=\iiint_V \frac{1}{2}\omega^2\rho W^2\mathrm{d}V=\frac{1}{2}\omega^2\iint_\Omega\int_{-\frac{h}{2}}^{\frac{h}{2}}\rho W^2\mathrm{d}z\mathrm{d}x\mathrm{d}y=\frac{1}{2}\omega^2\iint_\Omega \rho h W^2\mathrm{d}x\mathrm{d}y \tag{6-107}$$

根据能量守恒原理，薄板在距离平衡位置最远时的弹性势能应等于它在平衡位置时的动能

$$U_{\max}=T_{\max} \tag{6-108}$$

因此，薄板振动的固有频率的泛函为

$$\omega^2=\mathrm{st}\frac{\iint_\Omega D_0\boldsymbol{\kappa}^{\mathrm{T}}D_1\boldsymbol{\kappa}\mathrm{d}x\mathrm{d}y}{\iint_\Omega \rho h W^2\mathrm{d}x\mathrm{d}y} \tag{6-109}$$

由于设定的振型函数未必能相应于最低频率的振型，因此求得的最低频率可能不够精确。为了求得较精确的最低自由振动频率，将自变函数 $W(x,y)$ 展开为下列级数：

$$W(x,y)=\sum_{i=1}^{n}a_i\psi_i(x,y)=a_1\psi_1(x,y)+a_2\psi_2(x,y)+\cdots+a_n\psi_n(x,y) \tag{6-110}$$

其中，a_i 为参变量；$\psi_i(x,y)(i=1,2,\cdots,n)$ 表示选取的基础函数。理论上，设定的振型函数只须满足位移边界条件，而不一定要满足内力边界条件，因为内力边界条件是平衡条件，而在能量法中已经用能量关系代替了平衡条件。但是，如果能够同时满足一部分或全部内力边界条件，则求得的最低频率可以具有较好的精度。

由式(6-109)和式(6-7)的第二式，可得

$$\boldsymbol{\kappa}(W)=a_1\boldsymbol{\kappa}(\psi_1)+a_2\boldsymbol{\kappa}(\psi_2)+\cdots+a_n\boldsymbol{\kappa}(\psi_n)=\sum_{i=1}^{n}a_i\boldsymbol{\kappa}(\psi_i) \tag{6-111}$$

于是，式(6-109)的分子和分母可分别写为

$$\begin{cases}\iint_\Omega D_0\boldsymbol{\kappa}^{\mathrm{T}}(W)D_1\boldsymbol{\kappa}(W)\mathrm{d}x\mathrm{d}y=\iint_\Omega D_0\left[\sum_{i=1}^{n}a_i\boldsymbol{\kappa}^{\mathrm{T}}(\psi_i)\right]D_1\left[\sum_{j=1}^{n}a_j\boldsymbol{\kappa}(\psi_j)\right]\mathrm{d}x\mathrm{d}y=\sum_{i=1}^{n}\sum_{j=1}^{n}k_{ij}a_ia_j=\boldsymbol{a}^{\mathrm{T}}\boldsymbol{K}\boldsymbol{a}\\ \iint_\Omega \rho h W^2\mathrm{d}x\mathrm{d}y=\iint_\Omega \rho h\left(\sum_{i=1}^{n}a_i\psi_i\right)\left(\sum_{j=1}^{n}a_j\psi_j\right)\mathrm{d}x\mathrm{d}y=\sum_{i=1}^{n}\sum_{j=1}^{n}m_{ij}a_ia_j=\boldsymbol{a}^{\mathrm{T}}\boldsymbol{M}\boldsymbol{a}\end{cases} \tag{6-112}$$

其中，参变量列矩阵 $\boldsymbol{a}=[a_1\quad a_2\quad\cdots\quad a_n]^{\mathrm{T}}$，刚度矩阵 $\boldsymbol{K}=\begin{bmatrix}k_{11}&\cdots&k_{1n}\\ \vdots&\ddots&\vdots\\ k_{n1}&\cdots&k_{nn}\end{bmatrix}$，质量矩阵为

$\boldsymbol{M}=\begin{bmatrix}m_{11}&\cdots&m_{1n}\\ \vdots&\ddots&\vdots\\ m_{n1}&\cdots&m_{nn}\end{bmatrix}$。刚度系数和质量系数分别表示为

$$\begin{cases}k_{ij}=k_{ji}=\iint_\Omega D_0\boldsymbol{\kappa}^{\mathrm{T}}(\psi_i)D_1\boldsymbol{\kappa}(\psi_j)\mathrm{d}x\mathrm{d}y\\ \quad=\iint_\Omega D_0\left[(\nabla^2\psi_i)(\nabla^2\psi_j)-(1-\mu)\left(\frac{\partial^2\psi_i}{\partial x^2}\frac{\partial^2\psi_j}{\partial y^2}+\frac{\partial^2\psi_i}{\partial y^2}\frac{\partial^2\psi_j}{\partial x^2}-2\frac{\partial^2\psi_i}{\partial x\partial y}\frac{\partial^2\psi_j}{\partial x\partial y}\right)\right]\mathrm{d}x\mathrm{d}y\\ m_{ij}=m_{ji}=\iint_\Omega \rho h\psi_i\psi_j\mathrm{d}x\mathrm{d}y\quad(i,j=1,2,\cdots,n)\end{cases} \tag{6-113}$$

将式(6-112)代入式(6-109),得到

$$\omega^2=\mathrm{st}\,\frac{\boldsymbol{a}^{\mathrm{T}}K\boldsymbol{a}}{\boldsymbol{a}^{\mathrm{T}}M\boldsymbol{a}} \tag{6-114}$$

式(6-114)中驻值是对参变量列矩阵 $\boldsymbol{a}$ 取的。由 $\delta(\omega^2)=0$ 得到

$$\frac{1}{(\boldsymbol{a}^{\mathrm{T}}M\boldsymbol{a})^2}[(\boldsymbol{a}^{\mathrm{T}}M\boldsymbol{a})\delta(\boldsymbol{a}^{\mathrm{T}}K\boldsymbol{a})-(\boldsymbol{a}^{\mathrm{T}}K\boldsymbol{a})\delta(\boldsymbol{a}^{\mathrm{T}}M\boldsymbol{a})]=0 \tag{6-115}$$

由于在驻值上有 $\omega^2=\dfrac{\boldsymbol{a}^{\mathrm{T}}K\boldsymbol{a}}{\boldsymbol{a}^{\mathrm{T}}M\boldsymbol{a}}$,因此式(6-115)可改写为

$$\delta(\boldsymbol{a}^{\mathrm{T}}K\boldsymbol{a})-\omega^2\delta(\boldsymbol{a}^{\mathrm{T}}M\boldsymbol{a})=0 \tag{6-116}$$

记 $\delta\boldsymbol{a}$ 为由 $\boldsymbol{a}$ 内各元素的变分组成的列向量,式(6-115)的各项可写为

$$\begin{cases}\delta(\boldsymbol{a}^{\mathrm{T}}K\boldsymbol{a})=(^{\delta}\boldsymbol{a})TK\boldsymbol{a}+\boldsymbol{a}^{\mathrm{T}}K\delta\boldsymbol{a}=2(^{\delta}\boldsymbol{a})^{\mathrm{T}}K\boldsymbol{a}\\ \delta(\boldsymbol{a}^{\mathrm{T}}M\boldsymbol{a})=(^{\delta}\boldsymbol{a})TM\boldsymbol{a}+\boldsymbol{a}^{\mathrm{T}}M\delta\boldsymbol{a}=2(^{\delta}\boldsymbol{a})^{\mathrm{T}}M\boldsymbol{a}\end{cases} \tag{6-117}$$

将式(6-117)代入式(6-116),得到

$$(\delta\boldsymbol{a})^{\mathrm{T}}(K-\omega^2M)\boldsymbol{a}=0 \tag{6-118}$$

由于 a 的变分 δa 是任意的,因此式(6-118)成立必须满足

$$(K-\omega^2M)\boldsymbol{a}=0 \tag{6-119}$$

因此,频率方程可表示为

$$|K-\omega^2M|=0 \tag{6-120}$$

式(6-120)就是采用 Rayleigh-Ritz 法得到的薄板横向振动的近似频率。

如果在式(6-110)的级数中只取一项,则上述方法为 Rayleigh 法,可用于求解薄板振动的固有频率,表达式为

$$\omega^2=\frac{k_{11}}{m_{11}}=\frac{\iint\limits_{\Omega}D_0\left[(\nabla^2\psi_1)^2-2(1-\mu)\left(\dfrac{\partial^2\psi_1}{\partial x^2}\dfrac{\partial^2\psi_1}{\partial y^2}-\left(\dfrac{\partial^2\psi_1}{\partial x\partial y}\right)^2\right)\right]\mathrm{d}x\mathrm{d}y}{\iint\limits_{\Omega}\rho h\psi_1^2\,\mathrm{d}x\mathrm{d}y} \tag{6-121}$$

如果所考虑的薄板的全部边界是固定边,将格林公式 $\iint\limits_{\Omega}\left(\dfrac{\partial X}{\partial x}+\dfrac{\partial Y}{\partial y}\right)\mathrm{d}x\mathrm{d}y=\oint[X\cos(n,x)+Y\cos(n,y)]\mathrm{d}s=\oint[Xl+Ym]\mathrm{d}s$ 代入式(6-113)中 k_{ij} 的第二项积分,得

$$\begin{aligned}&\iint\limits_{\Omega}\left(\frac{\partial^2\psi_i}{\partial x^2}\frac{\partial^2\psi_j}{\partial y^2}+\frac{\partial^2\psi_i}{\partial y^2}\frac{\partial^2\psi_j}{\partial x^2}-2\frac{\partial^2\psi_i}{\partial x\partial y}\frac{\partial^2\psi_j}{\partial x\partial y}\right)\mathrm{d}x\mathrm{d}y\\ &=\iint\limits_{\Omega}\left[\frac{\partial}{\partial x}\left(\frac{\partial^2\psi_i}{\partial y^2}\frac{\partial\psi_j}{\partial x}-\frac{\partial^2\psi_i}{\partial x\partial y}\frac{\partial\psi_j}{\partial y}\right)+\frac{\partial}{\partial y}\left(\frac{\partial^2\psi_i}{\partial x^2}\frac{\partial\psi_j}{\partial y}-\frac{\partial^2\psi_i}{\partial x\partial y}\frac{\partial\psi_j}{\partial x}\right)\right]\mathrm{d}x\mathrm{d}y\\ &=\oint\left[\left(\frac{\partial^2\psi_i}{\partial y^2}\frac{\partial\psi_j}{\partial x}-\frac{\partial^2\psi_i}{\partial x\partial y}\frac{\partial\psi_j}{\partial y}\right)l+\left(\frac{\partial^2\psi_i}{\partial x^2}\frac{\partial\psi_j}{\partial y}-\frac{\partial^2\psi_i}{\partial x\partial y}\frac{\partial\psi_j}{\partial x}\right)m\right]\mathrm{d}s\end{aligned} \tag{6-122}$$

由于基础函数 ψ_j 满足位移边界条件,因此不论薄板边界形状如何,在固定边界上总有

$$\frac{\partial\psi_j}{\partial x}=\frac{\partial\psi_j}{\partial y}=0 \tag{6-123}$$

因此,式(6-113)中的 k_{ij} 可简化为

$$k_{ij}=\iint\limits_{\Omega}D_0(\nabla^2\psi_i)(\nabla^2\psi_j)\mathrm{d}x\mathrm{d}y \tag{6-124}$$

对于采用极坐标表示的圆板振动问题，选取的基础函数是 r、θ 的函数 $\psi_i(r,\theta)$，在式(6-113)中将微分面积 $\mathrm{d}x\mathrm{d}y$ 改成 $r\mathrm{d}r\mathrm{d}\theta$。用极坐标表示的最大弹性势能为

$$U_{\max}=\frac{1}{2}\iint_{\Omega}D_0\left\{(\nabla^2W)^2-2(1-\mu)\left[\frac{\partial^2W}{\partial r^2}\left(\frac{1}{r}\frac{\partial W}{\partial r}+\frac{1}{r^2}\frac{\partial^2W}{\partial\theta^2}\right)-\left(\frac{1}{r}\frac{\partial^2W}{\partial r\partial\theta}-\frac{1}{r^2}\frac{\partial W}{\partial\theta}\right)^2\right]\right\}r\mathrm{d}r\mathrm{d}\theta \tag{6-125}$$

因此，刚度系数和质量系数分别为

$$\begin{cases}k_{ij}=\iint_{\Omega}D_0\left\{(\nabla^2\psi_i)(\nabla^2\psi_j)-(1-\mu)\left[\frac{\partial^2\psi_i}{\partial r^2}\left(\frac{1}{r}\frac{\partial\psi_j}{\partial r}+\frac{1}{r^2}\frac{\partial^2\psi_j}{\partial\theta^2}\right)\right.\right.\\
\quad\left.\left.+\left(\frac{1}{r}\frac{\partial\psi_i}{\partial r}+\frac{1}{r^2}\frac{\partial^2\psi_i}{\partial\theta^2}\right)\frac{\partial^2\psi_j}{\partial r^2}-2\left(\frac{1}{r}\frac{\partial^2\psi_i}{\partial r\partial\theta}-\frac{1}{r^2}\frac{\partial\psi_i}{\partial\theta}\right)\left(\frac{1}{r}\frac{\partial\psi_j}{\partial r\partial\theta}+\frac{1}{r^2}\frac{\partial\psi_j}{\partial\theta}\right)\right]\right\}r\mathrm{d}r\mathrm{d}\theta\\
m_{ij}=\iint_{\Omega}\rho h\psi_i\psi_j r\,\mathrm{d}r\mathrm{d}\theta\quad(i,j=1,2,\cdots,n)\end{cases} \tag{6-126}$$

如果是计算圆形薄板轴对称振动的固有频率(这时振型图中只出现节圆不出现节径)，则主振型 W 及所取的基础函数 ψ 都只是 r 的函数，即

$$W=W(r),\quad \psi_i=\psi_i(r) \tag{6-127}$$

相应的调和算子可表示为

$$\nabla^2=\frac{\mathrm{d}^2}{\partial r^2}+\frac{1}{r}\frac{\mathrm{d}}{\partial r} \tag{6-128}$$

因此，根据式(6-125)得到的最大弹性势能可表示为

$$\begin{aligned}U_{\max}&=\frac{1}{2}\iint_{\Omega}D_0\left[\left(\frac{\mathrm{d}^2W}{\mathrm{d}r^2}+\frac{1}{r}\frac{\mathrm{d}W}{\mathrm{d}r}\right)^2-2(1-\mu)\frac{1}{r}\frac{\mathrm{d}^2W}{\mathrm{d}r^2}\frac{\mathrm{d}W}{\mathrm{d}r}\right]r\mathrm{d}r\mathrm{d}\theta\\
&=\frac{1}{2}\iint_{\Omega}D_0\left[r\left(\frac{\mathrm{d}^2W}{\mathrm{d}r^2}\right)^2+\frac{1}{r}\left(\frac{\mathrm{d}W}{\mathrm{d}r}\right)^2+2\mu\frac{\mathrm{d}^2W}{\mathrm{d}r^2}\frac{\mathrm{d}W}{\mathrm{d}r}\right]\mathrm{d}r\mathrm{d}\theta\\
&=\frac{2\pi}{2}\int D_0\left[r\left(\frac{\mathrm{d}^2W}{\mathrm{d}r^2}\right)^2+\frac{1}{r}\left(\frac{\mathrm{d}W}{\mathrm{d}r}\right)^2+2\mu\frac{\mathrm{d}^2W}{\mathrm{d}r^2}\frac{\mathrm{d}W}{\mathrm{d}r}\right]\mathrm{d}r\end{aligned} \tag{6-129}$$

相应的刚度系数和质量系数分别表示为

$$\begin{cases}k_{ij}=2\pi\int D_0\left[r\frac{\mathrm{d}^2\psi_i}{\mathrm{d}r^2}\frac{\mathrm{d}^2\psi_j}{\mathrm{d}r^2}+\frac{1}{r}\frac{\mathrm{d}\psi_i}{\mathrm{d}r}\frac{\mathrm{d}\psi_j}{\mathrm{d}r}+\mu\left(\frac{\mathrm{d}^2\psi_i}{\mathrm{d}r^2}\frac{\mathrm{d}\psi_j}{\mathrm{d}r}+\frac{\mathrm{d}\psi_i}{\mathrm{d}r}\frac{\mathrm{d}^2\psi_j}{\mathrm{d}r^2}\right)\right]\mathrm{d}r\\
m_{ij}=2\pi\int\rho h\psi_i\psi_j r\,\mathrm{d}r\end{cases} \tag{6-130}$$

当圆板的全部边界是固定边时，式(6-129)的第三项积分可化简为

$$\int\frac{\mathrm{d}^2W}{\mathrm{d}r^2}\frac{\mathrm{d}W}{\mathrm{d}r}\mathrm{d}r=\frac{1}{2}\int\mathrm{d}\left[\left(\frac{\mathrm{d}W}{\mathrm{d}r}\right)^2\right]=\frac{1}{2}\left[\left(\frac{\mathrm{d}W}{\mathrm{d}r}\right)^2_{r=a}-\left(\frac{\mathrm{d}W}{\mathrm{d}r}\right)^2_{r=b}\right]=0 \tag{6-131}$$

其中，a 是圆板半径；b 是圆内孔半径(对实心圆板 b 取零)，于是相应的 k_{ij} 为

$$k_{ij}=2\pi\int D_o\left(r\frac{\mathrm{d}^2\psi_i}{\mathrm{d}r^2}\frac{\mathrm{d}^2\psi_j}{\mathrm{d}r^2}+\frac{1}{r}\frac{\mathrm{d}\psi_i}{\mathrm{d}r}\frac{\mathrm{d}\psi_j}{\mathrm{d}r}\right)\mathrm{d}r \tag{6-132}$$

假定薄板上有集中质量、加强肋条及弹性支撑，只要在计算薄板的最大动能及最大弹性势能时计入附加质量的动能及弹性元件的势能，就可以写出 k_{ij} 及 m_{ij} 的表达式。

例 6.5.1　用 Rayleigh 法计算图 6－15 所示的四边固定矩形薄板的最低固有频率的近似值。

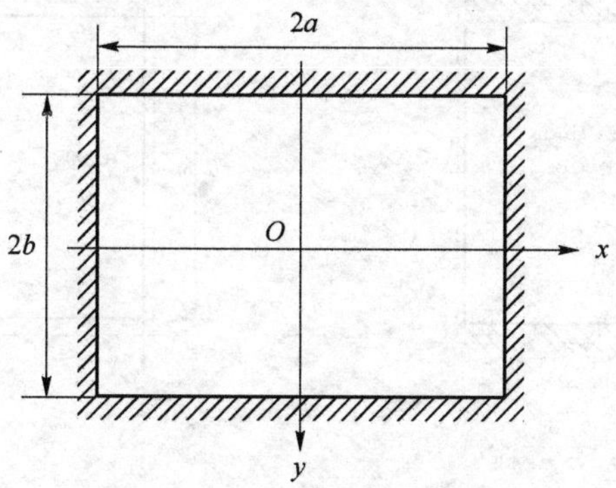

图 6－15　四边固定矩形薄板

解　选取一项满足位移边界条件的基础函数,其表达式为

$$\psi_1(x,y)=(x^2-a^2)^2\,(y^2-b^2)^2$$

根据式(6－113)可计算刚度系数和质量系数,分别为

$$\begin{cases} k_{11}=\iint\limits_{\Omega} D_0\,(\nabla^2\psi_1)^2\mathrm{d}x\mathrm{d}y=2\int_0^a 2\int_0^a D_0\,(\nabla^2\psi_1)^2\mathrm{d}x\mathrm{d}y \\ \quad =\dfrac{2^{14}D_0}{3^2\times5^2\times7}\left(a^4+b^4+\dfrac{4}{7}a^2b^2\right)a^5b^5 \\ m_{11}=\iint\limits_{\Omega}\rho h\psi_1^2\mathrm{d}x\mathrm{d}y=2\int_0^a 2\int_0^a D_0\,(\nabla^2\psi_1)^2\mathrm{d}x\mathrm{d}y=\dfrac{2^{15}\rho h}{3^4\times5^2\times7^2}a^9b^9 \end{cases}$$

因此,四边固定矩形薄板的固有频率为

$$\omega^2=\frac{k_{11}}{m_{11}}=\frac{63D_0}{2a^4b^4\rho h}\left(a^4+b^4+\frac{4}{7}a^2b^2\right)$$

因此得

$$\omega=\frac{\sqrt{\dfrac{63}{2}\left(1+\dfrac{a^4}{b^4}+\dfrac{4a^2}{7b^2}\right)}}{a^2}\sqrt{\frac{D_0}{\rho h}}$$

令 $a=b$,则正方形薄板的最低固有频率为

$$\omega=\frac{9.000}{a^2}\sqrt{\frac{D_0}{\rho h}}$$

这与最低固有频率的精确解 $\omega=\dfrac{8.997}{a^2}\sqrt{\dfrac{D_0}{\rho h}}$很接近。

本章习题

6.1　如图 6－16 所示的矩形薄板,长度为 a 的两边固定,长度为 b 的两边简支,试求振动频率方程,并求 $a=b$ 时的基频。

6.2　图 6－17 所示的四边简支矩形薄板受到分布力 p_0(p_0 为常数)的作用而产生静变形,若 $t=0$ 时分布力 p_0突然移去,试求薄板的自由振动。

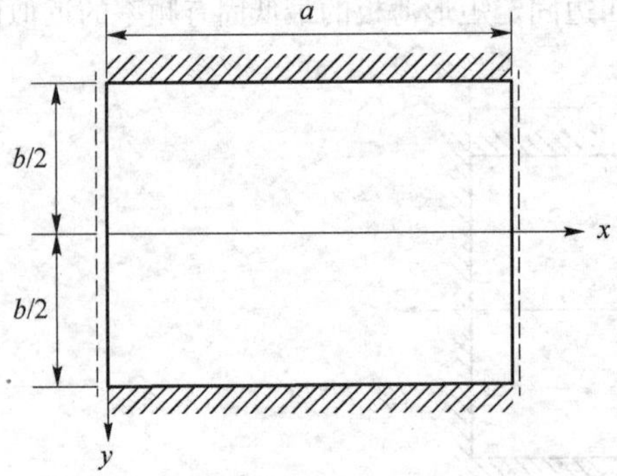

图 6-16

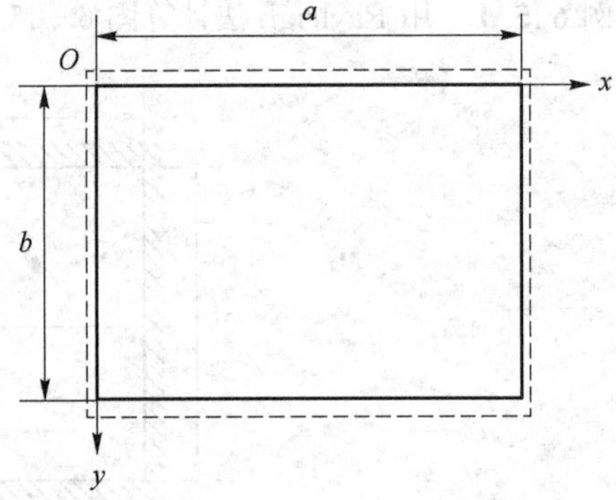

图 6-17

6.3　图 6-18 所示的四边简支矩形薄板在 $t=0$ 时初速度为零，而初始挠度为 $w(x,y,0)=C_0\sin\frac{\pi x}{a}\sin\frac{\pi y}{b}$，试求薄板的自由振动。

6.4　如图 6-19 所示的矩形薄板，一对边简支，另一对边固定，取振型函数为 $W(x,y)=\sin\frac{\pi x}{a}\left(1-\cos\frac{2\pi y}{b}\right)$，用 Rayleigh 法求薄板振动的基频。

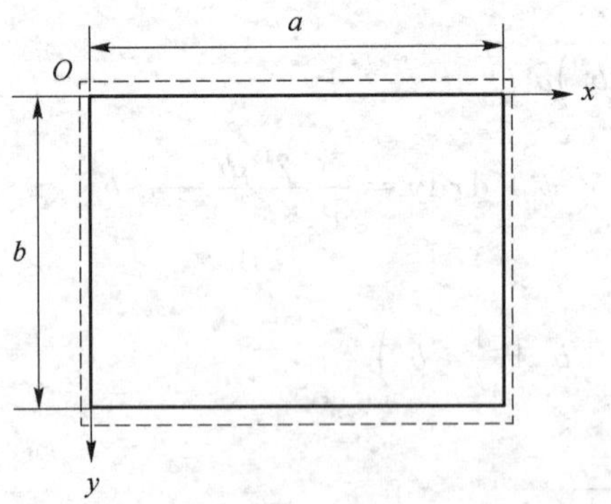

图 6-18

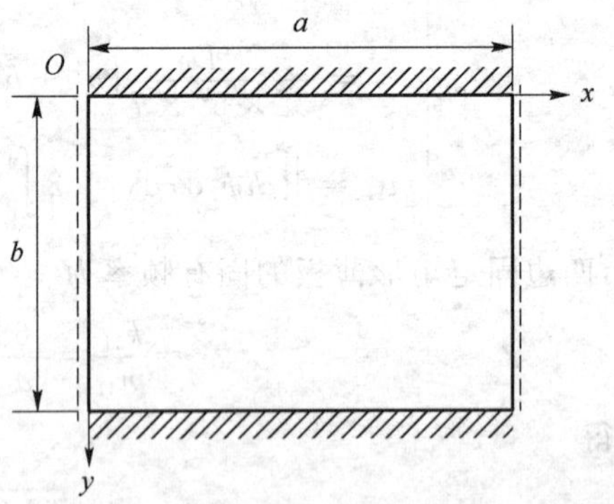

图 6-19

6.5　如图 6-20 所示的矩形薄板，三边简支，一边自由，取振型函数为 $W(x,y)=y\sin\frac{\pi x}{a}$，用 Rayleigh 法求薄板振动的基频。

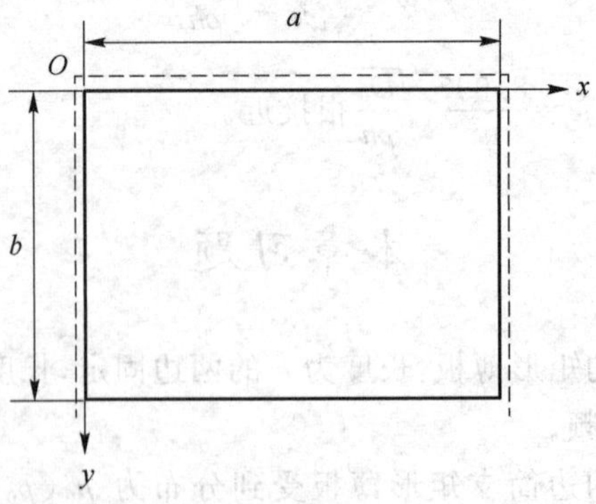

图 6-20

第 7 章　动力学测试原理和方法

在飞行器运行过程中，飞行器上各类结构和设备会产生各式各样的振动，大多数情况下，这些振动是有害的。飞行器振动影响飞行器内设备的工作性能和寿命，产生损害飞行器结构的动载荷，因此，必须将设备或结构的振动量控制在允许的范围之内。要解决各种各样的飞行器振动及动态特性问题，研究系统的动力学特性，分析产生振动的原因，考核飞机整机、部件及设备适应振动与环境的关系，除了理论分析外，对结构、系统和设备进行振动测试与信号分析是必不可少的。尽管动力学理论研究已经发展到较高的水平，但是由于实践中遇到的振动问题远比理论所设想的和所阐述的要复杂得多，故复杂结构中的许多参数，如阻尼系数和边界条件，还只能通过实验来确定。此外，动力学理论的正确与否，还必须通过动力学实验来检验。动力学测试与信号分析技术是动力学学科的重要分支之一，是飞行器动力学工程应用的一个极为普遍的方面。随着飞行器朝着大型化、信息化、精密化、高速化的发展，振动引起的安全性和功能性问题更为突出，需要解决的动力学问题更为迫切，也对振动测试与振动信号分析技术的研究提出了越来越高的要求。

7.1　动力学测试系统和数据采集技术

7.1.1　动力学测试系统

振动测试就是利用实验测试的办法获得结构的振动特性。从测试的目的来说，振动测试可分为响应测试和模态测试两类：

① 响应测试就是利用相关传感器测量结构在特定激励下的加速度、速度、位移、动态应变等动力学响应量的测试过程。

② 模态测试就是在响应测试的基础上，利用实验模态分析技术识别结构的固有频率、固有振型、模态阻尼比等模态参数。可以看出，模态测试往往同时包含响应测试，因此模态测试是振动测试的一项重要内容。

振动测试系统通常包括激振(激励)设备、结构、传感器以及信号采集与分析系统，通过激励设备对结构施加激励，利用传感器将结构的振动信号转换为信号采集系统可以记录的电压信号，再按照一定的采样要求将测试的电压信号进行采样并转换为数字信号，最后通过信号采集与分析系统记录振动响应信号并完成相应的信号分析。一般情况下，动力学测试有两种主要类型：

① 第一类振动测试：对工作着的结构或部件的振动进行实时测量和分析，其内容包括振动强度、频谱以及一些更深入的分析。这些测量有助于人们了解被测件的振动状况并寻找振动源。这一套测试系统主要包含加速度传感器、信号采集仪以及信号分析系统三个主要部件。

第一类振动测试系统的组成如图 7-1 所示。

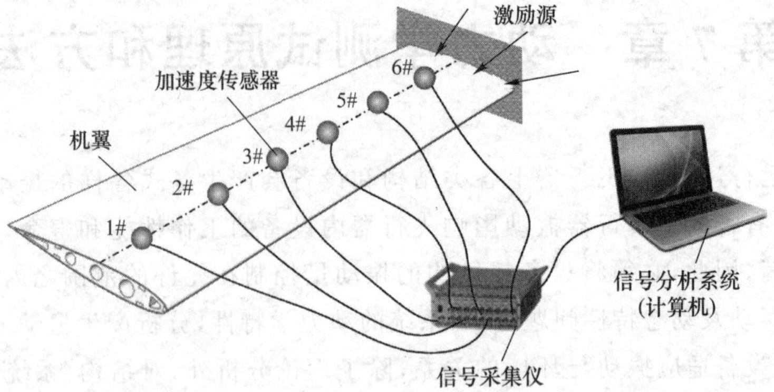

图 7-1 第一类振动测试系统组成示意图

② 第二类振动测试:测定结构或部件的动态特性,这是以某种激振力作用在被测件上,使它产生受迫振动,同时测定激振力(输入)和被激物体的响应(输出),并以此确定被测件的频率响应,然后进行模态分析,求得各阶模态的动态参数,这类实验称为机械阻抗实验或频率响应实验。不同于第一类振动测试系统,第二类振动测试系统同时要检测结构上的输入信号和输出信号。因此,该系统除了需要第一类系统中所列出的加速度传感器、信号采集仪以及信号分析系统三个主要部件之外,还需要添加激励信号发生器及采集信号源的设备。由于实验的要求及安装环境,第二类振动测试系统通常会有两种激励方式:一种是采用力锤对结构进行激励,另一种是采用激振器对结构进行激励。

采用力锤进行激励的第二类振动测试系统主要包括:力锤、信号源、力传感器(安装在力锤上)、加速度传感器、信号采集仪和信号分析系统(计算机)。采用激振器进行激励的第二类振动测试系统主要包括:激振器、信号源、阻抗头、加速度传感器、信号采集仪和信号分析系统(计算机)。第二类振动测试系统的组成如图 7-2 所示。

1. 激振设备

(1) 力 锤

在进行脉冲激振实验时,需要使用一把装有力传感器的锤子(称为力锤)对试件进行激励。力锤由锤体、力传感器、锤头、配重以及电缆接头组成,如图 7-3 所示。力锤的作用是通过手持操作,给结构施加一个冲击力,以方便移动激励点。锤头通常分别由钢、铝、铜、塑料、橡胶等多种不同软硬程度的材料制成,以控制冲击力的持续时间。配重用于增加力锤的质量,使在敲击速度相同的情况下提高力锤的动量,进而增加冲击力幅值。用力锤敲击试件,可使试件获得一个 sinc 信号(辛格信号),其表达式为 $\sin c(x)=\dfrac{\sin(\pi x)}{\pi x}$,来近似理论上的脉冲信号。

(2) 激振器

激振器是机械阻抗测试和其他振动实验所不可缺少的装置,它使被实验物体受到某种可控的、符合预定要求的振动。激振器应当能够在一定频率范围内提供波形良好、幅值足够的交变力和一定的稳态力,交变力使试件产生所需的振动加速度,稳态力使试件受到一定的预加载荷。

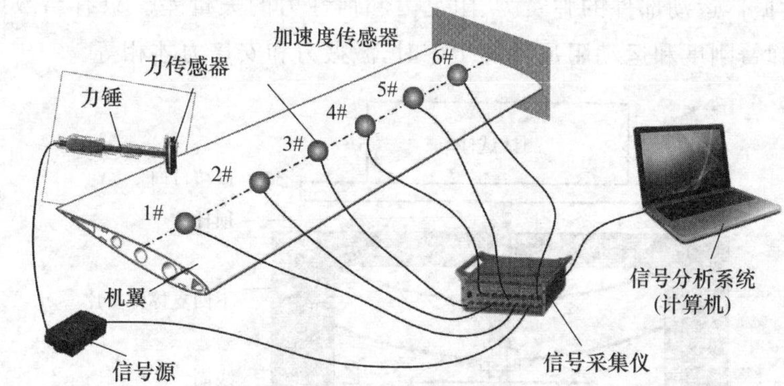

(a) 力锤激励

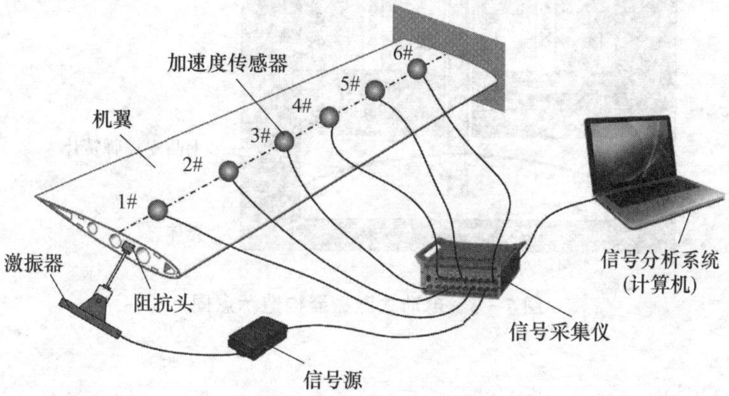

(b) 激振器激励

图 7-2　第二类振动测试系统组成示意图

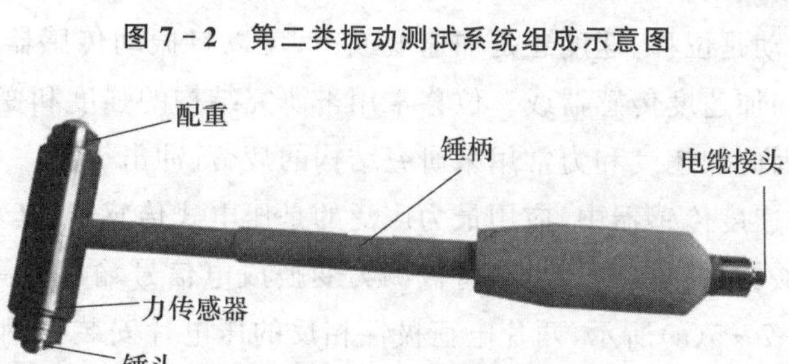

图 7-3　力锤构造示意图

机械式激振器只能在 60 Hz 以下的低频范围内工作。电动式激振器是常用的激振器，其利用通电线圈在磁场中受到电磁力的原理制成。电动式激振器大致由振动台面、顶杆、壳体、线圈、内部磁极、外部磁极、下凹支撑弹簧片、上凸支撑弹簧片、线圈等元件组成，如图 7-4 所示。线圈和顶杆固接并由支承弹簧支承在壳体上，使线圈正好位于磁极所形成的高磁通密度的气隙中，通电导体在磁场中受到安培力作用，将交变电信号转变成交变激振力。当线圈有电流通过时，线圈将受到与电流成正比的安培力作用，此力通过顶杆传到试件上，便是所需的激振力。值得注意的是，由顶杆施加到试件上的激振力，一般不等于线圈所受到的安培力，而是等于安培力和激振器运动部件的弹簧力、阻尼力和惯性力的矢量差。只有当激振器的运动部件的质量、支承弹簧刚度和运动阻尼都等于零时，激振力和安培力才相等。

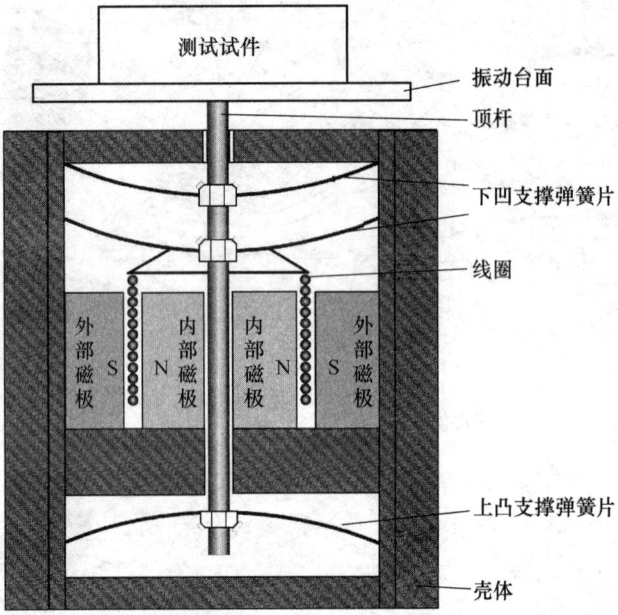

图 7-4　电动式激振器构造示意图

2. 传感器

将振动的物理响应(如应变、位移、速度、加速度以及激励力)转变为电信号的装置称为振动传感器，它是振动测试技术中的关键部件之一，它的作用是将机械量接收并转换为对应的电量。根据被测振动运动是位移、速度还是加速度或力，可以将振动传感器分为位移传感器、速度传感器、力传感器和加速度传感器或。位移常用来研究结构的强度和变形；由于加速度和作用力或负载成比例，因此加速度和力常用来研究结构的疲劳、冲击等。

在力传感器及加速度传感器中，应用最为广泛的是压电式传感器，其基本工作原理是压电晶体(如石英和锆钛酸铅)的正压电效应，将被测力变换成电信号输出的测量元件。典型压电力传感器的原理如图 7-5(a)所示，两片电荷极性相反的压电片安装在钢壳中，压电片之间的导电片为一电极，钢壳为另一电极。动态力 F 通过上盖均匀地传递到压电片使其产生一定应变，根据压电效应电荷会积聚在电极上，两电极即产生电势差，输出电荷信号与外力成正比，进而通过电荷的测量实现对动态力的测量。

压电式加速度传感器的机械接收部分采用的是惯性式加速度机械接收原理，其中机电部分利用的是压电晶体的正压电效应。常用的压电式加速度计的结构形式如图 7-5(b)所示，在振动测量中，由于压电晶体所受的力是惯性质量块的牵连惯性力，所产生的电荷数与加速度大小成正比。

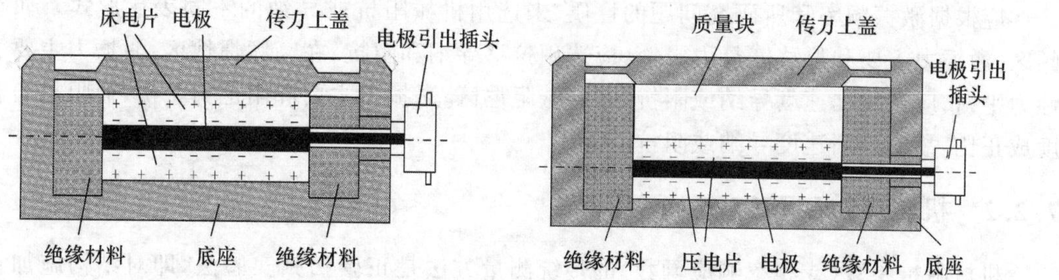

(a) 压电式力传感器　　(b) 压电式加速度传感器

图 7-5　传感器结构示意图

7.1.2　数据采集技术

振动数据采集设备将传感器拾取的模拟信号转换为数字信号。经过多年的发展，振动数据采集设备形成了现在高中低端各种数据采集设备都有的格局。从模数转化精度来看，数据采集设备已经由早期的 12 bit 发展到现在的 16 bit 和 24 bit，动态范围从 70～110 dB。一般结构振动测量用的采样频率最高到 256 ks/s 就足够了。Σ-Δ 模/数转换技术是近年来国外著名厂家广泛使用的一种高精度高速数据采集技术。该技术的工作原理是在数据采集中对应最高采样频率设计一固定截止频率的抗混滤波器，采用高采样频率加数字滤波实现高速高精度数据采集。采集通道数从单通道到上千个通道并行采集。数据采集设备的总线类型有：PCI、VXI、PXI 和其他总线类型。PCI 是由英特尔公司推出的用于定义局部总线的标准。VXI 总线规范是一个开放的体系结构标准，其主要目标是使 VXI 总线器件之间、VXI 总线器件与其他标准的器件之间能够以明确的方式开放地通信。PXI 是一种由美国 NI 公司发布的基于 PC 的测量和自动化平台。VXI 和 PXI 总线都适用于构建多通道数据采集系统，PCI 只适用于小型的测试系统。

7.2　机械阻抗

7.2.1　机械阻抗的概念

机械阻抗是系统动态特性的一种描述方法，它的用途很多，能够提供有关材料、元件或结构的刚度和阻尼特性等信息。4.3 节给出了阻抗矩阵和导纳矩阵的表达形式，当知道结构的机械阻抗数据以后，就可直接求得它对一定激励的响应。通过机械阻抗测试，可以得到系统的模态参数，进而得到广义坐标下的振动微分方程。机械阻抗测试方法把振动理论分析和实验测试密切联系起来。结构或系统的机械阻抗参数可以由理论计算得出，也可以通过实验测量获得，但实验方法更为重要。机械阻抗实际上多用实验测量方法获得，即便用理论方法计算，也需要通过实验方法进行补充和校正才能获得精确结果。

机械阻抗定义为频域内的响应和激励之比。在用实验方法测量时，最常用的简便做法是，用激振设备对结构施加一正弦力。该力和由它所引起的响应的复数比就是结构的机械阻抗数据，这与频率响应函数的概念是一致的。

应根据激振频率和所研究问题的性质，来选用机械阻抗或导纳的不同表达形式。如在低频区，激振力主要和位移恢复力平衡，应选用位移导纳和阻抗；在高频惯性区，激振力主要和惯性力平衡，应选用加速度导纳或阻抗；在共振阻尼区，激振力主要和阻尼力平衡，而阻尼力和速度成正比，故应选用速度导纳或阻抗。

7.2.2 机械阻抗实验方法

机械阻抗参数(或频率响应函数)的传统测量方法是正弦扫频实验法，即对结构施加正弦扫频激振力，同时精确地测定输入和输出的大小与相位，给出幅、相频特性图形，求得机械阻抗参数。随着快速傅里叶变换(FFT)算法和数字式 FFT 分析仪的出现，机械阻抗测量就不限于用正弦扫频实验法了。由于实时分析能力的不断提高，目前只要同时测出结构在时域内的输入和输出信号，分析仪就能立即完成傅里叶变换，并算出相应的机械阻抗参数。因此，对输入信号，即激振信号的种类没有限制。输入信号可以是确定性信号，也可以是随机信号；可以是稳定信号，也可以是瞬态信号。

1. 稳态正弦激振

稳态正弦激振是一种常用的激振方法，是对被测对象施加一个稳定的单一频率的正弦激振力，并在稳态下测定振动响应和正弦力的幅值比与相位差。为了测得整个频率范围的频率响应，必须无级或有级地改变正弦激振力的频率，这一过程称为扫频过程。在无级变换频率时，须有一定缓慢的扫频速度，以保证滤波器有足够的响应时间，并使结构能够处于稳态的振动状态，特别是小阻尼系统。

2. 随机激振

随机激振是一种宽带激振方法，一般用白噪声或伪随机信号发生器作为信号源，白噪声发生器能产生连续的随机信号。当白噪声信号通过功放并控制激振器时，由于功放和激振器的通频带不是无限宽的，所得激振力频谱不再在整个频率域中保持等强度，但它仍是一种宽带激振，可以激起对象在一定频率范围内的随机振动。配合谱分析仪，可以得到被测对象的频率响应。

3. 瞬态激振

瞬态激振包括脉冲激振和阶跃激振。单位脉冲函数 $\delta(t)$ 的频谱在 0～∞频率范围内是等强度的。实际进行脉冲激振时是用力锤敲击试件，它对试件的作用力并非理想的 $\delta(t)$ 函数，而是近似半正弦波，其有效频率范围取决于脉冲持续时间 t。锤头垫愈硬，愈小，则频率范围愈大，使用适当的锤头垫材料可以得到要求的频带宽度。

阶跃激振是在拟定的激振点处，用一根刚度大、重量轻的弦经过力传感器对待测结构施加张力，使之产生初始变形，然后突然切断张力弦。这就相当于对该结构施加一个负的阶跃激振力。阶跃激振也属于宽带激振。理想阶跃函数的导数为理想脉冲函数，因此阶跃响应的导数即为脉冲函数的响应。

7.3 振动信号的分析

7.3.1 振动信号的时域分析

振动信号的时域分析包括时域统计分析、时域波形分析和时域相关分析。时域统计分析常用的统计特征值包括均值、最大值、最小值、均方值、方根幅值、平均幅值、斜度、峭度、峰值指标、脉冲指标、裕度指标、峭度指标和概率密度分布等。振动信号的时域均值反映平均振动能量;而最大值、最小值、峰值指标在一定程度上反映振动信号是否含有冲击成份;斜度则反映幅值概率密度对于纵坐标的不对称性,不对称越厉害,斜度越大;峭度、裕度和脉冲指标对于冲击类故障比较敏感,特别是对早期故障有较高的敏感性。

时域波形分析的特点是信号的时间顺序,即数据产生的先后顺序。它可以直观地描述振动随时间的变化情况,粗略地估量振动平稳与否及对称程度。时间波形有直观、易于理解等特点,由于是原始信号,因此包含的信息量大。对于某些故障信号,其波形具有明显的特征,这时可以利用时间波形做出初步判断。

时域相关分析包括自相关分析和互相关分析。自相关分析是研究信号在振动过程不同时刻的相关程度。利用自相关函数可以区别信号的类型,检测随机噪声中的确定性信号。互相关分析是描述两个振动过程在不同时刻的相关程度。它可以找出两个信号之间的关系和相似之处,也可以找出同一信号的现在值与过去值的关系,或者根据过去值、现在值来估计未来值。

7.3.2　振动信号的频域分析

振动信号的频域分析能通过了解测试对象的动态特性,对结构的状态做出评价并准确而有效地诊断机械故障和对故障进行定位,进而为防止故障的发生提供分析依据。通过频域分析把复杂的时间历程经傅里叶变换分解为若干单一的谐波分量,可以获得信号的频率结构以及各谐波幅值和相位信息。根据信号的性质及变换方法的不同,常用的频域分析方法有:频谱、自功率谱、互功率谱、倒频谱、细化谱、解调谱、相干函数、频响函数分析等。这些频域分析的核心算法是 FFT 算法。频域分析是基于频谱分析展开的,即在频率域将一个复杂的信号分解为简单信号的叠加,这些简单信号对应各种频率分量并同时体现幅值、相位、功率及能量与频率的关系。频谱分析中常用的有幅值谱、功率谱以及相位谱。幅值谱表示振动参数(位移、速度、加速度)的幅值随频率分布的情况;功率谱表示振动参量的能量随频率的分布。

频谱分析能够分析信号的能量或功率的频率分布,因此频谱分析在飞机故障诊断中查找振源、分析寻找故障原因、部位、类型等方面具有极为广泛的用途。频谱分析计算是以傅里叶变换为基础的,它将复杂信号分解为有限或无限个频率的简谐分量。

7.3.3　振动信号的时间序列分析

与经典的基于 FFT 的分析方法不同,时间序列分析方法是对采集到的振动信号建立时间序列模型,通过对模型参数分析以识别系统的特性和状态。时间序列模型有自回归滑动平均模型(ARMA)、自回归模型(AR)和滑动平均模型(MA)三种。因 AR 模型建模比较方便快捷,在设备状态监测等方面获得了很好的应用。自回归谱具有频率精度高、幅值非线性的特点。因时间序列分析是对采集的数据建立差分方程模型,因而用来进行趋势分析和预报比较方便。

第 8 章　飞行器结构动力学数值仿真

8.1　有限元法

随着计算机硬件及计算方法的快速发展，数值模拟仿真技术也取得了长足的进步，已经成为飞行器结构设计、实验策划和实验结果分析中不可或缺的重要工具和手段，并在缩短型号开发周期、提高结构质量、节省实验经费等方面发挥着重要的作用。

飞机具有无数个自由度，它由力学特性各不相同的多种部件组成，而且还有许多不连续的区域。要对结构进行动力学计算分析，必须首先将真实结构简化成有限自由度的计算模型。数值计算方法是数值仿真的核心，数值计算模型是对现实模型的简化，通常将结构按一定网格分割成有限个结点和连接结点的有限个小单元，该步骤称为离散化，将每个小单元看作一个简单的有限单元，结合建立在单元上的力学方程组，从数学角度上讲，也就是把连续的微分方程离散化，以获得有限个离散方程（通常是代数方程组）。然后通过计算机程序解出各单元在合理的边界条件和激励载荷下的运动状态，从而推算出整体结构的运动状态。现有的数值计算方法有很多，如有限元方法、有限差分法、有限体积法、边界元法、离散元法、光滑粒子流体动力学法、伽辽金法等。

目前常见的方法是有限元方法（finite element method，FEM）。有限元方法是基于连续体力学理论的一种数值计算方法，是一种求解偏微分方程边值问题近似解的数值技术，求解时对整个问题域进行分解，每个子区域都成为简单的部分。

有限元方法通过变分法，使得误差函数达到最小值并产生稳定解。有限元方法的基本思想是将连续的求解区域分解成一组有限个小的互联单元，对每一单元假定一个合适的或较简单的近似解，然后推导求解这个域总的满足条件，从而得到问题的解。有限元法的实质是最小势能原理的应用，对每一有限元假定一个合适的、较简单的近似函数来分片地表示全求解域上待求的未知函数，单元内的近似函数通常由未知场函数或其导数在各个节点的数值及其插值函数来表达。在一个问题的有限元分析中，未知场函数或其导数在各个节点上的数值就成为新的未知量（即自由度），从而使一个连续的无限自由度问题变成离散的有限自由度问题。一经求出这些未知量，就可以通过插值函数计算出各个单元内场函数的近似解，从而得到整个求解域上的近似解，达到用较简单的问题代替复杂的实际问题的目的。

有限元方法的解不是准确解，而是近似解，因为实际问题被较简单的问题所代替。而且，随着单元数目的增加，即单元尺寸的减小，或随着单元自由度的增加及插值函数精度的提高，解的近似程度将不断改进。如果单元是满足收敛要求的，则近似解将收敛于精确解。由于大多数实际问题难以得到准确解，而有限元方法不仅计算精度高，而且能适应各种复杂形状，因此有限元方法成为一种广泛应用、行之有效的数值分析手段。

有限元分析可以有效地研究连续结构在外载荷下的动力学响应，为结构的设计提供科学依据。结构动力学的有限元建模必须抓住主要矛盾，分清主要因素和次要因素，确定必须进行详细分析和可以简化分析的部位，如分析整机的机翼振动特性时，机翼结构就应该进行详细模拟，而机身、垂尾和平尾等结构就可以进行简化。目前采用有限元方法的数值仿真软件非常多，代表性的商业软件有 ABAQUS、ANSYS、LS-DYNA、MSC. Nastran 等。

8.2　飞机机翼结构的动力学数值仿真

随着航空事业的发展，人们对飞机的性能和安全性要求越来越高，飞机机翼作为飞机的关键结构部件，其振动问题成为航空工程领域一个重要的研究方向。飞机机翼的振动不仅会影响飞行稳定性和飞行性能，还可能导致结构的疲劳和损坏。因此，采用有限元方法对飞机机翼结构的振动进行分析是非常必要的。本节以 NACA 0012 型机翼为例，采用有限元软件 ANSYS Workbench 对飞机机翼结构进行有限元仿真，并对飞机机翼的振动特性和模态形态进行评估。

1. 模型建立

根据 NACA 0012 型机翼的结构特点，建立具有翼肋、翼梁等结构特征的参数化实体模型，翼弦长度为 1 797 mm，翼展长度为 6 600 mm，蒙皮厚度为 10　mm，如图 8-1 所示。

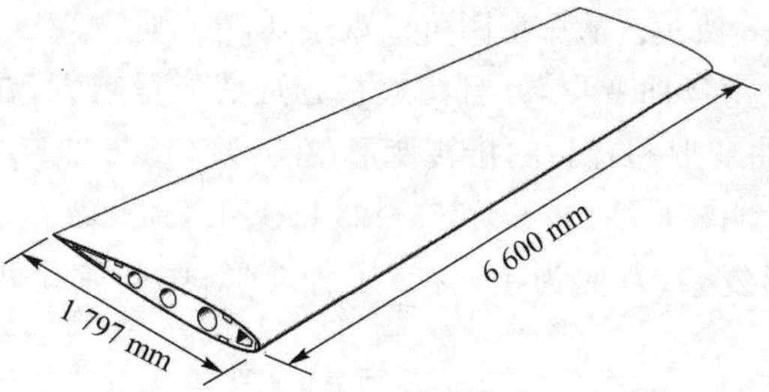

(a) 机翼蒙皮和尺寸

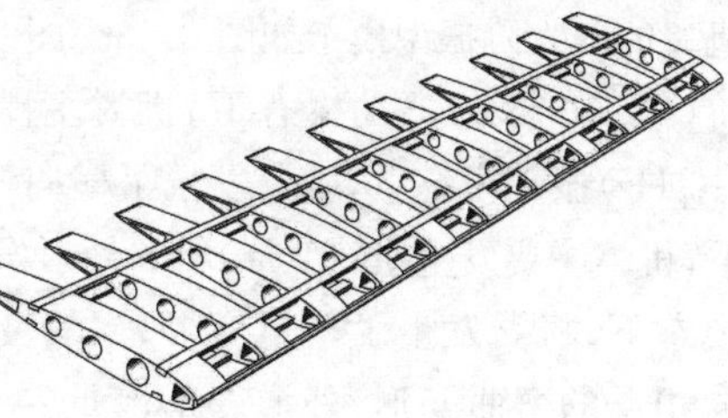

(b) 翼梁和翼肋

图 8-1　NACA 0012 型机翼模型

机翼的材料选用铝合金，其参数如表 8-1 所列。

表 8-1　机翼的材料参数

材料参数	密度/(kg · m^{-3})	杨氏模量/GPa	泊松比	体积模量/GPa	剪切模量/GPa
数值	2 770	71	0.3	69.608	26.692

2. 网格划分

计算固有特性时，网格划分趋于采用较均匀的网格形式。这是因为固有频率和振型主要取决于结构质量分布和刚度分布，不存在类似应力集中的现象，采用均匀网格可使结构刚度矩阵和质量矩阵的元素不致相差太大，可减小数值计算误差。在三维实体模型的基础上，根据几何体结构特征利用扫略、映射的方法获得网格模型，多采用四面体 PLANE 42 与六面体 SOLID 45 网格单元进行划分，共有节点数 64 031 个，单元为 11 087 个，网格模型如图 8-2 所示。对机翼一端所有节点施加固定支撑使其成为固定端，另一端为自由端。之后，不施加其他边界条件与外载荷，利用 ANSYS Workbench 中的 Modal 模块进行振动模态求解计算。

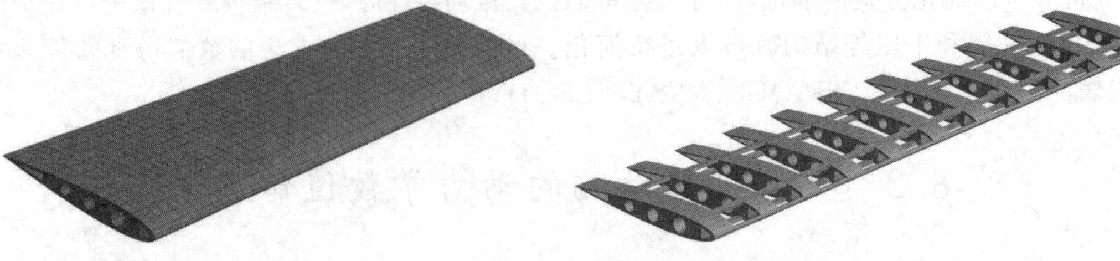

图 8-2 机翼有限元网格模型

3. 振动模态仿真结果

通过 ANSYS Workbench 查看模态计算结果，得到机翼模型的前六阶固有频率和最大变形，如表 8-2 所列。

表 8-2 机翼前六阶固有频率和最大变形

阶 数	1	2	3	4	5	6
固有频率/Hz	4.834 5	21.665	27.119	48.673	52.783	92.034
最大变形/mm	1.796 4	1.764 8	1.787 9	2.607 5	1.676 2	1.649 4

机翼的前六阶振型模态如图 8-3～图 8-8 所示。从振型图可以观察到，在一阶（4.834 5 Hz）和二阶（21.665 Hz）振动模态下，机翼主要发生弯曲变形，并且离翼根越远变形量越大；在三阶（27.119 Hz）振动模态下，机翼发生了横向弯曲变形和轻微的扭转变形；在四阶（48.673 Hz）振动模态下，机翼主要发生扭转变形，机翼外形发生明显形变；在五阶（52.783 Hz）和六阶（92.034 Hz）振动模态下，机翼发生了严重变形，机翼变形复杂，弯曲为主，含有多种变形；中间弦线两侧发生方向相反的弯曲变形，外形变形严重。

图 8-3 机翼第一阶振型

图 8-4 机翼第二阶振型

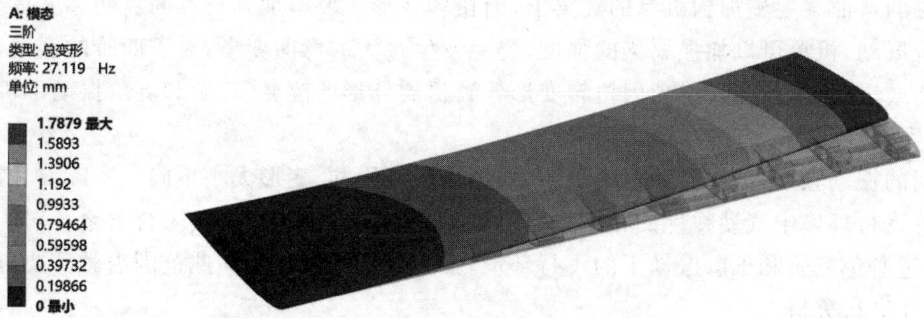

图 8-5　机翼第三阶振型

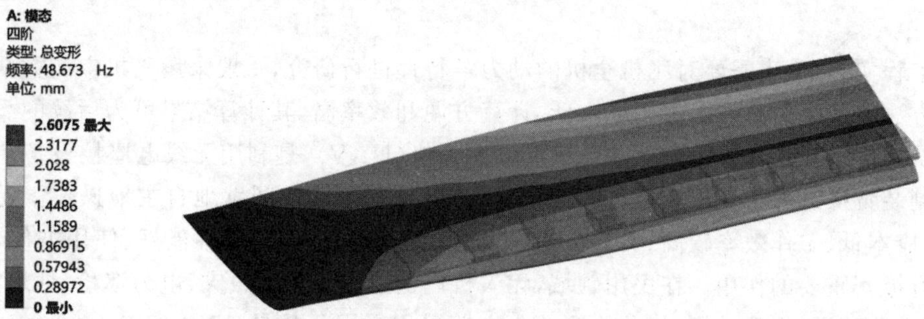

图 8-6　机翼第四阶振型

图 8-7　机翼第五阶振型

图 8-8　机翼第六阶振型

机翼的弯曲主要施加到机翼的翼梁上，而扭转变形主要施加到机翼的翼肋和蒙皮上，对一阶和二阶振动，机翼可以加强翼梁的强度，避免发生过大的弯曲变形；对于四阶的振动，机翼需加强翼肋或采用整体壁板，避免因扭转变形导致机翼外形的改变；三阶和五阶振动下机翼变形严重，种类复杂。

不同的振动频率下，机翼的模态不同，变形的种类不同，变形大小不同。实际设计翼型时，需要考虑飞行环境中气动弹性的频率，避免机翼发生过大的变形，影响飞行安全。对于本节中的翼型，应避免三阶和五阶振动下的飞行环境，如果气动弹性频率在此范围内就需要更改翼型的设计，并进行分析。

8.3　无人机全机结构动力学数值仿真

在工程实际中，也需要对飞机全机的动力学特性进行研究，一般采用飞机空测数据和数值仿真的方法。数字仿真技术由于成本低、计算方便和效率高，其计算结果可为后续的飞机全机实验测试提供重要参考。无人驾驶飞机简称无人机(UAV)，是利用无线电遥控设备和自备的程序控制装置操纵的不载人飞机，或者由车载计算机完全地或间歇地自主地操作。无人机用途广泛、成本低、工作效率较高，无人员伤亡风险；生存能力强、机动性能好、使用方便，在现代战争中有极其重要的作用。在民用领域，无人机广泛应用于抢险救灾、电力巡检、地理测绘、快递运输、农药喷洒、娱乐拍摄、气象检测等。本节采用有限元软件 ANSYS Workbench 对固定翼无人机全机结构进行动力学仿真，并对飞机的振动特性和模态形态进行计算。

1. 模型建立

根据该固定翼无人机的结构特点，建立无人机的全机实体模型。该无人机采用常规气动布局，主翼为大展弦比平直中单翼，机翼带襟翼和襟副翼，尾翼为上 V 尾构型，V 尾没有方向/升降舵，机身尾部装有一台活塞式发动机，采用前三点式起落架。由于飞机结构复杂，参数较多，建模时需要依据简化原则，忽略不必要的参数，建立精度足够且求解规模适当的整机实体模型。无人机的机身长度为 10.85 m，机翼面积为 20.85 m^2，机身高度为 2.82 m，翼展长度为 19.38 m，最大起飞重量为 4 700 kg，最大升限为 15 000 m，最大飞行速度为 400km/h。无人机参数化实体模型如图 8－9 所示。

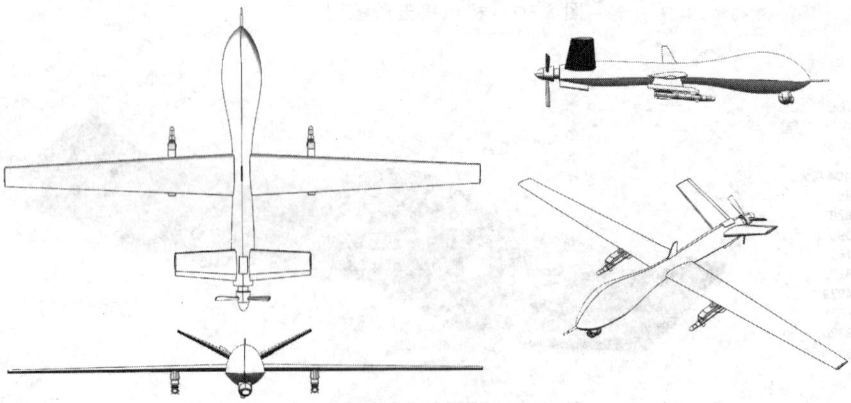

图 8－9　无人机参数化实体模型示意图

该无人机的材料选用铝合金，主要的材料参数如表 8－3 所列。

表 8－3　无人机的材料参数

材料参数	密度/($kg\cdot m^{-3}$)	杨氏模量/GPa	泊松比	体积模量/GPa	剪切模量/GPa
数　值	2 770	71	0.3	69.608	26.692

2. 网格划分

对飞机结构进行适当的分割，使用自动网格划分工具根据几何形状和定义的网格参数生成网格模型，如图 8－10 所示，共有节点 235 451 个，单元 155 040 个。

图 8－10　整机有限元网格模型

3. 计算分析

求解飞机自由状态下的模态，无须设定任何约束，直接利用 ANSYS Workbench 中的 Modal 模块计算飞机的固有频率与振型，因为没有设定任何约束，因此前六阶模态对应的是 6 个自由度方向上的刚体位移，其对应频率几乎为 0，可以忽略不计，从第七阶开始定为第一阶模态，则飞机模型前六阶固有频率和最大变形如表 8－4 所列。

表 8－4　飞机模型前六阶固有频率和最大变形

阶　数	一	二	三	四	五	六
固有频率/Hz	4.081 7	9.703 6	15.557 0	22.064 0	22.281 0	24.566 0
最大变形/mm	1.510 8	1.510 2	1.619 8	1.348 9	1.500 6	1.333 0

无人机的前六阶振型模态如图 8－11～图 8－16 所示。从计算结果可以看出，在一阶(4.081 7 Hz)振动模态下主要发生的是飞机机翼的纵向振动，属于局部的振动；二阶(9.703 6 Hz)和三阶(15.557 0 Hz)振动模态下飞机的振动开始涉及机翼周边的部分并且变形加剧；第五阶(22.281 0 Hz)振动模态下飞机机翼发生了横向振动；四阶(22.064 0 Hz)与六阶(24.566 0 Hz)振动模态下，飞机整体上出现了振动，并且变形复杂，外形变形严重。

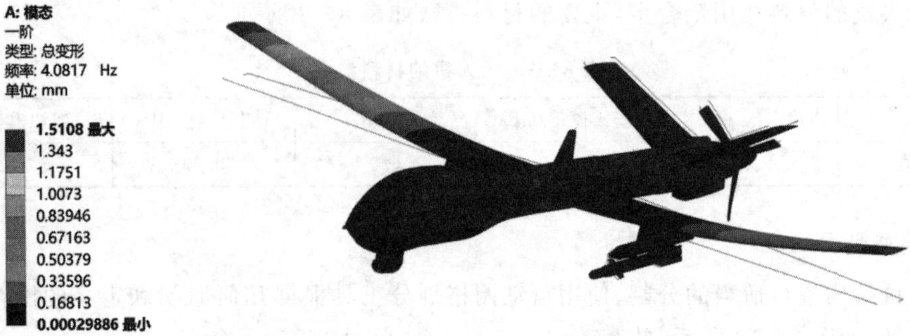

图 8-11　无人机一阶振型

图 8-12　无人机二阶振型

图 8-13　无人机三阶振型

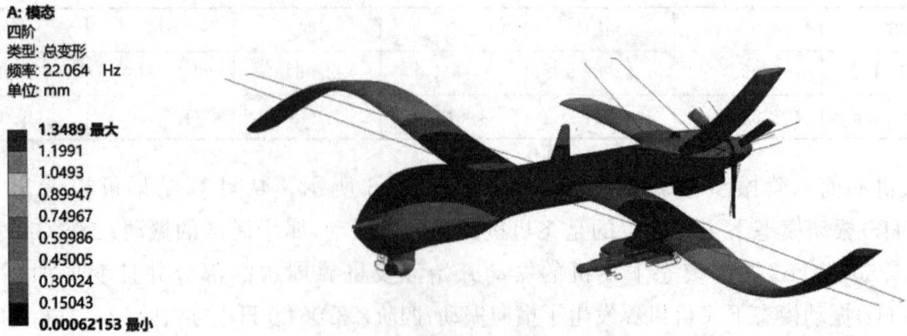

图 8-14　无人机四阶振型

图 8-15　无人机五阶振型

图 8-16　无人机六阶振型

8.4　运载火箭的动力学特性分析

1. 运载火箭结构振动特性

运载火箭飞行速度快、结构尺寸大，箭体结构的整体和局部振动、贮箱中液体推进剂的晃动等均比较剧烈，因此运载火箭研制过程中，载荷计算、姿态稳定性分析、POGO 振动分析和星箭耦合分析等都需要提前开展结构动特性分析工作。

对 n 个自由度的线性系统，从结构振动的特征方程 $([k]-\omega^2[m])[\phi]=[0]$ 可看出，振动频率与结构刚度成正比，结构刚度越大，振动频率越高。本节基于结构动力学理论进行求解，计算并代入箭体的刚度矩阵和质量矩阵，得到火箭的各阶固有频率 ω_i 和振型 $[\phi_i]$。

2. 运载火箭结构有限元模型

运载火箭结构动特性分析方法一般可采用一维或三维有限元模型进行分析：一维有限元模型以质量-梁单元为主，各部段刚度特性(结构横截面面积 A、对纵轴极惯性矩 I_p 和对横轴惯性矩 I_y、I_z)由结构横截面的直径、厚度和材料性能确定，各部段质量特性由结构的质量和转动惯量确定，并以集中质量单元的形式分布在对应梁单元的节点上；贮箱液体推进剂只考虑质量不考虑转动惯量，且纵向振动时推进剂通过三个弹簧元作用在前后箱底；将卫星转化为质量点模型。一维有限元模型模型简单、计算效率高，适合长细比大的小型运载火箭。

三维有限元模型采用壳－梁单元组合模型，一般采用外表面画网格。首先进行实体建模，再将实体模型导入有限元软件进行前处理，通过修剪实体模型，获得箭体实际结构的面模型；采用精细化、规则化方法划分网格后，最终建立火箭三维动特性模型。建模过程中一般将推进剂以集中质量的形式分布在重心处，且不计转动惯量和惯性矩。壳的等效厚度由各部段的质量和体积确定，根据火箭各部段使用的材料确定各部段密度，由部段质量除以密度得到壳的等效体积，再通过等效体积获得壳的等效厚度。

一维有限元模型模型简单，但是适用范围有限，本节介绍某型运载火箭三维有限元模型建模过程及算例。火箭的几何模型使用国际单位制进行 CAD 建模，使用 Hypermesh 和 Catia 软件进行建模，根据 CREO 模型，建立 CAD 几何模型。使用 Patran 和 Nastran 软件对火箭进行网格划分，赋予各部件材料属性并添加边界条件，使用模态分析模块对火箭的模态进行计算。

运载火箭包括整流罩、控制舱、一二级发动机、级间段、尾段及尾翼等部分，主要以壳单元和梁单元建立有限元模型。芯级结构对接面处，仅在爆炸螺栓盒对接面处进行共节点连接，分属不同部段的节点采用多点约束（MPC）方式进行连接；非对接面的舱段间共节点连接。运载火箭的示意图见图 8-17。

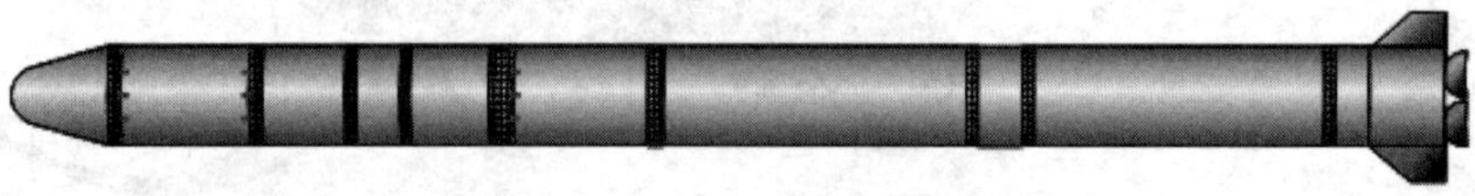

图 8-17　运载火箭示意图

3. 有限元计算结果

通过建立整箭三维有限元模型，采用 Block Lanczos 特征值求解器进行求解，某运载火箭横向一阶、纵向一阶及扭转一阶的动力特性分析结果如图 8-18～图 8-20 所示，对应的横向一阶、纵向一阶及扭转一阶的固有频率和最大变形如表 8-5 所列。横向一阶（5.6 Hz）主要发生弯曲变形，其最大变形为 21 mm，发生在整流罩位置处；纵向一阶（31.2 Hz）主要发生压缩变形，其最大变形为 16.7 mm，发生在整流罩位置处；扭转一阶（35.4 Hz）主要发生扭转变形，其最大变形为 70.8 mm，发生在稳定尾翼位置处。

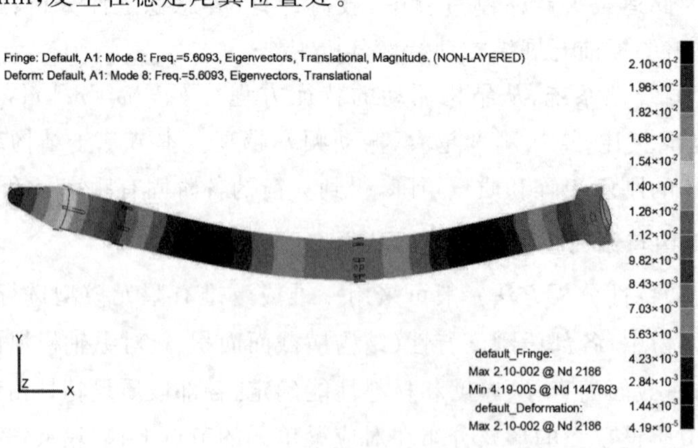

图 8-18　横向一阶振型

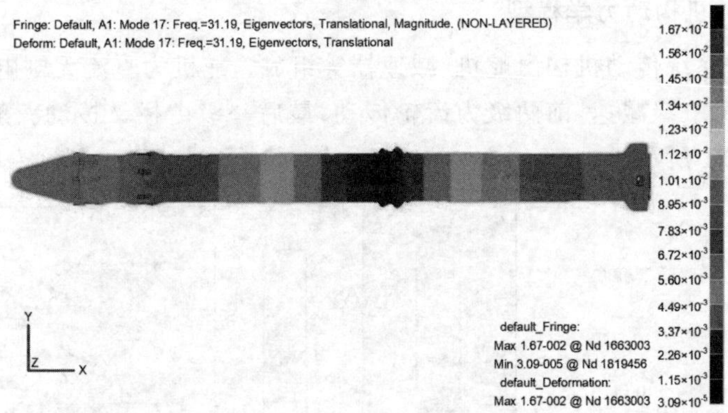

图 8-19　纵向一阶振型

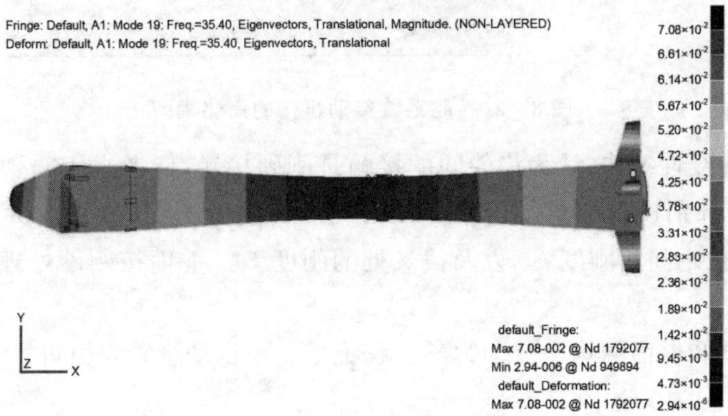

图 8-20　扭转一阶振型

表 8-5　运载火箭横向一阶、纵向一阶及扭转一阶的固有频率和最大变形

阶　数	横向一阶	纵向一阶	扭转一阶
固有频率/Hz	5.6	31.2	35.4
最大变形/mm	21	16.7	70.8

8.5　某型飞行器舵系统模态仿真分析

1. 飞行器舵系统

舵机是飞行器控制系统的执行机构，也是飞行器控制系统的重要组成部分。飞行器在高速飞行过程中，振动引起的惯性力、弹性回复力及附加空气动力作用于弹体，有可能导致结构发生颤振。舵面与舵机的结合处，最容易发生颤振，所以在舵系统的设计中，要充分考虑舵面的颤振特性。对带舵面飞行器来说，舵面的颤振易于迅速扩散至弹体，将会导致弹身解体，造成无法挽回的损失，因而对舵机系统进行仿真计算、模态实验研究并优化结构，避免飞行器系统发生内共振是十分必要的。

2. 舵系统传动机构动力学模型

某型飞行器舵系统传动机构由舵机、减速器等组成。舵机为直流无刷电机，带有角度及角速率反馈；减速器为三级减速，前两级为齿轮传动，最后一级由拨叉拨动。舵系统传动机构的简化模型如图 8-21 所示。

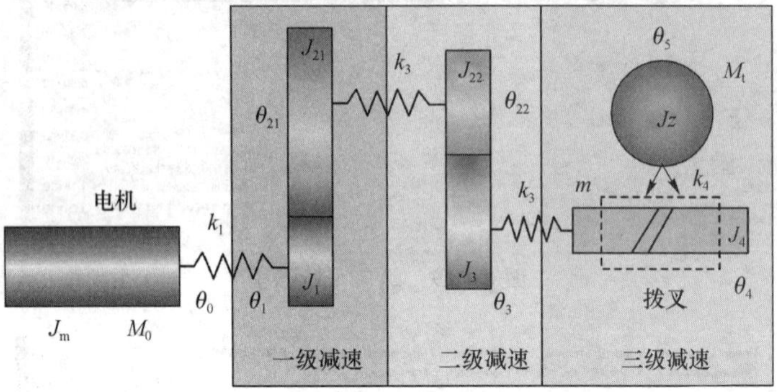

图 8-21　舵系统传动机构的简化模型

假设系统为纯线性结构，认为齿轮间的接触是刚硬接触，但考虑齿轮轴的弹性效应，这里做四处弹性处理：分别设置电机转子和一级齿轮间的刚度 k_1，二级齿轮大、小齿轮间的刚度 k_2，三级齿轮和丝杠之间的刚度 k_3，以及拨叉处的刚度 k_4。舵面按刚硬处理，仅考虑绕舵轴点的弯曲和扭转模态。

下面对减速器和舵面结构进行动力学方程推导。根据动量矩守恒得

$$\begin{cases} J_m\ddot{\theta}_0 = M_o - b\dot{\theta}_0 - k_1(\theta_0-\theta_1) \\ J_1\ddot{\theta}_1 = k_1(\theta_0-\theta_1) - \dfrac{1}{Z_{12}}[k_2(\theta_{21}-\theta_{22}) + J_{21}\ddot{\theta}_{21}] \\ J_{22}\ddot{\theta}_{22} = k_2(\theta_{21}-\theta_{22}) - \dfrac{1}{Z_{23}}[k_3(\theta_3-\theta_4) + J_3\ddot{\theta}_3] \\ J_4\ddot{\theta}_4 = k_3(\theta_3-\theta_4) - \dfrac{1}{Z_{34}}k_4\left(\dfrac{1}{Z_{34}}\theta_4-\theta_5\right) - m\left(\dfrac{1}{2\pi}\right)^2\ddot{\theta}_4 \\ J_z\ddot{\theta}_5 + J_{zw}\ddot{\theta}_w = k_4\left(\dfrac{1}{Z_{34}}\theta_4-\theta_5\right) - b_m\dot{\theta}_5 + M_t \\ J_{zw}\ddot{\theta}_w + J_w\ddot{\theta}_w = -k_w\theta_w - b_w\dot{\theta}_w \end{cases} \tag{8-1}$$

其中，一级减速比为 Z_{12}，二级减速比为 Z_{23}，三级减速比为 Z_{34}，花键套和舵面转动惯量为 J_z，丝杠转动惯量为 J_4，3＃齿轮转动惯量为 J_3，2.2＃齿轮转动惯量为 J_{22}，2.1＃齿轮转动惯量为 J_{21}，1＃齿轮转动惯量为 J_1，电机转子转动惯量为 J_m，舵面弯曲惯量为 J_w，舵面弯扭耦合惯量为 J_{zw}。θ 为扭转角，M_o 和 M_t 为输入和输出扭矩。

有如下角度转换关系为

$$\begin{cases} Z_{12}\ddot{\theta}_{21} = \ddot{\theta}_1 \\ Z_{23}\ddot{\theta}_3 = \ddot{\theta}_{22} \end{cases} \tag{8-2}$$

将式(8-2)代入式(8-1)，得

$$
\begin{cases}
J_{\mathrm{m}}\ddot{\theta}_0=-b\,\dot{\theta}_0-k_1(\theta_0-\theta_1)+M_0\\
(Z_{12}^2J_1+J_{21})\ddot{\theta}_1=Z_{12}^2k_1\theta_0-(Z_{12}^2k_1+k_2)\theta_1+Z_{12}Z_{23}k_2\theta_3\\
\left(J_{22}Z_{23}+\dfrac{1}{Z_{23}}J_3\right)\ddot{\theta}_3=\dfrac{k_2}{Z_{12}}\theta_1-\left(Z_{23}k_2+\dfrac{k_3}{Z_{23}}\right)\theta_3+\dfrac{k_3}{Z_{23}}\theta_4\\
\left(J_4+m\left(\dfrac{1}{2\pi}\right)^2\right)\ddot{\theta}_4=k_3\theta_3-\left(k_3+\dfrac{k_4}{Z_{34}^2}\right)\theta_4+\dfrac{k_4}{Z_{34}}\theta_5\\
J_z\ddot{\theta}_5+J_{zw}\ddot{\theta}_w=k_4\left(\dfrac{1}{Z_{34}}\theta_4-\theta_5\right)-b_m\dot{\theta}_5+M_{\mathrm{t}}\\
J_{zw}\ddot{\theta}_5+J_w\ddot{\theta}_w=k_w\theta_w-b_w\,\dot{\theta}_w\\
\begin{bmatrix}J_z & J_{zw}\\ J_{zw} & J_w\end{bmatrix}\begin{bmatrix}\ddot{\theta}_5\\ \ddot{\theta}_w\end{bmatrix}=-\begin{bmatrix}b_m & 0\\ 0 & b_m\end{bmatrix}\begin{bmatrix}\dot{\theta}_5\\ \dot{\theta}_w\end{bmatrix}-\begin{bmatrix}k_4 & 0\\ 0 & -k_w\end{bmatrix}\begin{bmatrix}\theta_5\\ \theta_w\end{bmatrix}+\begin{bmatrix}\dfrac{k_4}{Z_{34}}\theta_4+M_{\mathrm{t}}\\ 0\end{bmatrix}
\end{cases}
\tag{8-3}
$$

取状态变量 $x=\begin{bmatrix}\dot{\theta}_0 & \dot{\theta}_1 & \dot{\theta}_3 & \dot{\theta}_4 & \dot{\theta}_5 & \dot{\theta}_w & \theta_0 & \theta_1 & \theta_3 & \theta_4 & \theta_5 & \theta_w\end{bmatrix}$，建立状态空间方程：

$$
\begin{cases}
\dot{x}=Ax+Bu\\
y=Cx+Du
\end{cases}
\tag{8-4}
$$

其中，$u=[M_0\quad M_{\mathrm{t}}]^{\mathrm{T}}$ 为输入；$y=\begin{bmatrix}\theta_0 & \dot{\theta}_5 & \dot{\theta}_0\end{bmatrix}^{\mathrm{T}}$ 为输出。令 $\boldsymbol{M}=\begin{bmatrix}J_z & J_{zw}\\ J_{zw} & J_w\end{bmatrix}$，可得系数矩阵 $\boldsymbol{A}$、$\boldsymbol{B}$、$\boldsymbol{C}$、$\boldsymbol{D}$。

3. 有限元模型及结果分析

采用有限元软件 Abaqus 建立某型飞行器舵系统动力学仿真有限元模型，轴套、舵轴上与轴承配合的外缘仅放松旋转自由度，丝杠仅放松轴向及旋转自由度。考虑各部件之间的真实连接关系，采用以下方式：舵轴和轴套之间按照真实情况考虑接触；拨叉和传动销之间直接黏接；传动销和丝杠套螺钉孔处直接黏接，其他部位按照真实情况考虑接触；丝杠与丝杠轴承考虑接触；丝杠套和丝杠黏接。采用 Frequency 分析步进行计算，计算结果如图 8-22 所示，计算得到舵系统一阶频率为 55.5 Hz，与实验结果 54.9 Hz 相比，误差为 1.09%，表明有限元计算结果与实验测试结果相吻合。

图 8-22　某型飞行器舵系统动力学仿真结果

参考文献

[1] 俞载道. 结构动力学基础[M]. 上海：同济大学出版社，1987.

[2] 方同，薛璞. 振动理论及应用[M]. 西安：西北工业大学出版社，1998.

[3] 倪振华. 振动力学[M]. 西安：西安交通大学出版社，1994.

[4] 余旭东. 飞行器结构动力学[M]. 西安：西北工业大学出版社，2012.

[5] 于开平，邹经湘. 结构动力学[M]. 3 版. 哈尔滨：哈尔滨工业大学出版社，2015.

[6] 高行山，刘伟，秦卫阳. 振动理论及应用[M]. 西安：西北工业大学出版社，2021.

[7] 李东旭. 高等结构动力学[M]. 2 版. 北京：科学出版社，2024.

[8] 贺尔铭，杨智春. 高等结构动力学[M]. 西安：西北工业大学出版社，2016.

[9] 刘延柱，陈立群，陈文良. 振动力学[M]. 北京：高等教育出版社，2019.

[10] 季文美. 机械振动学[M]. 北京：科学出版社，1985.

[11] 王尚文. 飞行器结构动力学[M]. 西安：西北工业大学出版社，1986.

[12] 王乐，谷迎松，杨智春. 飞行器振动力学：理论、应用与云实验[M]. 西安：西北工业大学出版社，2024.

[13] 李天匀，李威. 船体结构振动与声学基础[M]. 武汉：华中科技大学，2020.

[14] 马乐为，徐赵东. 结构动力学[M]. 北京：科学出版社，2007.

[15] 刘晶波. 结构动力学[M]. 北京：机械工业出版社，2014.

[16] 崔志琴，马新谋，许健，等. 机动武器振动基础[M]. 北京：国防工业出版社，2016.

[17] Rao S S. Mechanical Vibrations[M]. Englewood Cliffs: Prentice Hall, 2003.

[18] Kelly S G. Mechanical Vibrations Theory and Applications[M]. Australia: Cengage Learning, 2012.

[19] Thomson W T. Dahleh M D. Theory of Vibration with Application[M]. Englewood Cliffs: Prentice-Hall, 1997.

[20] 贺尔铭，越志彬. 飞行器振动及测试基础[M]. 西安：西北工业大学出版社，2014.

[21] 陈国荣. 有限单元法原理及应用[M]. 2 版. 北京：科学出版社，2016.

[22] 杨智春，王巍，李斌，等. 航空结构动强度分析与设计[M]. 西安：西北工业大学出版社，2021.

[23] 殷之平，谢伟. 航空结构有限元分析：基于 AQAQUS 的有限元分析[M]. 西安：西北工业大学出版社，2017.

[24] 姚起杭. 飞机动强度设计指南[M]. 西安：西北工业大学出版社，1997.

[25] 郑威，杨冰，孙丹，等. 基于全箭大规模精细化模型的运载火箭结构动力学特性分析[J]. 智能制造，2023，(S1)：7-10.

[26] 杨俊斌，刘凯，冯南鹏，等. 基于 Nastran 软件的飞行器舵系统模态研究[J]. 智能制造，2023，(S1)：50-52.